스코어

START ^{스타트}

단 기 핵 심 공 략 서

START

시작은 가볍게!
8+2강, 기본 개념 완성

단 기 핵 심 공 략 서
START CORE

지은이

NE능률 수학교육연구소
NE능률 수학교육연구소는 혁신적이며 효율적인 수학 교재를 개발하고
수학 학습의 질을 한 단계 높이고자 노력하는 NE능률의 연구 조직입니다.

김정배 현대고등학교 교사
이직현 중동고등학교 교사
김형균 중산고등학교 교사
권백일 양정고등학교 교사
강인우 진선여자고등학교 교사
이경진 중동고등학교 교사

단 기 핵 심 공 략 서
START CORE

스코어

START 스타트

수학 II

Structure 구성과특징

교과서 핵심 개념, 가볍게 시작하기!

교과서 대표 문제로 필수 개념 완성 》

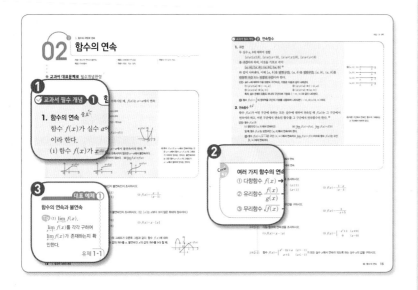

핵심 개념&공식 리뷰 》

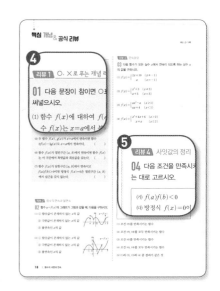

① 교과서 필수 개념

꼭 알아야 할 교과서 필수 개념을 주제별로 자세히 설명하였습니다. 개념을 하나하나 쉽게 이해할 수 있습니다.

② 코어 특강

개념 이해를 돕는 중요 원리, 증명 등의 보충 설명을 제시하였습니다.

③ 대표 예제 & 유제

꼭 풀어봐야 하는 교과서 대표 문제를 선정하여 예제와 유제로 구성하였습니다. 개념을 문제에 적용하면서 기본을 다질 수 있습니다.

④ O, X로 푸는 개념 리뷰

주요 개념과 공식을 잘 이해하였는지 O, X 문제를 통해 빠르게 점검할 수 있습니다.

⑤ 핵심을 점검하는 리뷰 문제

핵심 개념을 되짚어 볼 수 있는 기본 문제를 제시하였습니다. 실전 문제를 풀기에 앞서 개념을 한 번 더 확인하고 정리할 수 있습니다.

- ✓ **[8강+2강]**으로 기본 개념 완성
- ✓ 교과서 **대표 문제&핵심 유형** 연습
- ✓ **내신 빈출 문제**로 실전 대비

》 빈출 문제로 실전 연습

》 실전 모의고사

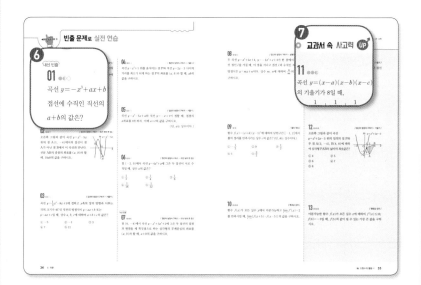

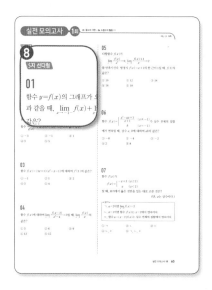

❻ 실전 연습 문제

시험에 자주 출제되는 문제들로 구성하였습니다. 출제 유형을 확실히 익히고 내신과 수능 등의 실전에 대비할 수 있습니다.

❼ 교과서 속 사고력 UP

교과서에 수록된 사고력 문제를 변형하여 제시하였습니다. 사고력을 키우고 실력을 한 단계 높일 수 있습니다.

❽ 실전 모의고사

실제 시험에 가까운 문제들로 구성된 실전 모의고사를 2회 수록하였습니다. 시험 직전 실전 감각을 기를 수 있습니다.

정답과 해설

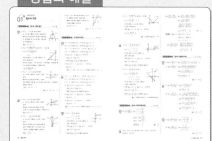

다양하고 자세한 풀이를 제시하여 이해를 도왔습니다. 또한, 코어특강, 참고, 다른 풀이 등을 통하여 해설의 깊이를 더하였습니다.

Contents 차례

Study Plan 학습계획표

※ 스스로 학습 성취도를 체크해 보고, 부족한 강은 복습을 하도록 합니다.

강명	1차 학습일		2차 학습일	
01 함수의 극한	월	일	월	일
	성취도 ○ △ ✕		성취도 ○ △ ✕	
02 함수의 연속	월	일	월	일
	성취도 ○ △ ✕		성취도 ○ △ ✕	
03 미분계수와 도함수	월	일	월	일
	성취도 ○ △ ✕		성취도 ○ △ ✕	
04 도함수의 활용 (1)	월	일	월	일
	성취도 ○ △ ✕		성취도 ○ △ ✕	
05 도함수의 활용 (2)	월	일	월	일
	성취도 ○ △ ✕		성취도 ○ △ ✕	
06 도함수의 활용 (3)	월	일	월	일
	성취도 ○ △ ✕		성취도 ○ △ ✕	
07 부정적분과 정적분	월	일	월	일
	성취도 ○ △ ✕		성취도 ○ △ ✕	
08 정적분의 활용	월	일	월	일
	성취도 ○ △ ✕		성취도 ○ △ ✕	
● 실전 모의고사 1회	월	일	월	일
	성취도 ○ △ ✕		성취도 ○ △ ✕	
● 실전 모의고사 2회	월	일	월	일
	성취도 ○ △ ✕		성취도 ○ △ ✕	

01 강 함수의 극한

개념 1 함수의 수렴과 발산 개념 3 함수의 극한에 대한 성질 개념 5 극한값을 이용한 미정계수의 결정
개념 2 우극한과 좌극한 개념 4 함수의 극한값의 계산 개념 6 함수의 극한의 대소 관계

● 교과서 대표문제로 필수개념완성

✓ 교과서 필수 개념 ① 함수의 수렴과 발산

1. 함수의 수렴

함수 $f(x)$에서 x의 값이 a가 아니면서 a에 한없이 가까워질 때, $f(x)$의 값이 일정한 값 α에 한없이 가까워지면 함수 $f(x)$는 α에 수렴한다고 한다. 이때 α를 함수 $f(x)$의 $x=a$에서의 극한값 또는 극한이라 한다.

기호 $\displaystyle\lim_{x \to a} f(x) = \alpha$ 또는 $x \to a$일 때 $f(x) \to \alpha$ ❶

참고 상수함수 $f(x)=c$ (c는 상수)는 모든 x의 값에 대하여 함숫값이 항상 c이므로 a의 값에 관계없이
$$\lim_{x \to a} c = c$$

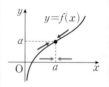

❶ 기호 lim는 극한을 뜻하는 limit의 약자이다.
또 $x \to a$는 $x \neq a$이면서 x의 값이 a에 한없이 가까워지는 것을 뜻한다.

2. 함수의 발산

함수 $f(x)$에서 x의 값이 a가 아니면서 a에 한없이 가까워질 때

(1) $f(x)$의 값이 한없이 커지면 함수 $f(x)$는 양의 무한대로 발산한다고 한다.

기호 $\displaystyle\lim_{x \to a} f(x) = \infty$ 또는 $x \to a$일 때 $f(x) \to \infty$ ❷

(2) $f(x)$의 값이 음수이면서 그 절댓값이 한없이 커지면 함수 $f(x)$는 음의 무한대로 발산한다고 한다.

기호 $\displaystyle\lim_{x \to a} f(x) = -\infty$ 또는 $x \to a$일 때 $f(x) \to -\infty$ ❷

참고 함수 $f(x)$에서 $x \to \infty$ 또는 $x \to -\infty$일 때 $f(x)$가 양의 무한대 또는 음의 무한대로 발산하면 기호로 $\displaystyle\lim_{x \to \infty} f(x) = \infty$, $\displaystyle\lim_{x \to \infty} f(x) = -\infty$, $\displaystyle\lim_{x \to -\infty} f(x) = \infty$, $\displaystyle\lim_{x \to -\infty} f(x) = -\infty$와 같이 나타낸다.

❷ ∞는 한없이 커지는 상태를 나타내는 기호로, 무한대라 읽는다.
$x \to \infty$는 x의 값이 한없이 커지는 것을 나타내고, $x \to -\infty$는 x의 값이 음수이면서 그 절댓값이 한없이 커지는 것을 나타낸다.

대표 예제 ①

함수의 수렴과 발산

Tip (2) 함수 $f(x)$가 $x=a$에서 정의되지 않더라도 $\displaystyle\lim_{x \to a} f(x)$의 값은 존재할 수 있다.

다음 극한을 함수의 그래프를 이용하여 조사하시오.

(1) $\displaystyle\lim_{x \to 0} (-x^2 + 2)$

(2) $\displaystyle\lim_{x \to -3} \frac{x^2 + 8x + 15}{x+3}$

(3) $\displaystyle\lim_{x \to -\infty} (-\sqrt{4-x})$

유제 1-1 다음 극한을 함수의 그래프를 이용하여 조사하시오.

(1) $\displaystyle\lim_{x \to 4} \sqrt{x+5}$

(2) $\displaystyle\lim_{x \to 0} \left(-\frac{1}{|x|}\right)$

(3) $\displaystyle\lim_{x \to \infty} (2x-6)$

✔ 교과서 필수 개념 ▶ **2** **우극한과 좌극한**

1. 우극한과 좌극한

(1) 우극한: 함수 $f(x)$에서 $x \to a+$일 때 $f(x)$의 값이 일정한 값 α에 한없이 가까워 지면 α를 $f(x)$의 $x=a$에서의 우극한이라 한다. **❶**

기호▶ $\displaystyle\lim_{x \to a+} f(x) = \alpha$ 또는 $x \to a+$일 때 $f(x) \to \alpha$

(2) 좌극한: 함수 $f(x)$에서 $x \to a-$일 때 $f(x)$의 값이 일정한 값 β에 한없이 가까워 지면 β를 $f(x)$의 $x=a$에서의 좌극한이라 한다. **❶**

기호▶ $\displaystyle\lim_{x \to a-} f(x) = \beta$ 또는 $x \to a-$일 때 $f(x) \to \beta$

2. 극한값의 존재

함수 $f(x)$에 대하여 $x=a$에서 함수 $f(x)$의 우극한과 좌극한이 모두 존재하고 그 값 이 α로 같으면 $x=a$에서의 함수 $f(x)$의 극한값은 α이다. 또, 그 역도 성립한다. **❷**

$$\lim_{x \to a+} f(x) = \lim_{x \to a-} f(x) = \alpha \iff \lim_{x \to a} f(x) = \alpha$$

❶ x의 값이 a보다 크면서 a에 한없이 가 까워지는 것을 기호로 $x \to a+$와 같 이 나타내고, x의 값이 a보다 작으면서 a에 한없이 가까워지는 것을 기호로 $x \to a-$와 같이 나타낸다.

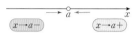

❷ 우극한과 좌극한이 모두 존재하더라도 그 값이 서로 같지 않으면 극한값은 존 재하지 않는다.

대표 예제 **2**

그래프가 주어진 함수의 극한

함수 $y=f(x)$의 그래프가 오른쪽 그림과 같을 때, 다음 극한을 조사하시오.

(1) $\displaystyle\lim_{x \to 0+} f(x)$ (2) $\displaystyle\lim_{x \to 0-} f(x)$

(3) $\displaystyle\lim_{x \to -1+} f(x)$ (4) $\displaystyle\lim_{x \to 1-} f(x)$

(5) $\displaystyle\lim_{x \to 1} f(x)$ (6) $\displaystyle\lim_{x \to 2} f(x)$

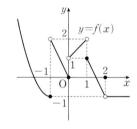

유제 **2-1**

함수 $y=f(x)$의 그래프가 오른쪽 그림과 같을 때, 다음 극한을 조사하시오.

(1) $\displaystyle\lim_{x \to -1-} f(x)$ (2) $\displaystyle\lim_{x \to 0+} f(x)$

(3) $\displaystyle\lim_{x \to 1-} f(x)$ (4) $\displaystyle\lim_{x \to -2} f(x)$

(5) $\displaystyle\lim_{x \to 2} f(x)$ (6) $\displaystyle\lim_{x \to 3} f(x)$

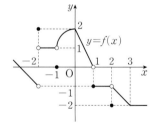

대표 예제 **3**

함수의 극한값의 존재

Tip 우극한과 좌극한을 각각 구하여 그 값이 서로 같은지 확 인한다.

다음 극한을 조사하시오.

(1) $\displaystyle\lim_{x \to 0} \frac{|x|}{x}$ (2) $\displaystyle\lim_{x \to 3} \frac{x^2-6x+9}{|x-3|}$

유제 **3-1**

다음 극한을 조사하시오.

(1) $\displaystyle\lim_{x \to 5} \frac{x-5}{|x-5|}$ (2) $\displaystyle\lim_{x \to 2} \frac{x^2-4}{|x-2|}$

두 함수 $f(x)$, $g(x)$에 대하여 $\lim\limits_{x \to a} f(x) = \alpha$, $\lim\limits_{x \to a} g(x) = \beta$ (α, β는 실수)일 때 **❶, ❷**

(1) $\lim\limits_{x \to a} cf(x) = c\lim\limits_{x \to a} f(x) = c\alpha$ (단, c는 상수)

(2) $\lim\limits_{x \to a} \{f(x) \pm g(x)\} = \lim\limits_{x \to a} f(x) \pm \lim\limits_{x \to a} g(x) = \alpha \pm \beta$ (복부호 동순)

(3) $\lim\limits_{x \to a} f(x)g(x) = \lim\limits_{x \to a} f(x) \times \lim\limits_{x \to a} g(x) = \alpha\beta$

(4) $\lim\limits_{x \to a} \dfrac{f(x)}{g(x)} = \dfrac{\lim\limits_{x \to a} f(x)}{\lim\limits_{x \to a} g(x)} = \dfrac{\alpha}{\beta}$ (단, $g(x) \neq 0$, $\beta \neq 0$)

❶ 함수의 극한에 대한 성질은 극한값이 존재할 때만 성립한다.

❷ 함수의 극한에 대한 성질은
$x \to a+$, $x \to a-$,
$x \to \infty$, $x \to -\infty$
일 때도 성립한다.

대표 예제 ❹

함수의 극한에 대한 성질

Tip $\dfrac{x^2 + 5f(x)}{x^2 - 2f(x)}$의 분모, 분자를 각각 x로 나눈다.

두 함수 $f(x)$, $g(x)$에 대하여 $\lim\limits_{x \to 0} \dfrac{f(x)}{x} = 2$일 때, $\lim\limits_{x \to 0} \dfrac{x^2 + 5f(x)}{x^2 - 2f(x)}$의 값을 구하시오.

유제 **4-1** 두 함수 $f(x)$, $g(x)$에 대하여 $\lim\limits_{x \to 2} f(x) = -1$, $\lim\limits_{x \to 2} \{2f(x) - g(x)\} = 5$일 때, $\lim\limits_{x \to 2} \dfrac{f(x) - g(x)}{2f(x) + g(x)}$의 값을 구하시오.

---

(1) $\dfrac{0}{0}$ 꼴의 극한 **❶**

① 분자, 분모가 모두 다항식인 경우 ➡ 분자, 분모를 각각 인수분해한 후 약분한다.

② 분자, 분모 중 무리식이 있는 경우 ➡ 근호가 있는 쪽을 유리화한 후 약분한다.

(2) $\dfrac{\infty}{\infty}$ 꼴의 극한 **❷**: 분모의 최고차항으로 분자, 분모를 각각 나눈다.

(3) $\infty - \infty$ 꼴의 극한

① 다항식인 경우 ➡ 최고차항으로 묶는다.

② 무리식인 경우 ➡ 근호가 있는 쪽을 유리화한다.

(4) $\infty \times 0$ 꼴의 극한: 통분, 인수분해, 유리화 등을 이용하여 $\dfrac{0}{0}$, $\dfrac{\infty}{\infty}$, $\infty \times (상수)$, $\dfrac{(상수)}{\infty}$

(상수)$\neq$0인 경우, 발산한다.

0으로 수렴한다.

꼴로 변형한다.

❶ $\dfrac{0}{0}$ 꼴, $\infty \times 0$ 꼴에서 0은 숫자 0이 아니라 그 값이 0에 한없이 가까워지는 것을 의미한다.

❷ $\dfrac{\infty}{\infty}$ 꼴의 극한값은 분모, 분자의 최고차항의 차수를 비교하여 구할 수 있다.

① (분자의 차수) = (분모의 차수)
➡ (극한값) = (최고차항의 계수의 비)

② (분자의 차수) < (분모의 차수)
➡ (극한값) = 0

③ (분자의 차수) > (분모의 차수)
➡ 발산한다.

대표 예제 ❺

함수의 극한값의 계산 (1)

$-\dfrac{0}{0}$ 꼴

다음 극한값을 구하시오.

(1) $\lim\limits_{x \to 1} \dfrac{x^2 + 4x - 5}{x^2 - 1}$

(2) $\lim\limits_{x \to -3} \dfrac{\sqrt{x+4} - 1}{x+3}$

유제 **5-1** 다음 극한값을 구하시오.

(1) $\lim\limits_{x \to -2} \dfrac{2x^2 + 3x - 2}{x^2 + 2x}$

(2) $\lim\limits_{x \to 1} \dfrac{x^2 - x}{\sqrt{x^2 + 3x} - 2}$

대표 예제 ⑥

함수의 극한값의 계산 (2)
$-\dfrac{\infty}{\infty}$ 꼴

다음 극한값을 구하시오.

(1) $\displaystyle\lim_{x\to\infty}\dfrac{3x^2+x+4}{5x^2-2x+1}$

(2) $\displaystyle\lim_{x\to\infty}\dfrac{7x-3}{\sqrt{x^2+x+1}}$

유제 **6-1**

다음 극한을 조사하시오.

(1) $\displaystyle\lim_{x\to\infty}\dfrac{x^2-5x}{x+4}$

(2) $\displaystyle\lim_{x\to\infty}\dfrac{-4x+3}{\sqrt{x^2-1}+2x}$

유제 **6-2**

TIP $x\to-\infty$일 때의 극한값은 $-x=t$로 놓고 $t\to\infty$일 때로 바꾸어 구한다.

다음 극한값을 구하시오.

(1) $\displaystyle\lim_{x\to-\infty}\dfrac{9x+4}{\sqrt{x^2-5x}}$

(2) $\displaystyle\lim_{x\to-\infty}\dfrac{\sqrt{4x^2-3x}+x}{\sqrt{x^2+x}+\sqrt{3-x}}$

대표 예제 ⑦

함수의 극한값의 계산 (3)
$-\infty-\infty$ 꼴

다음 극한을 조사하시오.

(1) $\displaystyle\lim_{x\to\infty}(x^2-3x+5)$

(2) $\displaystyle\lim_{x\to\infty}(\sqrt{x^2+4x-3}-x)$

유제 **7-1**

다음 극한을 조사하시오.

(1) $\displaystyle\lim_{x\to\infty}(-2x^3+x-1)$

(2) $\displaystyle\lim_{x\to-\infty}(\sqrt{x^2-6x}+x)$

대표 예제 ⑧

함수의 극한값의 계산 (4)
$-\infty\times0$ 꼴

다음 극한값을 구하시오.

(1) $\displaystyle\lim_{x\to0}\dfrac{1}{x}\left(\dfrac{1}{x+3}-\dfrac{1}{5x+3}\right)$

(2) $\displaystyle\lim_{x\to\infty}x\left(1-\dfrac{\sqrt{x+2}}{\sqrt{x+4}}\right)$

유제 **8-1**

다음 극한값을 구하시오.

(1) $\displaystyle\lim_{x\to0}\dfrac{1}{x}\left\{\dfrac{1}{(x-1)^2}-1\right\}$

(2) $\displaystyle\lim_{x\to\infty}\sqrt{x}(\sqrt{x+4}-\sqrt{x})$

교과서 필수 개념 ⑤ 극한값을 이용한 미정계수의 결정 중요

두 함수 $f(x)$, $g(x)$에 대하여

(1) $\lim\limits_{x \to a} \dfrac{f(x)}{g(x)} = \alpha$ (α는 실수)이고 $\lim\limits_{x \to a} g(x) = 0$이면 $\lim\limits_{x \to a} f(x) = 0$ ❶

(2) $\lim\limits_{x \to a} \dfrac{f(x)}{g(x)} = \alpha$ (α는 0이 아닌 실수)이고 $\lim\limits_{x \to a} f(x) = 0$이면 $\lim\limits_{x \to a} g(x) = 0$ ❷

❶ $x \to a$일 때, 극한값이 존재하고 (분모) $\to$ 0이면 (분자) $\to$ 0이다.

❷ $x \to a$일 때, 0이 아닌 극한값이 존재하고 (분자) $\to$ 0이면 (분모) $\to$ 0이다.

대표 예제 ⑨

극한값을 이용한 미정계수의 결정

다음 등식이 성립하도록 하는 상수 a, b의 값을 구하시오.

(1) $\lim\limits_{x \to -1} \dfrac{x^2 + ax + b}{x + 1} = 3$

(2) $\lim\limits_{x \to 2} \dfrac{x - 2}{\sqrt{x + a} - b} = 4$

유제 9-1

다음 등식이 성립하도록 하는 상수 a, b의 값을 구하시오.

(1) $\lim\limits_{x \to 3} \dfrac{x - 3}{x^2 + ax + b} = \dfrac{1}{2}$

(2) $\lim\limits_{x \to 1} \dfrac{a\sqrt{x + 3} + b}{x - 1} = 1$

교과서 필수 개념 ⑥ 함수의 극한의 대소 관계

두 함수 $f(x)$, $g(x)$에 대하여 $\lim\limits_{x \to a} f(x) = \alpha$, $\lim\limits_{x \to a} f(x) = \beta$ (α, β는 실수)일 때, a에 가까운 모든 실수 x에 대하여 ❶

(1) $f(x) \le g(x)$이면 $\alpha \le \beta$

(2) 함수 $h(x)$에 대하여 $f(x) \le h(x) \le g(x)$이고 $\alpha = \beta$이면 $\lim\limits_{x \to a} h(x) = \alpha$

주의 $f(x) < g(x)$이지만 $\lim\limits_{x \to a} f(x) = \lim\limits_{x \to a} g(x)$인 경우도 있다.

예 $f(x) = x^2$, $g(x) = 2x^2$이면 0이 아닌 모든 실수 x에 대하여 $f(x) < g(x)$이지만 $\lim\limits_{x \to 0} f(x) = \lim\limits_{x \to 0} g(x) = 0$이다.

❶ 함수의 극한의 대소 관계는
$x \to a+$, $x \to a-$,
$x \to \infty$, $x \to -\infty$
일 때도 성립한다.

대표 예제 ⑩

함수의 극한의 대소 관계

함수 $f(x)$가 모든 실수 x에 대하여 $\dfrac{4x^2 - x - 2}{2x^2 + 3} \le f(x) \le \dfrac{4x^2 - x + 1}{2x^2 + 3}$ 을 만족시킬 때, $\lim\limits_{x \to \infty} f(x)$의 값을 구하시오.

유제 10-1

함수 $f(x)$가 모든 실수 x에 대하여 $x^2 + 3x - 4 \le f(x) \le 3x^2 - 5x + 4$를 만족시킬 때, $\lim\limits_{x \to 2} f(x)$의 값을 구하시오.

유제 10-2

양의 실수 전체의 집합에서 정의된 함수 $f(x)$가 $2x^2 - x < f(x) < 2x^2 + 3x + 4$를 만족시킬 때, $\lim\limits_{x \to \infty} \dfrac{f(x)}{x^2 + 1}$의 값을 구하시오.

Tip 주어진 부등식의 각 변을 $x^2 + 1$로 나눈다.

핵심 개념 & 공식 리뷰

해답 ☞ 5쪽

리뷰 1 ○, × 로 푸는 개념 리뷰

01 다음 문장이 참이면 ○표, 거짓이면 ×표를 ( ) 안에 써넣으시오.

(1) 함수 $f(x)$에 대하여 $f(a)$의 값이 존재하지 않으면 $\lim\limits_{x \to a} f(x)$도 존재하지 않는다. ( )

(2) 상수함수 $f(x) = c$ (c는 상수)는 a의 값에 관계없이 $\lim\limits_{x \to a} f(x) = c$이다. ( )

(3) 함수 $f(x)$의 $x = a$에서의 우극한과 좌극한이 모두 존재하면 극한값 $\lim\limits_{x \to a} f(x)$가 존재한다. ( )

(4) $\lim\limits_{x \to a} f(x) = \infty$, $\lim\limits_{x \to a} g(x) = k$ (k는 실수)일 때, $\lim\limits_{x \to a} f(x)g(x) = \lim\limits_{x \to a} f(x) \times \lim\limits_{x \to a} g(x)$가 성립한다. ( )

(5) 함수의 극한에 대한 성질은 $x \to a+$, $x \to a-$ (a는 실수)일 때만 성립하고 $x \to \infty$, $x \to -\infty$일 때는 성립하지 않는다. ( )

(6) 함수 $f(x)$에 대하여 $\lim\limits_{x \to 1} \dfrac{f(x)}{x-1} = 2$이면 $f(1) = 0$이다. ( )

(7) 함수 $g(x)$에 대하여 $\lim\limits_{x \to 2} \dfrac{x-2}{g(x)} = 0$이면 $\lim\limits_{x \to 2} g(x) = 0$이다. ( )

(8) 두 함수 $f(x)$, $g(x)$에 대하여 $\lim\limits_{x \to a} f(x) = \alpha$, $\lim\limits_{x \to a} g(x) = \beta$ (α, β는 실수)일 때, $f(x) < g(x)$이면 $\alpha < \beta$이다. ( )

리뷰 2 함수의 극한

02 다음 극한값을 구하시오.

(1) $\lim\limits_{x \to 1} (x+1)^2$

(2) $\lim\limits_{x \to 2} (-4x+2)$

(3) $\lim\limits_{x \to 3} \dfrac{x^2+3}{x-2}$

(4) $\lim\limits_{x \to 2} \dfrac{x^2+x}{x+1}$

(5) $\lim\limits_{x \to 1} \sqrt{1-x}$

(6) $\lim\limits_{x \to 2} |x-3|$

리뷰 3 우극한과 좌극한

03 함수 $y = f(x)$의 그래프가 그림과 같을 때, 다음을 구하시오.

(1)
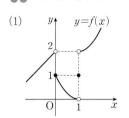
➜ $f(0) + \lim\limits_{x \to 1+} f(x)$

(2)
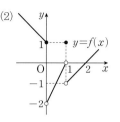
➜ $f(1) + \lim\limits_{x \to 0-} f(x)$

(3)
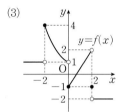
➜ $\lim\limits_{x \to 2+} f(x) + \lim\limits_{x \to 2-} f(x)$

(4)
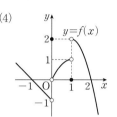
➜ $\lim\limits_{x \to -1-} f(x) + \lim\limits_{x \to 0+} f(x)$

리뷰 4 극한값을 이용한 미정계수의 결정

04 다음 등식이 성립하도록 하는 상수 a, b의 값을 구하시오.

(1) $\lim\limits_{x \to 1} \dfrac{4x-a}{x-1} = 4$

(2) $\lim\limits_{x \to -1} \dfrac{x^2+ax}{x+1} = -1$

(3) $\lim\limits_{x \to 3} \dfrac{x^2+8x+a}{x-3} = 14$

(4) $\lim\limits_{x \to -2} \dfrac{x+2}{x^2+ax-8} = -\dfrac{1}{6}$

(5) $\lim\limits_{x \to 3} \dfrac{x-a}{(x-2)(x-3)} = b$

(6) $\lim\limits_{x \to 2} \dfrac{x^2-4}{x^2+ax} = b$ (단, $b \neq 0$)

빈출 문제로 실전 연습

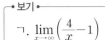

01 ●○○ / 함수의 수렴과 발산 /

극한값이 존재하는 것만을 보기에서 있는 대로 고른 것은?

┌─ 보기 ───────────────────────────┐
ㄱ. $\lim\limits_{x \to \infty}\left(\dfrac{4}{x}-1\right)$ ㄴ. $\lim\limits_{x \to -1}\sqrt{x+5}$

ㄷ. $\lim\limits_{x \to 3}\dfrac{2}{|x-3|}$ ㄹ. $\lim\limits_{x \to -1}\dfrac{x^2-1}{x+1}$
└────────────────────────────────┘

① ㄱ, ㄴ   ② ㄴ, ㄷ   ③ ㄷ, ㄹ
④ ㄱ, ㄴ, ㄷ   ⑤ ㄱ, ㄴ, ㄹ

02 ●●○ / 우극한과 좌극한 /

함수 $y=f(x)$의 그래프가 오른쪽 그림과 같을 때, $\lim\limits_{t \to \infty}f\left(\dfrac{t+1}{t-1}\right)$의 값은?

① 0   ② 1
③ 2   ④ 3
⑤ 4

03 ●●● / 우극한과 좌극한 /

함수 $f(x)=\begin{cases} x^2-2x+k & (x \geq 3) \\ kx-1 & (x<3) \end{cases}$에 대하여 $\lim\limits_{x \to 3}f(x)$의 값이 존재하도록 하는 상수 k의 값은?

① -4 ② -1 ③ 2
④ 5   ⑤ 8

04 ●●● / 함수의 극한에 대한 성질 / (내신 빈출)

두 함수 $f(x)$, $g(x)$에 대하여

$$\lim_{x \to \infty}f(x)=\infty, \quad \lim_{x \to \infty}\{f(x)+g(x)\}=5$$

일 때, $\lim\limits_{x \to \infty}\dfrac{3f(x)-g(x)}{5f(x)+3g(x)}$의 값을 구하시오.

05 ●●○ / 함수의 극한에 대한 성질 /

함수의 극한에 대한 설명으로 옳은 것만을 보기에서 있는 대로 고르시오.

┌─ 보기 ──────────────────────────────────┐
ㄱ. $\lim\limits_{x \to a}f(x)$와 $\lim\limits_{x \to a}\{f(x)-g(x)\}$의 값이 각각 존재하면 $\lim\limits_{x \to a}g(x)$의 값도 존재한다.

ㄴ. $\lim\limits_{x \to a}f(x)$와 $\lim\limits_{x \to a}f(x)g(x)$의 값이 각각 존재하면 $\lim\limits_{x \to a}g(x)$의 값도 존재한다.

ㄷ. $\lim\limits_{x \to a}g(x)$와 $\lim\limits_{x \to a}\dfrac{f(x)}{g(x)}$의 값이 각각 존재하면 $\lim\limits_{x \to a}f(x)$의 값도 존재한다.
└──────────────────────────────────────┘

06 ●●● / 함수의 극한값의 계산 / (내신 빈출)

다음 중 옳지 <u>않은</u> 것은?

① $\lim\limits_{x \to 2}\dfrac{x^2-4}{x^2+3x-10}=\dfrac{4}{7}$

② $\lim\limits_{x \to -1}\dfrac{x+1}{\sqrt{x^2+3}-2}=-2$

③ $\lim\limits_{x \to \infty}\dfrac{(x+3)(x-2)}{2x^2-x+3}=\dfrac{1}{2}$

④ $\lim\limits_{x \to -\infty}(\sqrt{x^2-4x}+x)=-2$

⑤ $\lim\limits_{x \to 3}\dfrac{1}{x-3}\left(\dfrac{1}{\sqrt{x-2}}-1\right)=-\dfrac{1}{2}$

07 ●●○ / 함수의 극한값의 계산 /

$\lim\limits_{x \to \infty} \dfrac{f(x)}{x} = -2$일 때, $\lim\limits_{x \to \infty} \dfrac{\{f(x)\}^2 + 5x^2}{3x^2 - f(x)}$ 의 값을 구하시오.

내신 빈출

08 ●●○ / 극한값을 이용한 미정계수의 결정 /

$\lim\limits_{x \to -2} \dfrac{x^2 + ax + 16}{x^3 + 8} = b$일 때, 상수 a, b에 대하여 ab의 값은?

① 2 ② 5 ③ 10
④ 15 ⑤ 20

09 ●●○ / 함수의 극한의 대소 관계 /

함수 $f(x)$가 모든 양의 실수 x에 대하여 $|f(x) - 2x - 5| < 5$ 를 만족시킬 때, $\lim\limits_{x \to \infty} \dfrac{\{f(x)\}^2}{x^2 - x + 1}$의 값을 구하시오.

10 ●●○ / 함수의 극한의 활용 /

오른쪽 그림과 같이 직선 $y = x$ 위에 두 점 A$(-1, -1)$, P(t, t)가 있다. 점 P를 지나고 직선 $y = x$에 수직인 직선이 y축과 만나는 점 Q라 할 때, $\lim\limits_{t \to \infty} \dfrac{\overline{AQ}^2}{\overline{AP}^2}$의 값을 구하시오.

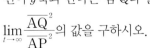

● 교과서 속 사고력 UP ●

11 ●●● / 함수의 극한값의 계산 /

두 다항함수 $f(x)$, $g(x)$에 대하여
$$\lim_{x \to \infty} \frac{f(x) - 3g(x)}{x^2} = 2, \quad \lim_{x \to \infty} \frac{f(x) + g(x)}{x^3} = \frac{4}{7}$$
일 때, $\lim\limits_{x \to \infty} \dfrac{f(x) + 4g(x)}{x^3}$의 값을 구하시오.

12 ●●● / 극한값을 이용한 다항식의 결정 /

다항함수 $f(x)$가
$$\lim_{x \to \infty} \frac{f(x) - 2x^2}{4 - 3x} = a, \quad \lim_{x \to -1} \frac{f(x)}{x + 1} = 8$$
을 만족시킬 때, 실수 a의 값은? (단, $a \neq 0$)

① -4 ② -2 ③ 2
④ 4 ⑤ 6

13 ●●● / 함수의 극한의 활용 /

오른쪽 그림과 같이 직선 $y = -x$ 에 접하고 중심이 점 C$\left(a, \dfrac{1}{a} - a\right)$ $(a > 1)$인 원 C가 있다. 원점 O와 원 C 위의 점 사이의 거리의 최솟값을 m이라 하면 $\lim\limits_{a \to \infty} \dfrac{m}{a} = k$일 때, k^2의 값을 구하시오.

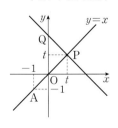

02강 함수의 연속

개념 1 함수의 연속과 불연속   개념 3 연속함수의 성질   개념 5 사잇값의 정리
개념 2 연속함수   개념 4 최대 · 최소 정리

● 교과서 대표문제로 필수개념완성

✓ 교과서 필수 개념 ① 함수의 연속과 불연속

1. 함수의 연속 중요

함수 $f(x)$가 실수 a에 대하여 다음 조건을 모두 만족시킬 때, $f(x)$는 $x=a$에서 연속이라 한다.

(ⅰ) 함수 $f(x)$가 $x=a$에서 정의되어 있고   ← 함숫값이 존재
(ⅱ) 극한값 $\lim\limits_{x \to a} f(x)$가 존재하며   ← 극한값이 존재
(ⅲ) $\lim\limits_{x \to a} f(x)=f(a)$ ← (극한값)=(함숫값)

예 함수 $f(x)=x^2+x$에 대하여

(ⅰ) $f(1)=2$ (ⅱ) $\lim\limits_{x \to 1} f(x)=2$ (ⅲ) $\lim\limits_{x \to 1} f(x)=f(1)$

따라서 함수 $f(x)$는 $x=1$에서 연속이다.

2. 함수의 불연속

함수 $f(x)$가 $x=a$에서 연속이 아닐 때, $f(x)$는 $x=a$에서 불연속이라 한다. ❶

참고 함수 $f(x)$가 함수의 연속 조건 세 가지 중 어느 하나라도 만족시키지 않으면 $x=a$에서 불연속이다.

(ⅰ) $f(a)$가 정의되어 있지 않다.   (ⅱ) $\lim\limits_{x \to a} f(x)$가 존재하지 않는다.   (ⅲ) $\lim\limits_{x \to a} f(x) \neq f(a)$

 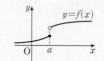 

❶ 함수 $f(x)$가 $x=a$에서 연속이라는 것은 $x=a$에서 함수 $y=f(x)$의 그래프가 이어져 있다는 것이고, 불연속이라는 것은 함수 $y=f(x)$의 그래프가 $x=a$에서 끊어져 있다는 것이다.

대표 예제 ①

함수의 연속과 불연속

Tip (1) $\lim\limits_{x \to 1+} f(x)$, $\lim\limits_{x \to 1-} f(x)$를 각각 구하여 $\lim\limits_{x \to 1} f(x)$가 존재하는지 확인한다.

다음 함수가 $x=1$에서 연속인지 불연속인지 조사하시오.

(1) $f(x)=\begin{cases} (x-1)^2 & (x \geq 1) \\ 1-x & (x<1) \end{cases}$ (2) $f(x)=\dfrac{x-1}{|x-1|}$

유제 1-1

다음 함수가 $x=0$에서 연속인지 불연속인지 조사하시오. (단, $[x]$는 x보다 크지 않은 최대의 정수이다.)

(1) $f(x)=\begin{cases} \dfrac{x^2-2x}{x} & (x \neq 0) \\ 2 & (x=0) \end{cases}$ (2) $f(x)=x-[x]$

유제 1-2

$-2<x<2$에서 함수 $y=f(x)$의 그래프가 오른쪽 그림과 같다. 함수 $f(x)$에 대하여 극한값이 존재하지 않는 x의 값의 개수를 a, 불연속인 x의 값의 개수를 b라 할 때, $a+b$의 값을 구하시오

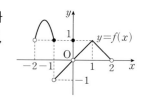

✅ 교과서 필수 개념 **2** **연속함수**

1. 구간

두 실수 a, b에 대하여 집합

$$\{x \mid a \le x \le b\}, \{x \mid a \le x < b\}, \{x \mid a < x \le b\}, \{x \mid a < x < b\}$$

를 구간이라 하며, 이것을 기호로 각각

$$[a, b], [a, b), (a, b], (a, b) \text{❶}$$

와 같이 나타낸다. 이때 $[a, b]$를 닫힌구간, (a, b)를 열린구간, $[a, b)$, $(a, b]$를
반닫힌 구간 또는 반열린 구간이라 한다.

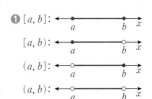

참고 실수 a에 대하여 다음 집합도 구간이고, 기호로 다음과 같이 나타낸다.

① $\{x \mid x \le a\} \rightarrow (-\infty, a]$　　　② $\{x \mid x < a\} \rightarrow (-\infty, a)$

③ $\{x \mid x \ge a\} \rightarrow [a, \infty)$　　　④ $\{x \mid x > a\} \rightarrow (a, \infty)$

특히, 실수 전체의 집합도 하나의 구간이며 기호로 $(-\infty, \infty)$와 같이 나타낸다.

예 함수 $f(x) = \dfrac{1}{x}$의 정의역을 구간의 기호를 사용하여 나타내면 $(-\infty, 0) \cup (0, \infty)$이다.

2. 연속함수 중요

함수 $f(x)$가 어떤 구간에 속하는 모든 실수에 대하여 연속일 때 $f(x)$는 그 구간에서
연속이라 하고, 어떤 구간에서 연속인 함수를 그 구간에서 연속함수라 한다. ❷

❷ 어떤 구간에서 연속인 함수의 그래프는 그 구간에서 이어져 있다.

참고 함수 $f(x)$가

(i) 열린구간 (a, b)에서 연속이고　　　(ii) $\lim\limits_{x \to a+} f(x) = f(a)$, $\lim\limits_{x \to b-} f(x) = f(b)$

일 때, 함수 $f(x)$는 닫힌구간 $[a, b]$에서 연속이라 한다.

예 함수 $f(x) = \sqrt{x-1}$은 구간 $(1, \infty)$에서 연속이고 $\lim\limits_{x \to 1+} f(x) = f(1)$이므로 함수 $f(x)$는 구간
$[1, \infty)$에서 연속이다.

Core

여러 가지 함수의 연속성

① 다항함수 $f(x) \rightarrow$ 모든 실수 x에서 연속

② 유리함수 $\dfrac{f(x)}{g(x)} \rightarrow g(x) \ne 0$인 모든 실수 x에서 연속

③ 무리함수 $\sqrt{f(x)} \rightarrow f(x) \ge 0$인 모든 실수 x에서 연속

대표 예제 **2**

연속함수

Tip 구간의 경계에서 연속인지 연속이 아닌지 판별한다.

다음 함수의 연속성을 조사하시오.

(1) $f(x) = \begin{cases} -x+2 & (x \ge 1) \\ x-2 & (x < 1) \end{cases}$　　　(2) $f(x) = \dfrac{1-x}{|x-1|}$

유제 **2-1** 다음 함수가 연속인 구간을 구하시오.

(1) $f(x) = |x+1|$　　　(2) $f(x) = \dfrac{3}{-x+5}$

유제 **2-2** 다음 함수의 연속성을 조사하시오.

(1) $f(x) = x - |x|$　　　(2) $f(x) = \begin{cases} -x^2+1 & (x \ne 0) \\ 0 & (x=0) \end{cases}$

유제 **2-3** 함수 $f(x) = \begin{cases} x^2-2x+a & (x > -1) \\ x+5 & (x \le -1) \end{cases}$가 모든 실수 x에서 연속이 되도록 하는 상수 a의 값을 구하시오.

두 함수 $f(x)$, $g(x)$가 $x=a$에서 연속이면 다음 함수도 $x=a$에서 연속이다. ❶

(1) $cf(x)$ (단, c는 상수)

(2) $f(x)+g(x)$, $f(x)-g(x)$

(3) $f(x)g(x)$

(4) $\dfrac{f(x)}{g(x)}$ (단, $g(a)\neq0$)

❶ 함수 $f(x)$ 또는 $g(x)$가 $x=a$에서 불연속일 때는 연속함수의 성질을 이용할 수 없다.

대표 예제 ③

연속함수의 성질

두 함수 $f(x)=x^2+2$, $g(x)=x-1$에 대하여 모든 실수 x에서 연속인 함수만을 보기에서 있는 대로 고르시오.

• 보기 •

ㄱ. $2f(x)+g(x)$ ㄴ. $f(x)g(x)$ ㄷ. $\dfrac{f(x)}{g(x)}$ ㄹ. $\dfrac{g(x)}{f(x)}$

유제 **3-1**

두 함수 $f(x)=x^2-x$, $g(x)=x^2-3$에 대하여 모든 실수 x에서 연속인 함수만을 보기에서 있는 대로 고르시오.

• 보기 •

ㄱ. $f(x)-3g(x)$ ㄴ. $\{g(x)\}^2$ ㄷ. $\dfrac{g(x)}{f(x)}$ ㄹ. $\dfrac{1}{f(x)+g(x)}$

함수 $f(x)$가 닫힌구간 $[a, b]$에서 연속이면 함수 $f(x)$는 이 구간에서 반드시 최댓값과 최솟값을 갖는다. ❶

주의 최대·최소 정리는

(i) 닫힌구간   (ii) 연속함수

의 두 가지 조건을 모두 만족시켜야 성립한다.

예 함수 $f(x)=-x+1$은 구간 $(0, 2]$에서 연속이지만 $x=2$일 때 최솟값 -1을 갖고, 최댓값은 갖지 않는다.

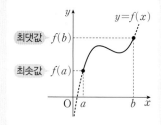

❶ 닫힌구간이 아니거나 불연속인 함수에서는 최댓값 또는 최솟값을 갖지 않을 수 있다.

대표 예제 ④

최대·최소 정리

주어진 구간에서 함수 $f(x)$의 최댓값과 최솟값을 구하시오.

(1) $f(x)=x^2-4x+3$ $[1, 4]$

(2) $f(x)=\dfrac{2}{x-1}$ $[2, 3]$

유제 **4-1**

주어진 구간에서 함수 $f(x)$의 최댓값과 최솟값을 구하시오.

(1) $f(x)=-x^2+2x+4$ $[-2, 3]$

(2) $f(x)=-\sqrt{6-2x}$ $[-5, 1]$

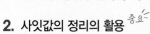 **5 사잇값의 정리**

1. 사잇값의 정리

함수 $f(x)$가 닫힌구간 $[a, b]$에서 연속이고 $f(a) \neq f(b)$이면 $f(a)$와 $f(b)$ 사이의 임의의 값 k에 대하여

$$f(c) = k$$

인 c가 열린구간 (a, b)에 적어도 하나 존재한다. ❶

2. 사잇값의 정리의 활용 ^{중요}

함수 $f(x)$가 닫힌구간 $[a, b]$에서 연속이고 $f(a)$와 $f(b)$의 부호가 서로 다르면 $f(c) = 0$인 c가 열린구간 (a, b)에 적어도 하나 존재한다.

즉, 방정식 $f(x) = 0$은 열린구간 (a, b)에서 적어도 하나의 실근을 갖는다. ❷

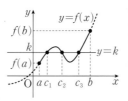

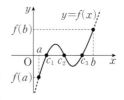

❶ 사잇값의 정리에서 주어진 조건을 만족시키지 않는 경우에는 c가 존재할 수도 있고 존재하지 않을 수도 있으므로 직접 확인해 봐야 한다.

❷ 함수 $f(x)$가 닫힌구간 $[a, b]$에서 연속이고 $f(a)f(b) < 0$이면 방정식 $f(x) = 0$은 열린구간 (a, b)에서 적어도 하나의 실근을 갖는다.

대표 예제 5

사잇값의 정리의 활용(1)
– 방정식의 실근이 존재하는 구간

다음 방정식이 주어진 구간에서 적어도 하나의 실근을 가짐을 보이시오.

(1) $2x^3 - 3x - 5 = 0$ $(-1, 2)$

(2) $x^4 - x^3 - 4x - 1 = 0$ $(0, 3)$

유제 5-1

다음 방정식이 주어진 구간에서 적어도 하나의 실근을 가짐을 보이시오.

(1) $x^3 + x^2 - 7x = 0$ $(1, 3)$

(2) $x^4 + x - 2 = 0$ $(-2, 0)$

유제 5-2

💡 $f(x) = x^3 - 6x + a$로 놓으면 $f(-2)f(2) < 0$이어야 한다.

방정식 $x^3 - 6x + a = 0$이 열린구간 $(-2, 2)$에서 적어도 하나의 실근을 갖도록 하는 정수 a의 개수를 구하시오.

대표 예제 6

사잇값의 정리의 활용(2)
– 방정식의 실근의 개수

💡 주어진 함숫값을 이용하여 함수 $y = f(x)$의 그래프의 개형을 추론한다.

모든 실수 x에서 연속인 함수 $f(x)$에 대하여

$$f(-2) = 3, f(-1) = -1, f(0) = -2, f(1) = 1, f(2) = -2$$

일 때, 방정식 $f(x) = 0$은 열린구간 $(-2, 2)$에서 적어도 몇 개의 실근을 갖는지 구하시오.

유제 6-1

💡 $g(x) = f(x) - x$로 놓고 $g(-1), g(0), g(1), g(2)$의 값을 구한다.

모든 실수 x에서 연속인 함수 $f(x)$에 대하여

$$f(-1) = 4, f(0) = -2, f(1) = 0, f(2) = 5$$

일 때, 방정식 $f(x) - x = 0$은 열린구간 $(-1, 2)$에서 적어도 몇 개의 실근을 갖는지 구하시오.

리뷰1 ◯, ✕로 푸는 개념 리뷰

01 다음 문장이 참이면 ◯표, 거짓이면 ✕표를 (　) 안에 써넣으시오.

(1) 함수 $f(x)$에 대하여 $f(a)$의 값이 존재하지 않으면 함수 $f(x)$는 $x=a$에서 불연속이다.　(　　)

(2) 함수 $f(x)$가 $x=a$에서 정의되어 있고 $\lim_{x \to a} f(x)$가 존재하면 함수 $f(x)$는 $x=a$에서 연속이다.　(　　)

(3) 함수 $f(x)$가 $x=a$에서 불연속이면 $\lim_{x \to a} f(x)$가 존재하지 않는다.　(　　)

(4) 두 함수 $f(x)$, $g(x)$가 $x=a$에서 연속이면 함수 $\dfrac{f(x)}{g(x)}$ $(g(a) \neq 0)$도 $x=a$에서 연속이다.　(　　)

(5) 두 함수 $f(x)$, $g(x)$가 $x=a$에서 연속이면 함수 $2f(x) - 3g(x)$도 $x=a$에서 연속이다.　(　　)

(6) 함수 $f(x)$가 열린구간 (a, b)에서 연속이면 함수 $f(x)$는 이 구간에서 최댓값과 최솟값을 갖는다.　(　　)

(7) 함수 $f(x)$가 닫힌구간 $[a, b]$에서 연속이고 $f(a)f(b) > 0$이면 방정식 $f(x) = 0$은 열린구간 (a, b)에서 실근을 갖지 않는다.　(　　)

리뷰2 함수의 연속과 불연속

02 함수 $y=f(x)$의 그래프가 그림과 같을 때, 다음을 구하시오.

(1) ① 함숫값이 존재하지 않는 x의 값

② 극한값이 존재하지 않는 x의 값

③ 불연속인 x의 값

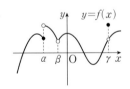

(2) ① 함숫값이 존재하지 않는 x의 값

② 극한값이 존재하지 않는 x의 값

③ 불연속인 x의 값

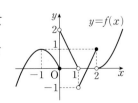

리뷰3 연속함수

03 다음 함수가 모든 실수 x에서 연속이 되도록 하는 상수 a의 값을 구하시오.

(1) $f(x) = \begin{cases} 2x+10 & (x \neq -1) \\ a & (x = -1) \end{cases}$

(2) $f(x) = \begin{cases} x^2+3 & (x \neq 3) \\ a+3 & (x = 3) \end{cases}$

(3) $f(x) = \begin{cases} ax^2-a & (x \geq 1) \\ ax+4 & (x < 1) \end{cases}$

(4) $f(x) = \begin{cases} x^2+4x+6 & (x > 2) \\ x+a & (x \leq 2) \end{cases}$

리뷰4 사잇값의 정리

04 다음 조건을 만족시키는 함수의 그래프인 것을 보기에서 있는 대로 고르시오.

> (㉮) $f(a)f(b) < 0$　　　　(㉯) $f(a)f(b) > 0$
> (㉰) 방정식 $f(x) = 0$이 열린구간 (a, b)에서 적어도 하나의 실근을 갖는다.

• 보기 •

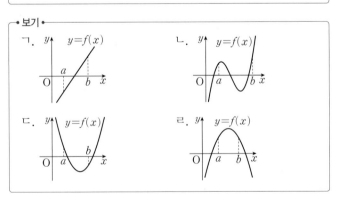

(1) 조건 ㉮를 만족시키는 함수

(2) 조건 ㉮, ㉰를 모두 만족시키는 함수

(3) 조건 ㉯를 만족시키는 함수

(4) 조건 ㉯, ㉰를 모두 만족시키는 함수

(5) (1)과 (2), (3)과 (4) 중 결과가 같은 것

01 ●●○
/ 함수의 연속과 불연속 /

다음 중 $x=0$에서 연속인 함수는?

(단, $[x]$는 x보다 크지 않은 최대의 정수이다.)

① $f(x)=\sqrt{x-2}$

② $f(x)=\dfrac{1}{x}$

③ $f(x)=[x]^2$

④ $f(x)=\begin{cases} \dfrac{x^2-x}{|x|} & (x\neq 0) \\ 1 & (x=0) \end{cases}$

⑤ $f(x)=\begin{cases} \dfrac{x}{\sqrt{4+x}-2} & (x\neq 0) \\ 4 & (x=0) \end{cases}$

02 ●●●
/ 함수의 연속과 불연속 /

두 함수 $y=f(x)$, $y=g(x)$의 그래프가 다음 그림과 같을 때, 보기에서 옳은 것만을 있는 대로 고른 것은?

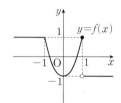
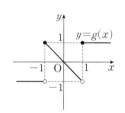

┌ 보기 ┐
ㄱ. 함수 $f(x)+g(x)$는 $x=1$에서 불연속이다.
ㄴ. 함수 $f(x)g(x)$는 $x=-1$에서 연속이다.
ㄷ. 함수 $f(g(x))$는 $x=1$에서 연속이다.
└─────────┘

① ㄱ   ② ㄴ   ③ ㄱ, ㄷ

④ ㄴ, ㄷ   ⑤ ㄱ, ㄴ, ㄷ

03 ●●○
/ 연속함수 /

모든 실수 x에서 연속인 함수 $f(x)$가
$$(x-3)f(x)=x^3-27$$
을 만족시킬 때, $f(3)$의 값을 구하시오.

04 ●●●
/ 연속함수 /

함수 $f(x)=\begin{cases} \dfrac{\sqrt{x^2+a}-2}{x+4} & (x\neq -4) \\ b & (x=-4) \end{cases}$ 가 모든 실수 x에서 연속일 때, 상수 a, b에 대하여 ab의 값을 구하시오.

05 ●●●
/ 연속함수의 성질 /

두 함수 $f(x)=x^2+2ax-5a$, $g(x)=x^2-4x+2$에 대하여 함수 $\dfrac{g(x)}{f(x)}$가 모든 실수 x에서 연속이 되도록 하는 실수 a의 값의 범위는?

① $-10<a<-5$ ② $-5<a<0$

③ $-5<a<5$ ④ $0<a<5$

⑤ $5<a<10$

06 ●●●
/ 연속함수의 성질 /

실수 전체의 집합에서 정의된 두 함수 $f(x)$, $g(x)$에 대하여 보기에서 옳은 것만을 있는 대로 고른 것은?

┌ 보기 ┐
ㄱ. $g(x)$와 $f(x)-g(x)$가 연속함수이면 $f(x)$도 연속함수이다.
ㄴ. $g(x)\neq 0$일 때, $f(x)$와 $\dfrac{f(x)}{g(x)}$가 연속함수이면 $g(x)$도 연속함수이다.
ㄷ. $f(x)$와 $g(x)$가 연속함수이면 $g(f(x))$도 연속함수이다.
ㄹ. $f(x)$와 $g(x)$가 연속함수이면 $\dfrac{g(x)}{|f(x)|+1}$도 연속함수이다.
└─────────┘

① ㄱ, ㄷ   ② ㄴ, ㄹ   ③ ㄷ, ㄹ

④ ㄱ, ㄴ, ㄷ   ⑤ ㄱ, ㄷ, ㄹ

07 ●●●○
/ 최대 · 최소 정리 /

닫힌구간 $[-1, 4]$에서 함수 $f(x)=2-|x-3|$의 최댓값을 M, 최솟값을 m이라 할 때, $\dfrac{M}{m}$의 값은?

① 5   ② 3   ③ 1
④ -1   ⑤ -3

08 ●●●○
/ 사잇값의 정리 /

모든 실수 x에서 연속인 함수 $f(x)$에 대하여
$$f(0)=2, \ f(2)=a^2-5a$$
가 성립한다. 방정식 $f(x)-x^2+4x=0$이 열린구간 $(0, 2)$에서 적어도 하나의 실근을 갖도록 하는 모든 정수 a의 값의 합은?

① 4   ② 5   ③ 6
④ 7   ⑤ 8

09 ●●●○
/ 사잇값의 정리 /

다항함수 $f(x)$가
$$\lim_{x \to -1}\frac{f(x)}{x+1}=3, \ \lim_{x \to 2}\frac{f(x)}{x-2}=6$$
을 만족시킬 때, 방정식 $f(x)=0$은 닫힌구간 $[-1, 2]$에서 적어도 몇 개의 실근을 갖는가?

① 1   ② 2   ③ 3
④ 4   ⑤ 5

교과서 속 사고력 UP

10 ●●●○
/ 함수의 연속과 불연속 /

중심의 좌표가 $(2, 0)$이고 반지름의 길이가 2인 원을 C_1이라 하고, 중심의 좌표가 $(a, 0)$이고 반지름의 길이가 1인 원을 C_2라 하자. 원 C_1과 C_2의 교점의 개수를 $f(a)$라 할 때, 함수 $f(a)$가 불연속이 되는 모든 a의 값의 합은?

① -8   ② -4   ③ 0
④ 4   ⑤ 8

11 ●●●○
/ 사잇값의 정리 /

모든 실수 x에서 연속인 함수 $f(x)$에 대하여
$$f(x)=f(-x), \ f(-4)f(-5)<0, \ f(-2)f(-3)<0$$
이 성립할 때, 방정식 $f(x)=0$은 적어도 몇 개의 실근을 갖는지 구하시오.

12 ●●●○
/ 사잇값의 정리 /

$a<b<c$인 세 실수 a, b, c에 대하여 이차방정식
$$(x-a)(x-b)+(x-b)(x-c)+(x-c)(x-a)=0$$
이 서로 다른 두 실근을 가짐을 사잇값의 정리를 이용하여 보이시오.

03 미분계수와 도함수

개념 1 평균변화율   개념 3 미분가능성과 연속성   개념 5 미분법의 공식
개념 2 미분계수   개념 4 도함수   개념 6 함수의 곱의 미분법

● 교과서 대표문제로 필수개념완성

해답 ☞ 14쪽

✔ 교과서 필수 개념 ▶ 1 평균변화율

1. 증분

함수 $y=f(x)$에서 x의 값이 a에서 b까지 변할 때, 함숫값 y는 $f(a)$에서 $f(b)$까지 변한다. 이때

　x의 값의 변화량 $b-a$를 x의 증분,

　y의 값의 변화량 $f(b)-f(a)$를 y의 증분

이라 하고, 기호로 각각 $\varDelta x$, $\varDelta y$와 같이 나타낸다. ❶
$$\varDelta x=b-a,\ \varDelta y=f(b)-f(a)=f(a+\varDelta x)-f(a)$$

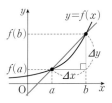

❶ $\varDelta$는 차를 뜻하는 Difference의 첫 글자 D에 해당하는 그리스 문자로 '델타(delta)'라 읽는다.

2. 평균변화율

함수 $y=f(x)$에서 x의 값이 a에서 b까지 변할 때의 평균변화율은
$$\frac{\varDelta y}{\varDelta x}=\frac{f(b)-f(a)}{b-a}=\frac{f(a+\varDelta x)-f(a)}{\varDelta x}$$

3. 평균변화율의 기하적 의미

함수 $y=f(x)$의 평균변화율은 함수 $y=f(x)$의 그래프 위의 두 점 $\mathrm{A}(a,\ f(a))$, $\mathrm{B}(b,\ f(b))$를 지나는 직선의 기울기와 같다.

예 함수 $f(x)=x^2$에서 x의 값이 -2에서 1까지 변할 때의 평균변화율은
$$\frac{\varDelta y}{\varDelta x}=\frac{f(1)-f(-2)}{1-(-2)}=\frac{1-4}{3}=-1$$
└ 두 점 $(-2,\ f(-2))$, $(1,\ f(1))$을 지나는 직선의 기울기와 같다.

대표 예제 ①

평균변화율

함수 $f(x)=x^2+5x$에서 x의 값이 2에서 a까지 변할 때의 평균변화율이 10일 때, a의 값을 구하시오.

(단, $a>2$)

유제 1-1 함수 $f(x)=x^2+2x$에서 x의 값이 다음과 같이 변할 때의 평균변화율을 구하시오.

(1) 1에서 4까지

(2) a에서 $a+\varDelta x$까지 (단, a는 상수이다.)

유제 1-2 함수 $f(x)=2x^2-x$에서 x의 값이 a에서 $a+2$까지 변할 때의 평균변화율이 -5일 때, 상수 a의 값을 구하시오.

1. 미분계수 (순간변화율)

(1) 함수 $y=f(x)$의 $x=a$에서의 순간변화율 또는 미분계수는

$$f'(a)\overset{\textbf{❶}}{=}\lim_{\Delta x \to 0}\frac{\Delta y}{\Delta x}=\underset{①}{\lim_{\Delta x \to 0}\frac{f(a+\Delta x)-f(a)}{\Delta x}}=\underset{②}{\lim_{x \to a}\frac{f(x)-f(a)}{x-a}}$$

예 함수 $f(x)=x^2+x$의 $x=1$에서의 미분계수는 다음 두 가지 방법으로 구할 수 있다.

① $f'(1)=\lim_{\Delta x \to 0}\frac{f(1+\Delta x)-f(1)}{\Delta x}=\lim_{\Delta x \to 1}\frac{\{(1+\Delta x)^2+(1+\Delta x)\}-2}{\Delta x}=\lim_{\Delta x \to 0}(\Delta x+3)=3$

② $f'(1)=\lim_{x \to 1}\frac{f(x)-f(1)}{x-1}=\lim_{x \to 1}\frac{x^2+x-2}{x-1}=\lim_{x \to 1}\frac{(x-1)(x+2)}{x-1}=\lim_{x \to 1}(x+2)=3$

참고 Δx 대신 h를 사용하여 $f'(a)=\lim_{h \to 0}\frac{f(a+h)-f(a)}{h}$와 같이 나타내기도 한다. **❷**

(2) 함수 $f(x)$의 $x=a$에서의 미분계수 $f'(a)$가 존재할 때, 함수 $f(x)$는 $x=a$에서 미분가능하다고 한다. **❸**

2. 미분계수의 기하적 의미

함수 $f(x)$의 $x=a$에서의 미분계수 $f'(a)$는 곡선 $y=f(x)$ 위의 점 $(a, f(a))$에서의 접선의 기울기와 같다.

❶ 미분계수 $f'(a)$는 'f 프라임(prime) a'라 읽는다.

❷ $x=a$에서 미분계수는 다음과 같이 나타낸다.

(i) $f'(a)=\lim_{x \to a}\frac{f(x)-f(a)}{x-a}$

(ii) $f'(a)=\lim_{h \to 0}\frac{f(a+h)-f(a)}{h}$

❸ 함수 $f(x)$가 어떤 구간에 속하는 모든 x에서 미분가능할 때, 함수 $f(x)$는 그 구간에서 미분가능하다고 한다.
특히, 함수 $f(x)$가 정의역에 속하는 모든 x에서 미분가능하면 함수 $f(x)$는 미분가능한 함수라 한다.

대표 예제 ②

미분계수를 이용한 극한값의 계산⑴

Tip $f'(a)$ $=\lim_{x \to a}\frac{f(x)-f(a)}{x-a}$

미분가능한 함수 $f(x)$에 대하여 $f'(a)=2$일 때, 다음 극한값을 구하시오.

(1) $\lim_{h \to 0}\frac{f(a+5h)-f(a)}{h}$

(2) $\lim_{h \to 0}\frac{f(a+2h)-f(a-h)}{h}$

유제 2-1 다항함수 $f(x)$에 대하여 $f'(a)=-3$일 때, 다음 극한값을 구하시오.

(1) $\lim_{h \to 0}\frac{f(a)-f(a-h)}{h}$

(2) $\lim_{h \to 0}\frac{f(a-3h)-f(a+4h)}{h}$

대표 예제 ③

미분계수를 이용한 극한값의 계산⑵

Tip $f'(a)$ $=\lim_{h \to 0}\frac{f(a+h)-f(a)}{h}$

다항함수 $f(x)$에 대하여 $f(1)=-2$, $f'(1)=4$일 때, 다음 극한값을 구하시오.

(1) $\lim_{x \to 1}\frac{f(x)-f(1)}{x^2-1}$

(2) $\lim_{x \to 1}\frac{x^2f(1)-f(x^2)}{x-1}$

유제 3-1 다항함수 $f(x)$에 대하여 $f(2)=6$, $f'(2)=-1$일 때, 다음 극한값을 구하시오.

(1) $\lim_{x \to 2}\frac{x^2-4}{f(x)-f(2)}$

(2) $\lim_{x \to 2}\frac{2f(x)-xf(2)}{x-2}$

대표 예제 ④

미분계수의 기하적 의미

곡선 $y=x^2+2x-3$ 위의 점 $(2, 5)$에서의 접선의 기울기를 구하시오.

유제 4-1 곡선 $y=-x^3+x-2$ 위의 점 $(1, -2)$에서의 접선의 기울기를 구하시오.

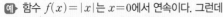 **교과서 필수 개념 ③** 미분가능성과 연속성

함수 $f(x)$가 $x=a$에서 미분가능하면 $f(x)$는 $x=a$에서 연속이다. **❶**

주의 일반적으로 위의 역은 성립하지 않는다. 즉, $x=a$에서 연속인 함수 $f(x)$가 $x=a$에서 반드시 미분가능한 것은 아니다.

예 함수 $f(x)=|x|$는 $x=0$에서 연속이다. 그런데

$$\lim_{x \to 0+} \frac{f(x)-f(0)}{x-0} = \lim_{x \to 0+} \frac{|x|}{x} = \lim_{x \to 0+} \frac{x}{x} = 1,$$

$$\lim_{x \to 0-} \frac{f(x)-f(0)}{x-0} = \lim_{x \to 0-} \frac{|x|}{x} = \lim_{x \to 0-} \frac{-x}{x} = -1$$

에서 $f'(0)$이 존재하지 않으므로 함수 $f(x)$는 $x=0$에서 미분가능하지 않다.

즉, 함수 $f(x)=|x|$는 $x=0$에서 연속이지만 미분가능하지 않다.

❶ 함수 $f(x)$가 $x=a$에서 미분가능하지 않은 경우

① $x=a$에서 불연속인 경우

예

② $x=a$에서 그래프가 꺾이는 경우

예

Core 함수의 미분가능성과 연속성 사이의 관계

함수 $y=f(x)$가 $x=a$에서 미분가능하면 $x=a$에서의 미분계수 $f'(a)=\lim\limits_{x \to a} \dfrac{f(x)-f(a)}{x-a}$가 존재하므로

$$\lim_{x \to a}\{f(x)-f(a)\} = \lim_{x \to a}\left\{\frac{f(x)-f(a)}{x-a} \times (x-a)\right\} = f'(a) \times 0 = 0$$

즉, $\lim\limits_{x \to a} f(x)=f(a)$이므로 함수 $f(x)$는 $x=a$에서 연속이다.

대표 예제 ⑤

미분가능성과 연속성 (1)
– 함수 식이 주어진 경우

다음 함수 $f(x)$의 $x=1$에서의 연속성과 미분가능성을 조사하시오.

(1) $f(x)=|x-1|$ 　　　　　　　　　　(2) $f(x)=|1-x^2|$

유제 5-1

다음 함수 $f(x)$의 $x=0$에서의 연속성과 미분가능성을 조사하시오.

(1) $f(x)=\begin{cases} -x^3 & (x \geq 0) \\ x^2 & (x < 0) \end{cases}$ 　　　　(2) $f(x)=x^2-2|x|$

대표 예제 ⑥

미분가능성과 연속성 (2)
– 그래프가 주어진 경우

구간 $(-2, 2)$에서 함수 $y=f(x)$의 그래프가 오른쪽 그림과 같을 때, 다음을 구하시오.

(1) 불연속인 x의 값

(2) 미분가능하지 않은 x의 값

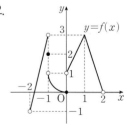

유제 6-1

구간 $(-1, 4)$에서 함수 $y=f(x)$의 그래프가 오른쪽 그림과 같을 때, 불연속인 점은 a개, 미분가능하지 않은 점은 b개이다. $a+b$의 값을 구하시오.

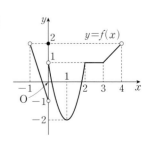

✅ 교과서 필수 개념 ④ **도함수**

1. **도함수:** 미분가능한 함수 $y=f(x)$의 정의역의 각 원소 x에
   미분계수 $f'(x)$를 대응시켜 만든 새로운 함수를 $y=f(x)$의
   도함수라 하며, 이것을 기호로
   $$f'(x),\ y',\ \frac{dy}{dx},\ \frac{d}{dx}f(x)$$
   와 같이 나타낸다. 즉, $f'(x)=\lim\limits_{\Delta x \to 0}\dfrac{f(x+\Delta x)-f(x)}{\Delta x}$이다. ❶

   참고 Δx 대신 h를 사용하여 $f'(x)=\lim\limits_{h\to 0}\dfrac{f(x+h)-f(x)}{h}$와 같이 나타내기도 한다.

2. **미분법:** 함수 $f(x)$에서 도함수 $f'(x)$를 구하는 것을 $f(x)$를 x에 대하여 미분한다고
   하고, 그 계산법을 미분법이라 한다.

❶ 함수 $f(x)$의 $x=a$에서의 미분계수
$f'(a)$는 도함수 $f'(x)$의 식에 $x=a$
를 대입한 값과 같다.

대표 예제 ⑦

도함수

다음 함수의 도함수를 구하시오.

(1) $f(x)=4x-2$ (2) $f(x)=2x^2+5$

유제 7-1 함수 $f(x)=-x^2+2x+4$의 도함수와 $x=-2$에서의 미분계수를 구하시오.

✅ 교과서 필수 개념 ⑤ **미분법의 공식**

1. **함수 $y=x^n$ (n은 양의 정수)과 상수함수의 도함수**
   (1) $y=x^n$ (n은 양의 정수)이면 $y'=nx^{n-1}$
   (2) $y=c$ (c는 상수)이면 $y'=0$

   $$\boxed{(x^n)'=nx^{n-1}}$$

2. **함수의 실수배, 합, 차의 미분법:** 두 함수 $f(x),\ g(x)$가 미분가능할 때
   (1) $\{cf(x)\}'=cf'(x)$ (단, c는 상수)
   (2) $\{f(x)+g(x)\}'=f'(x)+g'(x)$ ❶
   (3) $\{f(x)-g(x)\}'=f'(x)-g'(x)$
   예 $y=2x^3-3x+5$이면 $y'=2(x^3)'-3(x)'+(5)'=2\times 3x^2-3\times 1=6x^2-3$

❶ 함수의 합, 차의 미분법은 세 개 이상의
함수에 대해서도 성립한다.
→ 세 함수 $f(x),\ g(x),\ h(x)$가 미분
가능할 때,
$\{f(x)\pm g(x)\pm h(x)\}'$
$=f'(x)\pm g'(x)\pm h'(x)$
(복부호 동순)

대표 예제 ⑧

함수의 실수배, 합, 차의
미분법

다음 함수를 미분하시오.

(1) $y=3x+5$ (2) $y=-4x^2+6x+1$ (3) $y=\dfrac{2}{5}x^5+\dfrac{3}{4}x^4-\dfrac{1}{2}x^2+3x$

유제 8-1 다음 함수를 미분하시오.

(1) $y=-2x+1$ (2) $y=x^6+x$ (3) $y=-\dfrac{1}{2}x^4+\dfrac{1}{6}x^3+2x-\dfrac{1}{8}$

유제 8-2 함수 $f(x)=-2x^4+4x^3-x+1$에 대하여 $f'(2)+f'(-1)$의 값을 구하시오.

✅ 교과서 필수 개념 ⑥ **함수의 곱의 미분법**

세 함수 $f(x)$, $g(x)$, $h(x)$가 미분가능할 때 ❶
(1) $\{f(x)g(x)\}' = f'(x)g(x) + f(x)g'(x)$
(2) $\{f(x)g(x)h(x)\}' = f'(x)g(x)h(x) + f(x)g'(x)h(x) + f(x)g(x)h'(x)$
(3) $[\{f(x)\}^n]' = n\{f(x)\}^{n-1}f'(x)$ (단, n은 양의 정수)

❶ 함수의 곱의 미분법을 이용하면 곱의 꼴로 나타낸 함수를 전개하지 않고도 미분할 수 있다.

대표 예제 ⑨

함수의 곱의 미분법

다음 함수를 미분하시오.

(1) $y = (3x^2 + 2)(x^3 - x)$

(2) $y = (x-2)(x^2+1)(3x+4)$

(3) $y = (2x^2 - 5x + 3)^4$

(4) $y = (x+1)^3(x^2+4)^2$

유제 9-1

다음 함수를 미분하시오.

(1) $y = (2x-3)(x^2+4x+1)$

(2) $y = (x+4)(4x-1)(2x+5)$

(3) $y = (x^3 - 2x)^3$

(4) $y = (3x-1)^4(x^2+7)$

유제 9-2

함수 $f(x) = (x^2 - 3x + 4)(5x + 2)$에 대하여 $\displaystyle\lim_{x \to 1} \frac{f(x) - f(1)}{x-1}$의 값을 구하시오.

💡 미분계수의 정의를 이용하여 극한을 $f'(a)$ (a는 상수) 꼴로 나타낸다.

대표 예제 ⑩

다항식의 나눗셈에서 미분법의 활용

다음 물음에 답하시오.

(1) 다항식 $x^5 + ax + b$가 $(x-1)^2$으로 나누어떨어질 때, 상수 a, b에 대하여 ab의 값을 구하시오.

(2) 다항식 $x^{10} + 6$을 $(x+1)^2$으로 나누었을 때의 나머지를 $px + q$라 할 때, 상수 p, q에 대하여 $p + q$의 값을 구하시오.

💡 다항식 $f(x)$를 $(x-a)^2$으로 나누었을 때의 몫을 $Q(x)$, 나머지를 $R(x)$라 하면
$f(x) = (x-a)^2 Q(x) + R(x)$
임을 이용한다.

유제 10-1

다음 물음에 답하시오.

(1) 다항식 $x^6 - 6x + a$가 $(x+b)^2$으로 나누어떨어질 때, 상수 a, b에 대하여 $a + b$의 값을 구하시오.

(2) 다항식 $x^7 - x^5 + 1$을 $(x-1)^2$으로 나누었을 때의 나머지를 $R(x)$라 할 때, $R(2)$의 값을 구하시오.

핵심 개념 & 공식 리뷰

해답 ☞ 18쪽

리뷰 1 ○, ✕로 푸는 개념 리뷰

01 다음 문장이 참이면 ○표, 거짓이면 ✕표를 ( ) 안에 써넣으시오.

(1) 함수 $y=f(x)$에서 x의 값이 a에서 b까지 변할 때의 평균변화율은 $\dfrac{f(b)-f(a)}{b-a}$이다. (   )

(2) 함수 $y=f(x)$의 $x=a$에서의 순간변화율은 $\lim\limits_{\Delta x \to 0} \dfrac{\Delta y}{\Delta x}$이다. (   )

(3) 함수 $f(x)$의 $x=a$에서의 미분계수 $f'(a)$는 곡선 $y=f(x)$ 위의 점 $(a, f(a))$에서의 접선의 기울기와 같다. (   )

(4) 함수 $f(x)$가 $x=a$에서 미분가능할 때,
$f'(a)=\lim\limits_{h \to a}\dfrac{f(a+h)-f(a)}{h}$이다. (   )

(5) 함수 $f(x)$가 $x=a$에서 연속이면 $f(x)$는 $x=a$에서 미분가능하다. (   )

(6) 함수 $f(x)$가 $x=a$에서 미분가능하면 $f(x)$는 $x=a$에서 연속이다. (   )

(7) 두 함수 $f(x)$, $g(x)$가 미분가능할 때,
$\{f(x)+g(x)\}'=f'(x)g(x)+f(x)g'(x)$이다. (   )

(8) 함수 $f(x)$가 미분가능할 때, 양의 정수 n에 대하여
$[\{f(x)\}^n]'=n\{f(x)\}^{n-1}$이다. (   )

리뷰 2 미분계수

02 다항함수 $f(x)$에 대하여 $f'(2)=12$일 때, 다음 극한값을 구하시오.

(1) $\lim\limits_{x \to 2}\dfrac{f(x)-f(2)}{x^2-4}$

(2) $\lim\limits_{h \to 0}\dfrac{f(2+5h)-f(2)}{h}$

(3) $\lim\limits_{h \to 0}\dfrac{f(2+h)-f(2-h)}{h}$

리뷰 3 함수의 그래프를 이용한 미분가능성의 판별

03 다음 함수 $y=f(x)$의 그래프를 보고 미분가능하지 않은 x의 값을 구하시오.

(1) $f(x)=|x|$

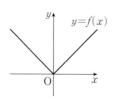

(2) $f(x)=|x^2-1|$

(3) $f(x)=\begin{cases} \dfrac{|x-1|}{x-1} & (x \neq 1) \\ 0 & (x=1) \end{cases}$

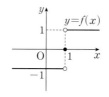

(4) $f(x)=\begin{cases} x^2 & (x \geq 1) \\ x+1 & (x<1) \end{cases}$

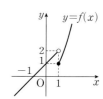

리뷰 4 미분법

04 다음 함수를 미분하시오.

(1) $y=\dfrac{1}{4}x^4-x^2+2$

(2) $y=(x+1)(x-4)$

(3) $y=(-3x^2+8)(4x-3)$

(4) $y=x(x-1)(x-2)$

(5) $y=(2x-1)^4$

(6) $y=(x-3)^2(2x+5)^3$

01 ●●●○　　　/ 평균변화율과 미분계수 /

함수 $f(x)=x^2-3x$에서 x의 값이 1에서 5까지 변할 때의 평균변화율과 $x=c$에서의 미분계수가 같을 때, 상수 c의 값을 구하시오.

02 ●●●○　　　/ 미분계수의 기하적 의미 /

곡선 $y=f(x)$ 위의 점 $(-1, 3)$에서의 접선의 기울기가 2일 때, $\lim\limits_{x \to -1} \dfrac{xf(-1)+f(x)}{x+1}$의 값을 구하시오.

03 ●●○○　　　/ 미분가능성과 연속성 /

다음 중 $x=0$에서 연속이지만 미분가능하지 않은 함수는?

① $f(x)=x|x|$ 　　　② $f(x)=\sqrt{x^2}$

③ $f(x)=|x|^3$ 　　　④ $f(x)=\dfrac{|x|}{x}$

⑤ $f(x)=2x^2+1$

내신 빈출
04 ●●●○　　　/ 미분가능성과 연속성 /

함수 $f(x)=\begin{cases} x^2+3 & (x \geq -1) \\ ax+b & (x < -1) \end{cases}$ 가 $x=-1$에서 미분가능할 때, 상수 a, b에 대하여 ab의 값은?

① -4　　　② -2　　　③ 0

④ 2　　　⑤ 4

05 ●●●○　　　/ 미분계수의 정의와 미분법의 공식 /

함수 $f(x)=-\dfrac{1}{3}x^3+2x^2+4x$에 대하여

$\lim\limits_{n \to \infty} n\left\{ f\left(4+\dfrac{2}{n}\right) - f\left(4-\dfrac{2}{n}\right) \right\}$의 값을 구하시오.

내신 빈출
06 ●●●○　　　/ 미분법의 공식 /

다항함수 $f(x)$가 다음 조건을 만족시킬 때, $f'(-2)$의 값은?

(가) $\lim\limits_{x \to \infty} \dfrac{f(x)}{x^3-3x^2+2}=2$ 　　　(나) $\lim\limits_{x \to 1} \dfrac{f'(x)}{x-1}=4$

① 24　　　② 27　　　③ 33

④ 38　　　⑤ 42

07 ●●○○　　　/ 미분계수의 정의와 미분법의 공식 /

$\lim\limits_{x \to 1} \dfrac{x^n-x^3+8x-8}{x-1}=10$일 때, 자연수 n의 값은?

① 4　　　② 5　　　③ 6

④ 7　　　⑤ 8

08 ●●○   / 미분계수의 정의와 함수의 곱의 미분법 /

다항함수 $f(x)$가 $\lim_{h \to 0} \dfrac{f(2+h)+4}{h}=5$를 만족시킨다.

$g(x)=(x^2+3)f(x)$일 때, $g'(2)$의 값은?

① 16   ② 17   ③ 18

④ 19   ⑤ 20

09 ●●●   / 함수의 곱의 미분법 /

최고차항의 계수가 1인 삼차함수 $f(x)$에 대하여
$f(1)=f(3)=f(4)$일 때, $f'(1)$의 값을 구하시오.

10 ●●●   / 다항식의 나눗셈에서 미분법의 활용 /

다항식 $f(x)=x^{10}-3ax+2b$를 $(x+1)^2$으로 나누었을 때의
나머지가 $-x+5$일 때, $f(x)$를 $(x-1)^2$으로 나누었을 때의
나머지는? (단, a, b는 상수이다.)

① $17x+3$ ② $19x+5$ ③ $21x+7$

④ $23x+9$ ⑤ $25x+11$

교과서 속 사고력 UP

11 ●●○   / 미분계수 /

미분가능한 함수 $f(x)$가 모든 실수 x, y에 대하여
$$f(x+y)=f(x)+f(y)+2xy$$
를 만족시키고 $f'(0)=3$일 때, $f'(1)$의 값을 구하시오.

12 ●●●   / 미분계수의 정의와 미분법의 공식 /

함수 $f(x)=x^4+ax+b$가 $\lim_{x \to -1} \dfrac{f(x-1)-2}{x^2-1}=3$을 만족시
킬 때, $f(-1)$의 값을 구하시오. (단, a, b는 상수이다.)

13 ●●●   / 항등식에서 미분법의 활용 /

계수가 모두 양수인 다항함수 $f(x)$가 모든 실수 x에 대하여
$\{f'(x)\}^2=8f(x)+20$, $f(-1)=-2$를 만족시킬 때,
$f(-3)$의 값을 구하시오.

Ⅱ. 미분

04강 도함수의 활용 (1)

개념 1 접선의 방정식
개념 2 접선의 방정식 구하기 (1) – 곡선 위의 한 점이 주어진 경우

개념 3 접선의 방정식 구하기 (2) – 기울기가 주어진 경우
개념 4 접선의 방정식 구하기 (3) – 곡선 밖의 한 점이 주어진 경우

개념 5 롤의 정리
개념 6 평균값 정리

교과서 대표문제로 필수개념완성

교과서 필수 개념 ① 접선의 방정식

1. 접선의 기울기

함수 $f(x)$가 $x=a$에서 미분가능할 때, 곡선 $y=f(x)$ 위의 점 $P(a, f(a))$에서의 접선의 기울기는 $x=a$에서의 미분계수 $f'(a)$와 같다.

예 곡선 $y=x^2+1$ 위의 점 $(1, 2)$에서의 접선의 기울기를 구해 보자.

$f(x)=x^2+1$로 놓으면 $f'(x)=2x$

따라서 점 $(1, 2)$에서의 접선의 기울기는 $f'(1)=2×1=2$

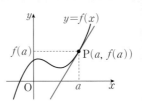

2. 접선의 방정식

함수 $f(x)$가 $x=a$에서 미분가능할 때, 곡선 $y=f(x)$ 위의 점 $P(a, f(a))$에서의 접선의 방정식은

$$y-f(a)=f'(a)(x-a)$$ ❶

❶ 점 (x_1, y_1)을 지나고 기울기가 m인 직선의 방정식은
$$y-y_1=m(x-x_1)$$

대표 예제 ①

접선의 기울기

Tip $f(-2)=5$, $f'(-2)=-3$임을 이용한다.

곡선 $y=\dfrac{1}{2}x^2+ax+b$ 위의 점 $(-2, 5)$에서의 접선의 기울기가 -3일 때, 상수 a, b의 값을 구하시오.

유제 1-1

Tip 서로 평행한 두 직선의 기울기는 같으므로
$f'(-3)=f'(1)$

곡선 $f(x)=x^3+ax^2-1$ 위의 점 중 x좌표가 -3인 점에서의 접선과 x좌표가 1인 점에서의 접선이 서로 평행할 때, 상수 a의 값을 구하시오.

유제 1-2

곡선 $y=x^3-ax+b$ 위의 점 $(1, 3)$에서의 접선의 기울기가 -2일 때, 상수 a, b의 값을 구하시오.

대표 예제 ②

접선의 기울기의 최대, 최소

Tip y'의 최솟값을 구한다.

곡선 $y=x^3+3x^2-2x+1$에 접하는 직선의 기울기를 m이라 할 때, m의 최솟값을 구하시오.

유제 2-1

곡선 $y=-x^3+6x^2-11x+8$의 접선 중에서 기울기의 최댓값을 k, 이때의 접점의 좌표를 (a, b)라 할 때, $a+b+k$의 값을 구하시오.

04. 도함수의 활용 (1)   29

곡선 $y=f(x)$ 위의 점 $(a, f(a))$에서의 접선의 방정식은 다음과 같은 순서로 구한다. **❶**

(i) 접선의 기울기 $f'(a)$를 구한다.

(ii) 접선의 방정식 $y-f(a)=f'(a)(x-a)$를 구한다.

참고 곡선 $y=f(x)$ 위의 점 $(a, f(a))$를 지나고 이 점에서의 접선에 수직인 직선의 방정식은

$$y-f(a)=-\frac{1}{f'(a)}(x-a) \ (단, f'(a)\neq 0)$$ **❷**

❶ 접점의 좌표가 주어지면
→ 접선의 기울기만 구하면 된다.

❷ 수직인 두 직선의 기울기의 곱은 -1이다.
→ 기울기가 $f'(a)$인 직선에 수직인 직선의 기울기는 $-\frac{1}{f'(a)}$이다.

대표 예제 3

접점의 좌표가 주어진 접선의 방정식

다음을 구하시오.

(1) 곡선 $y=2x^2-1$ 위의 점 $(1, 1)$에서의 접선의 방정식

(2) 곡선 $y=x^3-2x^2+3$ 위의 점 $(-1, 0)$을 지나고 이 점에서의 접선에 수직인 직선의 방정식

유제 **3-1**

다음 곡선 위의 주어진 점에서의 접선의 방정식을 구하시오.

(1) $y=-x^2+x, \ (-1, -2)$　　　　　(2) $y=2x^3-4x+3, \ (-2, -5)$

유제 **3-2**

Tip (1) 곡선의 방정식에 $x=1, y=1$을 대입하여 a의 값을 먼저 구한다.

다음을 구하시오.

(1) 곡선 $y=-3x^3+ax+1$ 위의 점 $(1, 1)$에서의 접선의 방정식 (단, a는 상수이다.)

(2) 곡선 $y=3x^2-4x+3$ 위의 점 $(1, 2)$를 지나고 이 점에서의 접선에 수직인 직선의 방정식

곡선 $y=f(x)$에 접하고 기울기가 m인 접선의 방정식은 다음과 같은 순서로 구한다. **❶**

(i) 접점의 좌표를 $(t, f(t))$로 놓는다.

(ii) $f'(t)=m$임을 이용하여 t의 값을 구한다.

(iii) 접선의 방정식 $y-f(t)=m(x-t)$를 구한다.

❶ 접선의 기울기가 주어지면
→ 접점의 좌표만 구하면 된다.

대표 예제 4

기울기가 주어진 접선의 방정식

곡선 $y=-x^3+6x+2$에 접하고 직선 $6x+y+1=0$에 평행한 직선의 방정식을 구하시오.

유제 **4-1**

다음 곡선에 접하고 기울기가 7인 식선의 방정식을 구하시오.

(1) $y=-x^2-x$　　　　　(2) $y=x^3-5x-1$

유제 **4-2**

곡선 $y=x^3-3x^2+1$에 접하고 직선 $x-3y=0$에 수직인 직선의 방정식을 구하시오.

✓ **교과서 필수 개념 4** **접선의 방정식 구하기(3) - 곡선 밖의 한 점이 주어진 경우**

곡선 $y=f(x)$ 밖의 한 점 (x_1, y_1)에서 곡선에 그은 접선의 방정식은 다음과 같은 순서로 구한다. ❶

(ⅰ) 접점의 좌표를 $(t, f(t))$로 놓는다.

(ⅱ) 접선의 기울기 $f'(t)$를 구한다.

(ⅲ) 접선의 방정식 $y-f(t)=f'(t)(x-t)$ … ㉠에 점 (x_1, y_1)의 좌표를 대입하여 t의 값을 구한다.

(ⅳ) t의 값을 ㉠에 대입하여 접선의 방정식을 구한다.

> ❶ 곡선 밖의 한 점의 좌표가 주어지면
> → 접점의 좌표를 $(t, f(t))$로 놓고 t의 값을 구한다.

예 점 $(-1, 2)$에서 곡선 $y=x^2+x+3$에 그은 접선의 방정식을 구해 보자.

(ⅰ) $f(x)=x^2+x+3$으로 놓고 접점의 좌표를 (t, t^2+t+3)이라 하면

(ⅱ) 접선의 기울기는 $f'(t)=2t+1$

(ⅲ) 접선의 방정식은 $y-(t^2+t+3)=(2t+1)(x-t)$이므로 $y=(2t+1)x-t^2+3$

이 직선이 점 $(-1, 2)$를 지나므로

$2=-2t-1-t^2+3, t^2+2t=0, t(t+2)=0$ ∴ $t=-2$ 또는 $t=0$

(ⅳ) 따라서 접선의 방정식은 $t=-2$일 때 $y=-3x-1$, $t=0$일 때 $y=x+3$

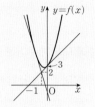

대표 예제 5

곡선 밖의 한 점에서 그은 접선의 방정식

점 $(2, 4)$에서 곡선 $y=-x^2+3x+1$에 그은 접선 중 기울기가 양수인 접선의 방정식을 구하시오.

유제 5-1 다음 주어진 점에서 곡선에 그은 접선의 방정식을 구하시오.

(1) $y=x^2+x, (0, -4)$ (2) $y=-x^3+x, (0, 2)$

유제 5-2 점 $(1, -7)$에서 곡선 $y=2x^2-4x+3$에 그은 두 접선의 y절편의 합을 구하시오.

유제 5-3 점 $(0, -1)$에서 곡선 $y=x^3+1$에 그은 접선이 점 $(5, a)$를 지날 때, a의 값을 구하시오.

대표 예제 6

곡선 밖의 한 점에서 그은 접선의 방정식의 활용

점 $A(1, 2)$에서 곡선 $y=-x^2+2x$에 그은 두 접선의 접점을 각각 B, C라 할 때, 삼각형 ABC의 넓이를 구하시오.

유제 6-1 원점에서 곡선 $y=x^4+48$에 그은 두 접선의 접점을 각각 A, B라 할 때, 선분 AB의 길이를 구하시오.

✅ 교과서 필수 개념 **5** **롤의 정리**

함수 $f(x)$가 닫힌구간 $[a, b]$에서 연속이고 열린구간
(a, b)에서 미분가능할 때, $f(a)=f(b)$이면
$$f'(c)=0$$
인 c가 열린구간 (a, b)에 적어도 하나 존재한다.

참고 함수 $f(x)$가 열린구간 (a, b)에서 미분가능하지 않으면 롤의 정리
가 성립하지 않는다. ┌열린구간 (a, b)에서 미분가능하지 않다.
예 함수 $f(x)=|x|$는 닫힌구간 $[-1, 1]$에서 연속이고 $f(-1)=f(1)$이지만
$f'(c)=0$인 c가 열린구간 $(-1, 1)$에 존재하지 않는다.

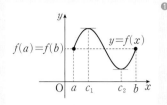

❶ 롤의 정리는 곡선 $y=f(x)$에서
$f(a)=f(b)$이면 곡선 $y=f(x)$의 접
선 중 x축과 평행한 것이 열린구간
(a, b)에서 적어도 하나 존재함을 의미
한다.

대표 예제 **7**

롤의 정리

🔍 주어진 구간 $[a, b]$에서
$f(a)=f(b)$임을 보이고
$f'(c)=0$인 c의 값을 구한다.

다음 함수에 대하여 주어진 구간에서 롤의 정리를 만족시키는 상수 c의 값을 구하시오.

(1) $f(x)=2x^2-4x+1$ $[0, 2]$ (2) $f(x)=x^3-5x^2+7x$ $[1, 3]$

유제 **7-1** 다음 함수에 대하여 주어진 구간에서 롤의 정리를 만족시키는 상수 c의 값을 구하시오.

(1) $f(x)=(x+5)(x-3)$ $[-2, 0]$ (2) $f(x)=x^4-10x^2+12$ $[-3, 1]$

✅ 교과서 필수 개념 **6** **평균값 정리**

함수 $f(x)$가 닫힌구간 $[a, b]$에서 연속이고 열린구간 (a, b)에
서 미분가능하면❷
$$\frac{f(b)-f(a)}{b-a}=f'(c)$$
인 c가 열린구간 (a, b)에 적어도 하나 존재한다. ❸

예 함수 $y=f(x)$의 그래프가 오른쪽 그림과 같을
때, 닫힌구간 $[-1, 5]$에서 평균값 정리를 만족
시키는 상수 c의 개수는 5이다.

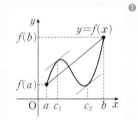
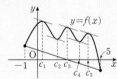

❶ 평균값 정리는 열린구간 (a, b)에서 곡
선 $y=f(x)$의 접선 중 두 점
$(a, f(a)), (b, f(b))$를 지나는 직선
과 평행한 것이 적어도 하나 존재함을
의미한다.
❷ 롤의 정리와 마찬가지로 평균값 정리도
함수 $f(x)$가 열린구간 (a, b)에서 미
분가능하지 않으면 성립하지 않는다.
❸ 평균값 정리에서 $f(a)=f(b)$인 경우
가 롤의 정리이다.

대표 예제 **8**

평균값 정리

🔍 주어진 구간 $[a, b]$에서
$\frac{f(b)-f(a)}{b-a}=f'(c)$
인 c의 값을 구한다.

다음 함수에 대하여 주어진 구간에서 평균값 정리를 만족시키는 상수 c의 값을 구하시오.

(1) $f(x)=-x^2+8x$ $[-1, 2]$ (2) $f(x)=\frac{1}{3}x^3+4$ $[-3, 0]$

유제 **8-1** 다음 함수에 대하여 주어진 구간에서 평균값 정리를 만족시키는 상수 c의 값을 구하시오.

(1) $f(x)=(x-3)(x-1)$ $[1, 4]$ (2) $f(x)=-x^3+3x$ $[0, 3]$

유제 **8-2** 함수 $f(x)=x^2-6x-2$에 대하여 닫힌구간 $[-2, k]$에서 평균값 정리를 만족시키는 상수가 -1일 때, k의 값
을 구하시오. (단, $k>-2$)

핵심 개념 & 공식 리뷰

해답 ☞ 25쪽

리뷰1 ○, ✕로 푸는 개념 리뷰

01 다음 문장이 참이면 ○표, 거짓이면 ✕표를 ( ) 안에 써넣으시오.

(1) 점 (x_1, y_1)을 지나고 기울기가 m인 직선의 방정식은 $y-y_1=m(x-x_1)$이다. (   )

(2) 서로 평행한 두 직선의 기울기는 같다. (   )

(3) 서로 수직인 두 직선의 기울기의 곱은 1이다. (   )

(4) 미분가능한 함수 $y=f(x)$의 그래프 위의 점 $(a, f(a))$에서의 접선의 기울기는 $f'(a)$이다. (   )

(5) 기울기가 $f'(a)$인 직선에 수직인 직선의 기울기는 $-f'(a)$이다. (   )

(6) 함수 $f(x)$가 닫힌구간 $[a, b]$에서 연속이고 $f(a)=f(b)$이면 $f'(c)=0$인 c가 열린구간 (a, b)에 적어도 하나 존재한다. (   )

(7) 함수 $f(x)$가 닫힌구간 $[a, b]$에서 연속이고 열린구간 (a, b)에서 미분가능하면 $\dfrac{f(b)-f(a)}{b-a}=f'(c)$인 c가 열린구간 (a, b)에 하나 존재한다. (   )

리뷰2 접선의 방정식 구하기 (1) – 곡선 위의 한 점 이용

02 다음 곡선 위의 주어진 점에서의 접선의 방정식을 구하시오.

(1) $y=x^2-3x$, $(-1, 4)$

(2) $y=-x^2+3x+1$, $(3, 1)$

(3) $y=2x^2-3x+5$, $(1, 4)$

(4) $y=-x^3+4x+2$, $(2, 2)$

리뷰3 접선의 방정식 구하기 (2) – 기울기 이용

03 다음 직선의 방정식을 구하시오.

(1) 곡선 $y=x^2+1$에 접하고 기울기가 -8인 직선

(2) 곡선 $y=2x^3-2x+1$에 접하고 기울기가 4인 직선

(3) 곡선 $y=x^2-3x-4$에 접하고 직선 $y=-x+1$에 수직인 직선

(4) 곡선 $y=x^3+x-2$에 접하고 직선 $y=4x+3$에 평행한 직선

리뷰4 접선의 방정식 구하기 (3) – 곡선 밖의 한 점 이용

04 다음 주어진 점에서 곡선에 그은 접선의 방정식을 구하시오.

(1) $y=-x^2-4x$, $(-3, 4)$

(2) $y=2x^2+x-1$, $(0, -3)$

(3) $y=x^3$, $(1, 5)$

(4) $y=-x^3+2x$, $(0, -2)$

01 ●○○   / 접선의 기울기 /

곡선 $y=-x^3+ax+b$ 위의 점 $(2, 5)$를 지나고 이 점에서의 접선에 수직인 직선의 기울기가 $\frac{1}{2}$일 때, 상수 a, b에 대하여 $a+b$의 값은?

① 1   ② 2   ③ 3

④ 4   ⑤ 5

02 ●●○   / 접선의 방정식 구하기 – 곡선 위의 한 점 /

오른쪽 그림과 같이 곡선 $y=x^3-5x$ 위의 점 $A(1, -4)$에서의 접선이 점 A가 아닌 점 B에서 이 곡선과 만난다. 선분 AB의 중점의 좌표를 (a, b)라 할 때, $10ab$의 값을 구하시오.

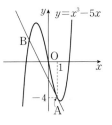

03 ●○○   / 접선의 방정식 구하기 – 기울기 /

곡선 $y=\frac{1}{3}x^3-8x+5$에 접하고 x축의 양의 방향과 이루는 각의 크기가 $45°$인 직선의 방정식이 $y=ax+b$ 또는 $y=ax+c$일 때, 상수 a, b, c에 대하여 $a+b+c$의 값은?

① -5 ② -1 ③ 3

④ 7   ⑤ 11

04 ●○○   / 접선의 방정식 구하기 – 기울기 /

곡선 $y=x^2+1$ 위를 움직이는 점 P와 직선 $y=2x-3$ 사이의 거리를 최소가 되게 하는 점 P의 좌표를 (a, b)라 할 때, ab의 값을 구하시오.

05 ●○○   / 접선의 방정식 구하기 – 기울기 /

곡선 $y=x^2-5x+a$와 직선 $y=-x+1$이 접할 때, 접점의 x좌표를 t라 하자. 이때 $a+t$의 값을 구하시오.

(단, a는 상수이다.)

06 ●●○   / 접선의 방정식 구하기 – 곡선 밖의 한 점 /

점 $(-2, 0)$에서 곡선 $y=4x^2+a$에 그은 두 접선이 서로 수직일 때, 상수 a의 값은?

① $\frac{1}{2}$ ② $\frac{1}{4}$ ③ $\frac{1}{8}$

④ $\frac{1}{16}$ ⑤ $\frac{1}{32}$

07 ●●●   / 접선의 방정식 구하기 – 곡선 밖의 한 점 /

점 $(0, -4)$에서 곡선 $y=x^4+3x^2+2$에 그은 두 접선의 접점과 원점을 세 꼭짓점으로 하는 삼각형의 무게중심의 좌표를 (a, b)라 할 때, $a+b$의 값을 구하시오.

08 ●●●◐ / 접선의 방정식 구하기 – 공통인 접선 /

두 곡선 $y=x^3+2x+4$, $y=-2x^2+x+4$가 한 점에서 공통인 접선 l을 가질 때, 이 점을 지나고 접선 l과 수직인 직선의 방정식은 $y=mx+n$이다. 상수 m, n에 대하여 $\dfrac{n}{m}$의 값을 구하시오.

09 ●●●○ / 롤의 정리 /

함수 $f(x)=(x+k)(x-1)^2$에 대하여 닫힌구간 $[-1, 2]$에서 롤의 정리를 만족시키는 상수 c의 값은? (단, k는 상수이다.)

① $-\dfrac{1}{2}$ ② 0 ③ $\dfrac{1}{2}$

④ 1 ⑤ $\dfrac{3}{2}$

10 ●●●● / 평균값 정리 /

함수 $f(x)$가 모든 실수 x에서 미분가능하고 $\lim\limits_{x\to\infty} f'(x)=2$를 만족시킬 때, $\lim\limits_{x\to\infty}\{f(x+5)-f(x-5)\}$의 값을 구하시오.

교과서 속 사고력 UP

11 ●●●◐ / 접선의 기울기 /

곡선 $y=(x-a)(x-b)(x-c)$ 위의 점 $(3, 4)$에서의 접선의 기울기가 8일 때,

$$\frac{1}{3-a}+\frac{1}{3-b}+\frac{1}{3-c}$$

의 값을 구하시오. (단, a, b, c는 상수이다.)

12 ●●●● / 접선의 방정식 구하기 – 기울기 /

오른쪽 그림과 같이 곡선 $y=x^2+2x-3$ 위의 임의의 점 P와 두 점 A$(2, -4)$, B$(4, 0)$에 대하여 삼각형 PAB의 넓이의 최솟값은?

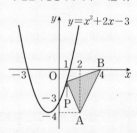

① 4 ② 5

③ 6 ④ 7

⑤ 8

13 ●●●● / 평균값 정리 /

미분가능한 함수 $f(x)$가 모든 실수 x에 대하여 $f'(x)\leq 10$, $f(0)=-3$일 때, $f(5)$의 값이 될 수 있는 가장 큰 값을 구하시오.

05강 도함수의 활용(2)

개념 1 함수의 증가와 감소   개념 4 함수의 그래프   개념 7 함수의 최대·최소의 활용
개념 2 함수의 극대와 극소   개념 5 삼차함수가 극값을 가질 조건
개념 3 함수의 극대와 극소의 판정   개념 6 함수의 최대와 최소

● 교과서 대표문제로 필수개념완성

✔ 교과서 필수 개념 ─①─ 함수의 증가와 감소

1. 함수의 증가와 감소

함수 $f(x)$가 어떤 구간에 속하는 임의의 두 수 x_1, x_2에 대하여 ❶

(1) $x_1 < x_2$일 때 $f(x_1) < f(x_2)$이면 $f(x)$는 이 구간에서 증가한다고 한다.

(2) $x_1 < x_2$일 때 $f(x_1) > f(x_2)$이면 $f(x)$는 이 구간에서 감소한다고 한다.

2. 함수의 증가와 감소의 판정

함수 $f(x)$가 어떤 구간에서 미분가능하고, 이 구간의 모든 x에 대하여

(1) $f'(x) > 0$이면 $f(x)$는 이 구간에서 증가한다.

(2) $f'(x) < 0$이면 $f(x)$는 이 구간에서 감소한다.

주의 일반적으로 위의 역은 성립하지 않는다.

    예 함수 $f(x) = x^3$은 구간 $(-\infty, \infty)$에서 증가하지만 $f'(x) = 3x^2$에서 $f'(0) = 0$이다.

❶ 함수 $f(x)$가 증가 또는 감소할 때, 그 그래프는 각각 다음 그림과 같다.

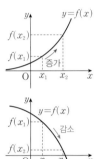

Core 특강 · 함수가 증가 또는 감소하기 위한 조건

함수 $f(x)$가 어떤 구간에서 미분가능하고 이 구간에서

(1) $f(x)$가 증가하면 이 구간의 모든 x에 대하여 $f'(x) \geq 0$이다.

(2) $f(x)$가 감소하면 이 구간의 모든 x에 대하여 $f'(x) \leq 0$이다.

대표 예제 ①
함수의 증가와 감소

함수 $f(x) = -2x^2 + 4x + 1$이 구간 $[1, \infty)$에서 감소함을 보이시오.

유제 1-1
주어진 구간에서 다음 함수가 증가하는지 감소하는지 판별하시오.

(1) $f(x) = x^3 - 1$ $(-\infty, \infty)$ (2) $f(x) = \dfrac{1}{x+2}$ $(-\infty, -2)$

대표 예제 ②
함수의 증가와 감소의 판정

Tip $f'(x)$의 부호를 조사한다.

함수 $f(x) = x^3 - 3x^2 - 24x + 10$의 증가와 감소를 조사하시오.

유제 2-1
다음 함수의 증가와 감소를 조사하시오.

(1) $f(x) = 2x^3 - 6x^2 - 18x + 4$ (2) $f(x) = -x^3 + 12x + 9$

유제 2-2
함수 $f(x) = x^3 - 9x^2 + kx - 10$이 실수 전체의 집합에서 증가하도록 하는 실수 k의 값의 범위를 구하시오.

✓ 교과서 필수 개념 ❷ 함수의 극대와 극소

함수 $f(x)$에서 $x=a$를 포함하는 어떤 열린구간에 속하는 모든 x에 대하여

(1) $f(x) \leq f(a)$이면 함수 $f(x)$는 $x=a$에서 극대라 하고,
  $f(a)$를 극댓값이라 한다.

(2) $f(x) \geq f(a)$이면 함수 $f(x)$는 $x=a$에서 극소라 하고,
  $f(a)$를 극솟값이라 한다. ❷

이때 극댓값과 극솟값을 통틀어 극값이라 한다.

참고 함수 $f(x)$가 $x=a$에서 연속일 때, $x=a$의 좌우에서
  ① $f(x)$가 증가하다가 감소하면 $f(x)$는 $x=a$에서 극대이다.
  ② $f(x)$가 감소하다가 증가하면 $f(x)$는 $x=a$에서 극소이다.

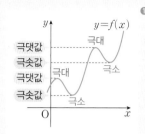

❶ 하나의 함수에서 극값은 여러 개 존재할 수 있고, 극댓값이 극솟값보다 작은 경우도 있다.

❷ 상수함수는 모든 실수 x에서 극댓값과 극솟값을 갖는다.

대표 예제 ❸

함수의 극대와 극소

함수 $f(x)=x^3-6x^2+9x-3$의 그래프가 오른쪽 그림과 같을 때, 함수 $f(x)$의 극댓값과 극솟값을 구하시오.

유제 3-1 함수 $y=f(x)$의 그래프가 오른쪽 그림과 같을 때, 구간 (a, b)에서 다음을 구하시오.

  (1) 극댓값을 갖는 x의 값   (2) 극솟값을 갖는 x의 값

✓ 교과서 필수 개념 ❸ 함수의 극대와 극소의 판정 중요

1. 극값과 미분계수

함수 $f(x)$가 $x=a$에서 미분가능하고 $x=a$에서 극값을 가지면 $f'(a)=0$이다. ❶

주의 일반적으로 위의 역은 성립하지 않는다.

  예 함수 $f(x)=x^3$은 $f'(0)=0$이지만 $x=0$에서 극값을 갖지 않는다.

2. 함수의 극대와 극소의 판정

미분가능한 함수 $f(x)$에 대하여 $f'(a)=0$이고, $x=a$의 좌우에서

(1) $f'(x)$의 부호가 양$(+)$에서 음$(-)$으로 바뀌면 $f(x)$는 $x=a$에서 극대이다. ❷

(2) $f'(x)$의 부호가 음$(-)$에서 양$(+)$으로 바뀌면 $f(x)$는 $x=a$에서 극소이다. ❸

주의 $f'(a)=0$인 $x=a$의 좌우에서 $f'(x)$의 부호가 바뀌지 않으면 $f(a)$는 극값이 아니다.

❶ 함수 $f(x)$가 $x=a$에서 극값을 갖더라도 $f'(a)$가 존재하지 않을 수 있다.
  예 함수 $f(x)=|x|$는 $x=0$에서 극소이고 극솟값은 $f(0)=0$이지만 $f'(0)$은 존재하지 않는다.

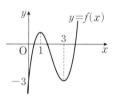

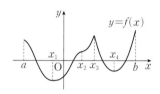

대표 예제 ❹

함수의 극대와 극소의 판정

Tip $f'(x)=0$인 x의 값의 좌우에서 $f'(x)$의 부호를 살핀다.

다음 함수의 극값을 구하시오.

  (1) $f(x)=2x^3-3x^2+4$ (2) $f(x)=x^4-8x^2+7$

유제 4-1 다음 함수의 극값을 구하시오.

  (1) $f(x)=-x^3+3x+1$ (2) $f(x)=x^4+4x^3+4x^2-3$

유제 4-2 함수 $f(x)=2x^3-3x^2-12x+a$의 극솟값이 -10일 때, 상수 a의 값을 구하시오.

미분가능한 함수 $y=f(x)$의 그래프의 개형은 다음과 같은 순서로 그린다.

(i) 도함수 $f'(x)$를 구한다.

(ii) $f'(x)=0$인 x의 값을 구한다.

(iii) (ii)에서 구한 x의 값의 좌우에서 $f'(x)$의 부호를 조사하여 함수 $f(x)$의 증가와 감소를 표로 나타내고, 극값을 구한다. ❶

(iv) 함수 $y=f(x)$의 그래프와 x축 및 y축의 교점의 좌표를 구한다.
└ 함수 $y=f(x)$의 그래프와 x축의 교점의 좌표를 구하기 어려운 경우에는 생략할 수 있다.

(v) 함수의 증가와 감소, 극대와 극소, 좌표축과의 교점의 좌표를 이용하여 함수 $y=f(x)$의 그래프의 개형을 그린다. ❷

❶ $f'(x)=(x-\alpha)(x-\beta)$ $(\alpha<\beta)$일 때, $f'(x)=0$에서 $x=\alpha$ 또는 $x=\beta$

x	$\cdots$	α	$\cdots$	β	$\cdots$
$f'(x)$	$+$	0	$-$	0	$+$
$f(x)$	↗	극대	↘	극소	↗

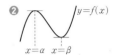

❷

삼차함수의 그래프 그리기

다음 함수의 그래프의 개형을 그리시오.

(1) $f(x)=x^3+3x^2-1$

(2) $f(x)=-3x^4+4x^3+2$

유제 **5-1** 다음 함수의 그래프의 개형을 그리시오.

(1) $f(x)=-x^3+3x+2$

(2) $f(x)=x^4-2x^2-1$

삼차함수가 극값을 가질 조건

(1) 삼차함수 $f(x)$가 극값을 갖는다. ❶

$\iff$ 이차방정식 $f'(x)=0$이 서로 다른 두 실근을 갖는다.

$\iff$ 이차방정식 $f'(x)=0$의 판별식을 D라 하면 $D>0$이다.

(2) 삼차함수 $f(x)$가 극값을 갖지 않는다. ❷

$\iff$ 이차방정식 $f'(x)=0$이 중근을 갖거나 서로 다른 두 허근을 갖는다.

$\iff$ 이차방정식 $f'(x)=0$의 판별식을 D라 하면 $D\le0$이다.

❶ 삼차함수가 극값을 가지면 극댓값과 극솟값을 모두 갖는다.

또는

❷ 삼차함수가 극값을 갖지 않으면 실수 전체의 집합에서 증가하거나 감소한다.

또는

삼차함수가 극값을 가질 조건

함수 $f(x)=x^3+ax^2+ax+2$에 대하여 다음 물음에 답하시오.

(1) 함수 $f(x)$가 극값을 갖도록 하는 실수 a의 값의 범위를 구하시오.

(2) 함수 $f(x)$가 극값을 갖지 않도록 하는 실수 a의 값의 범위를 구하시오.

유제 **6-1** 함수 $f(x)=-x^3+(a+2)x^2-3ax-4$에 대하여 다음 물음에 답하시오.

(1) 함수 $f(x)$가 극값을 갖도록 하는 실수 a의 값의 범위를 구하시오.

(2) 함수 $f(x)$가 극값을 갖지 않도록 하는 자연수 a의 개수를 구하시오.

✓ 교과서 필수 개념 **6** **함수의 최대와 최소**

함수 $f(x)$가 닫힌구간 $[a, b]$에서 연속일 때, 함수 $f(x)$의 최댓값과 최솟값은 다음과 같은 순서로 구한다.

(ⅰ) 닫힌구간 $[a, b]$에서 함수 $f(x)$의 극댓값과 극솟값을 구한다.

(ⅱ) 주어진 구간의 양 끝 값에서의 함숫값, $f(a)$, $f(b)$를 구한다.

(ⅲ) 위에서 구한 극댓값, 극솟값, $f(a)$, $f(b)$ 중에서 가장 큰 값이 최댓값, 가장 작은 값이 최솟값이다. ❶, ❷

❶ 닫힌구간 $[a, b]$에서 연속함수 $f(x)$의 극값이 오직 하나일 때
(ⅰ) 극값이 극댓값
→ (극댓값) = (최댓값)
(ⅱ) 극값이 극솟값
→ (극솟값) = (최솟값)

❷ 닫힌구간 $[a, b]$에서 연속함수 $f(x)$의 극값이 존재하지 않는 경우, $f(a)$, $f(b)$ 중 큰 값이 최댓값, 작은 값이 최솟값이다.

참고 함수 $f(x)$가 닫힌구간 $[a, b]$에서 연속이면 $f(x)$는 이 구간에서 반드시 최댓값과 최솟값을 갖는다.

주의 극댓값과 극솟값이 반드시 최댓값과 최솟값이 되는 것은 아니다.

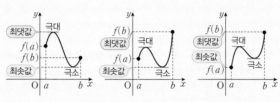

대표 예제 7

함수의 최대와 최소

주어진 구간에서 다음 함수의 최댓값과 최솟값을 구하시오.

(1) $f(x) = 2x^3 - 9x^2 + 12x - 4$ $[0, 3]$

(2) $f(x) = x^4 - 4x^3 - 8x^2 + 24$ $[-1, 2]$

유제 **7-1** 주어진 구간에서 다음 함수의 최댓값과 최솟값을 구하시오.

(1) $f(x) = x^3 - 12x + 4$ $[-3, 2]$

(2) $f(x) = -\dfrac{1}{4}x^4 - \dfrac{1}{2}x^2 + 2x + 1$ $[-2, 2]$

✓ 교과서 필수 개념 **7** **함수의 최대·최소의 활용**

도형의 길이, 넓이, 부피 등의 최댓값 또는 최솟값은 다음과 같은 순서로 구한다.

(ⅰ) 적당한 변수를 정하여 미지수 x로 놓고, x의 값의 범위를 구한다. ❶

(ⅱ) 도형의 길이, 넓이, 부피 등을 x에 대한 함수로 나타낸다.

(ⅲ) 미분하여 함수의 극값을 구한다.

(ⅳ) x의 값의 범위에서 최댓값 또는 최솟값을 구한다.

❶ 문제가 성립하기 위한 변수 x의 값의 범위에 주의한다.

대표 예제 8

함수의 최대·최소의 활용

Tip 제1사분면에 있는 직사각형의 꼭짓점의 x좌표를 a로 놓고, 직사각형의 넓이를 a에 대한 식으로 나타낸다.

오른쪽 그림과 같이 곡선 $y = 12 - x^2$과 x축으로 둘러싸인 부분에 내접하고 한 변이 x축 위에 있는 직사각형의 넓이의 최댓값을 구하시오.

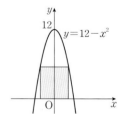

유제 **8-1**

Tip 원기둥의 밑면의 반지름의 길이를 x cm, 높이를 y cm라 하고 부피를 x에 대한 식으로 나타낸다.

오른쪽 그림과 같이 밑면의 반지름의 길이가 3 cm이고 높이가 6 cm인 원뿔에 내접하는 원기둥 중에서 부피가 최대인 원기둥의 밑면의 반지름의 길이를 구하시오.

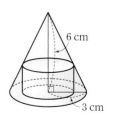

핵심 개념 & 공식 리뷰

해답 ☞ 31쪽

리뷰 1 ○, ✕로 푸는 개념 리뷰

01 다음 문장이 참이면 ○표, 거짓이면 ✕표를 ( ) 안에 써넣으시오.

(1) 함수 $f(x)$가 어떤 구간에서 미분가능하고 이 구간에서 $f'(x)>0$이면 $f(x)$는 이 구간에서 증가한다. (   )

(2) 함수 $f(x)$가 어떤 구간에서 미분가능하고 이 구간에서 $f(x)$가 증가하면 $f'(x)>0$이다 (   )

(3) 함수의 극댓값은 극솟값보다 항상 크다. (   )

(4) 미분가능한 함수 $f(x)$가 $x=a$에서 극값을 가지면 $f'(a)=0$이다. (   )

(5) 미분가능한 함수 $f(x)$에 대하여 $f'(a)=0$이면 함수 $f(x)$는 $x=a$에서 극값을 갖는다. (   )

(6) 함수 $f(x)$가 $x=a$에서 극값을 가지면 $f'(a)$가 항상 존재한다. (   )

(7) 함수의 극댓값은 최댓값과 일치한다. (   )

(8) 삼차함수 $f(x)$가 극값을 가지려면 이차방정식 $f'(x)=0$의 판별식 $D>0$이어야 한다. (   )

리뷰 2 함수의 극대와 극소

02 함수 $y=f(x)$의 그래프가 그림과 같을 때, 구간 $(\alpha,\ \beta)$에서 다음을 구하시오.

(1) ① 극댓값을 갖는 x의 값
　② 극솟값을 갖는 x의 값
　③ 미분가능하지 않은 x의 값

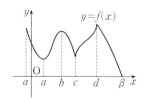

(2) ① 극댓값을 갖는 x의 값
　② 극솟값을 갖는 x의 값
　③ 미분가능하지 않은 x의 값

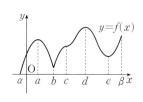

리뷰 3 함수의 극대와 극소의 판정

03 함수 $f(x)$의 도함수 $f'(x)$에 대하여 $y=f'(x)$의 그래프가 그림과 같을 때, $x=a$, $x=b$에서의 극대, 극소를 판별하시오.

(1)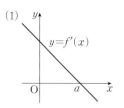

(2)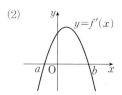

(3)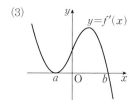

리뷰 4 함수의 그래프와 최대 · 최소

04 다음 함수 $y=f(x)$의 그래프의 개형을 그리고, 주어진 구간에서 함수의 최댓값과 최솟값을 구하시오.

(1) $f(x)=x^3+3x^2-2$ $[-3,\ 1]$

(2) $f(x)=x^3-6x^2+9x-1$ $[-1,\ 2]$

(3) $f(x)=x^4-8x^2+5$ $[0,\ 3]$

(4) $f(x)=-x^4+2x^2-1$ $[-1,\ 1]$

01 ●●○
/ 함수의 증가와 감소 /

함수 $f(x)=-x^3+27x+9$가 증가하는 구간이 $[a, b]$일 때, $b-a$의 값은?

① 2   ② 4   ③ 6

④ 8   ⑤ 10

02 ●●●
/ 함수의 증가와 감소 /

함수 $f(x)=x^3-2ax^2+3ax-1$이 $1<x<2$에서 감소하도록 하는 실수 a의 최솟값을 구하시오.

03 ●●●
/ 함수의 증가와 감소 /

실수 전체의 집합에서 정의된 함수
$$f(x)=x^3-3kx^2+10kx+1$$
의 역함수가 존재하도록 하는 모든 정수 k의 값의 합은?

① 3   ② 6   ③ 9

④ 12   ⑤ 15

내신 빈출
04 ●●○
/ 함수의 극대와 극소 /

함수 $f(x)=2x^3-9x^2+12x-3$의 극댓값과 극솟값의 합을 구하시오.

05 ●●●
/ 함수의 극대와 극소 /

삼차함수 $f(x)=x^3+ax^2+bx+c$의 도함수 $y=f'(x)$의 그래프가 오른쪽 그림과 같다. 함수 $f(x)$의 극솟값이 -7일 때, 함수 $f(x)$의 극댓값을 구하시오. (단, a, b, c는 상수이다.)

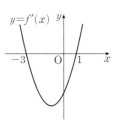

06 ●●○
/ 함수의 극대와 극소 /

함수 $f(x)$의 도함수 $y=f'(x)$의 그래프가 다음 그림과 같을 때, **보기**에서 옳은 것만을 있는 대로 고른 것은?

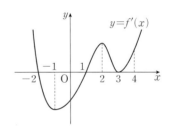

• 보기 •
ㄱ. 함수 $f(x)$는 구간 $(-2, -1)$에서 감소한다.
ㄴ. 함수 $f(x)$는 구간 $(-1, 1)$에서 증가한다.
ㄷ. 함수 $f(x)$는 $x=3$에서 미분가능하다.
ㄹ. 함수 $f(x)$는 $x=1$에서 극소이고 $x=3$에서 극대이다.

① ㄱ, ㄴ   ② ㄱ, ㄷ   ③ ㄴ, ㄹ

④ ㄷ, ㄹ   ⑤ ㄱ, ㄴ, ㄷ

07 ●●●
/ 삼차함수가 극값을 가질 조건 /

함수 $f(x)=-x^3+ax^2-3x+8$이 구간 $(-1, 3)$에서 극댓값과 극솟값을 모두 갖도록 하는 정수 a의 개수를 구하시오.

해답 👉 33쪽

08 ●●●
/ 사차함수가 극값을 갖지 않을 조건 /

함수 $f(x)=x^4+2x^3+5(a-1)x^2-10ax$가 극댓값을 갖지 않도록 하는 실수 a의 최솟값을 m이라 하자. $25m^2$의 값을 구하시오.

내신 빈출
09 ●●●○
/ 함수의 최대와 최소 /

구간 $[1, 3]$에서 함수 $f(x)=-2x^3+6x^2+k$의 최댓값과 최솟값의 합이 12일 때, 상수 k의 값은?

① 1   ② 2   ③ 3
④ 4   ⑤ 5

10 ●●●
/ 함수의 최대와 최소 /

원점에서 곡선 $y=2x(x-3)(x-a)$에 그은 두 접선의 기울기의 곱의 최솟값은? (단, $0<a<3$)

① -4 ② -6 ③ -8
④ -10 ⑤ -12

● 교과서 속 사고력 **UP** ●

11 ●●●
/ 함수의 극대와 극소 /

최고차항의 계수가 1인 삼차함수 $f(x)$와 그 도함수 $f'(x)$가 다음 조건을 모두 만족시킬 때, 함수 $f(x)$의 극댓값과 극솟값의 차를 구하시오.

㉮ 함수 $f(x)$는 $x=1$에서 극댓값을 갖는다.
㉯ 모든 실수 x에 대하여 $f'(2-x)=f'(2+x)$가 성립한다.

12 ●●●
/ 함수의 그래프 /

함수 $f(x)=x^4+ax^3+bx^2+cx+d$에 대하여 $y=f(x)$의 그래프가 오른쪽 그림과 같을 때, $\dfrac{|a|}{a}+\dfrac{|b|}{b}+\dfrac{|c|}{c}+\dfrac{|d|}{d}$의 값을 구하시오. (단, a, b, c, d는 상수이다.)

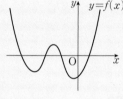

13 ●●●
/ 함수의 최대·최소의 활용 /

오른쪽 그림과 같이 반지름의 길이가 9인 구에 내접하는 원뿔의 부피의 최댓값은?

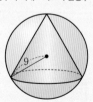

① 288π ② 294π
③ 300π ④ 306π
⑤ 312π

06강 도함수의 활용 (3)

개념 1 방정식의 실근의 개수
개념 2 삼차방정식의 근의 판별

개념 3 부등식에의 활용
개념 4 속도와 가속도

교과서 대표문제로 필수개념완성

해답 ☞ 35쪽

교과서 필수 개념 ① 방정식의 실근의 개수

1. 방정식 $f(x)=0$의 실근의 개수

방정식 $f(x)=0$의 서로 다른 실근의 개수는 함수 $y=f(x)$의 그래프와 x축의 교점의 개수와 같다. ❶

2. 방정식 $f(x)=g(x)$의 실근의 개수

방정식 $f(x)=g(x)$의 서로 다른 실근의 개수는 두 함수 $y=f(x)$, $y=g(x)$의 그래프의 교점의 개수와 같다. ❷

참고 방정식 $f(x)=g(x)$에서 $f(x)-g(x)=0$이므로 방정식 $f(x)=g(x)$의 서로 다른 실근의 개수는 함수 $y=f(x)-g(x)$의 그래프와 x축의 교점의 개수와 같다.

❶ 방정식 $f(x)=0$의 실근은 함수 $y=f(x)$의 그래프와 x축의 교점의 x좌표와 같다.

❷ 방정식 $f(x)=g(x)$의 실근은 두 함수 $y=f(x)$, $y=g(x)$의 그래프의 교점의 x좌표와 같다.

대표 예제 ①

방정식의 실근의 개수

Tip 함수 $y=f(x)$의 그래프를 그리고, x축과의 교점의 개수를 구한다.

다음 방정식의 서로 다른 실근의 개수를 구하시오.

(1) $x^3+3x^2-1=0$

(2) $x^4+4x^2-3=0$

유제 1-1

다음 방정식의 서로 다른 실근의 개수를 구하시오.

(1) $x^3-3x^2+3x+2=0$

(2) $x^4-8x^2+8=0$

대표 예제 ②

방정식의 실근의 부호

Tip 방정식 $f(x)=a$의 실근의 부호는 함수 $y=f(x)$의 그래프와 직선 $y=a$의 교점의 x좌표의 부호와 같다.

방정식 $x^3+6x^2+9x-a=0$의 근이 다음 조건을 만족시키도록 하는 실수 a의 값의 범위를 구하시오.

(1) 서로 다른 세 개의 음수인 근

(2) 한 개의 양수인 근

유제 2-1

방정식 $x^4-8x^3+16x^2-a=0$의 근이 다음 조건을 만족시키도록 하는 실수 a의 값의 범위를 구하시오.

(1) 한 개의 음수인 근과 한 개의 양수인 근

(2) 서로 다른 세 개의 양수인 근과 한 개의 음수인 근

삼차함수 $f(x)=ax^3+bx^2+cx+d$ (a, b, c, d는 상수)가 극값을 가질 때, ❶ 삼차방정식 $f(x)=0$의 근은 극값을 이용하여 다음과 같이 판별할 수 있다.

(1) (극댓값)×(극솟값)<0 ⟺ 서로 다른 세 실근
└ 극댓값과 극솟값의 부호가 다르다.

(2) (극댓값)×(극솟값)=0 ⟺ 한 실근과 중근
└ 극댓값 또는 극솟값이 0이다.   └ 서로 다른 두 실근

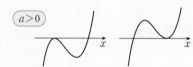

(3) (극댓값)×(극솟값)>0 ⟺ 한 실근과 두 허근
└ 극댓값과 극솟값의 부호가 같다.

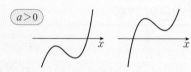

❶ 삼차함수 $f(x)=ax^3+bx^2+cx+d$의 극값이 존재하지 않으면 방정식 $f(x)=0$은
(ⅰ) 삼중근을 갖거나
(ⅱ) 한 실근과 두 허근을 갖는다.
이때 $a>0$인 경우 (ⅰ), (ⅱ)에 해당하는 $y=f(x)$의 그래프는 각각 다음 그림과 같다.

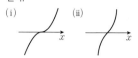

참고 위에서 $a<0$일 때, $y=f(x)$의 그래프는 다음 그림과 같다.

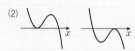
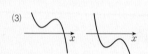

대표 예제 ③
삼차방정식의 근의 판별 (1)

다음 삼차방정식의 근을 판별하시오.

(1) $x^3-12x+8=0$

(2) $x^3-3x^2+4=0$

유제 3-1

다음 삼차방정식의 근을 판별하시오.

(1) $x^3-3x-1=0$

(2) $x^3-6x^2+9x+1=0$

대표 예제 ④
삼차방정식의 근의 판별 (2)

삼차방정식 $x^3-27x-a=0$의 근이 다음 조건을 만족시키도록 하는 실수 a의 값 또는 a의 값의 범위를 구하시오.

(1) 서로 다른 세 실근

(2) 한 실근과 중근

(3) 한 실근과 두 허근

유제 4-1
삼차방정식 $x^3-9x^2+15x-a=0$이 서로 다른 두 실근을 갖도록 하는 실수 a의 값을 모두 구하시오.

유제 4-2
삼차방정식 $x^3-3x^2-9x+a=0$이 오직 한 실근만을 가질 때, 실수 a의 값의 범위를 구하시오.

교과서 필수 개념 ③ 부등식에의 활용

1. 부등식 $f(x) \geq 0$ 또는 $f(x) \leq 0$의 증명

(1) 함수 $f(x)$에 대하여 어떤 구간에서 부등식 $f(x) \geq 0$이 성립함을 보이려면
→ 그 구간에서 (함수 $f(x)$의 최솟값)≥ 0임을 보이면 된다. ❶

(2) 함수 $f(x)$에 대하여 어떤 구간에서 부등식 $f(x) \leq 0$이 성립함을 보이려면
→ 그 구간에서 (함수 $f(x)$의 최댓값)≤ 0임을 보이면 된다.

참고 $x > a$에서 부등식 $f(x) > 0$이 성립함을 보일 때, 함수 $f(x)$의 최솟값이 존재하지 않으면
→ $x > a$에서 함수 $f(x)$가 증가하고 $f(a) \geq 0$임을 보이면 된다.

예 $x \geq 0$일 때, 부등식 $x^3 - x^2 - x + 1 \geq 0$이 성립함을 증명해 보자.
$f(x) = x^3 - x^2 - x + 1$로 놓으면 $f'(x) = 3x^2 - 2x - 1 = (3x+1)(x-1)$
$f'(x) = 0$에서 $x = 1$ ($\because x \geq 0$)
$x \geq 0$에서 함수 $f(x)$의 증가와 감소를 표로 나타내면 오른쪽과 같다.
따라서 $x \geq 0$일 때, 함수 $f(x)$의 최솟값은 0이므로
$x^3 - x^2 - x + 1 \geq 0$

x	0	$\cdots$	1	$\cdots$
$f'(x)$		$-$	0	$+$
$f(x)$	1	$\searrow$	0	$\nearrow$

2. 부등식 $f(x) \geq g(x)$의 증명

두 함수 $f(x)$, $g(x)$에 대하여 어떤 구간에서 부등식 $f(x) \geq g(x)$가 성립함을 보이려면
→ $h(x) = f(x) - g(x)$로 놓고, 그 구간에서 (함수 $h(x)$의 최솟값)≥ 0임을 보이면 된다. ❷

❶ 어떤 구간에서 부등식 $f(x) > 0$이 성립함을 보이려면 함수 $y = f(x)$의 그래프가 그 구간에서 x축보다 위쪽에 있음을 보이면 된다.

❷ 두 식 A, B에 대하여
$A \geq B \Longleftrightarrow A - B \geq 0$
$A \leq B \Longleftrightarrow A - B \leq 0$

대표 예제 ⑤
부등식의 증명

다음 부등식이 성립함을 보이시오.
(1) 모든 실수 x에 대하여 $x^4 - 4x + 3 \geq 0$
(2) $x \geq 0$일 때, $2x^3 - 3x^2 + 3 > 0$

유제 5-1
다음 부등식이 성립함을 보이시오.
(1) 모든 실수 x에 대하여 $x^4 + 8 \geq 8(x^2 - 1)$
(2) $x > 1$일 때, $x^3 + 5x > 3x^2 - 2$

대표 예제 ⑥
부등식이 성립할 조건

Tip $x > a$에서 부등식 $f(x) > 0$이 성립하려면 함수 $f(x)$의 최솟값이 존재할 때
→ $x > a$에서 $(f(x)$의 최솟값$) > 0$

다음 물음에 답하시오.
(1) 모든 실수 x에 대하여 부등식 $3x^4 - 4x^3 \geq k$가 성립하도록 하는 실수 k의 값의 범위를 구하시오.
(2) $x > 0$일 때, 부등식 $2x^3 - 9x^2 + k > 0$이 성립하도록 하는 실수 k의 값의 범위를 구하시오.

유제 6-1
다음 물음에 답하시오.
(1) 모든 실수 x에 대하여 부등식 $3x^4 - 6x^2 + 4 \geq a$가 성립하도록 하는 실수 a의 값의 범위를 구하시오.
(2) $x < 0$일 때, 부등식 $x^3 + 6x^2 - 15x + a \leq 0$이 성립하도록 하는 실수 a의 최댓값을 구하시오.

✅ 교과서 필수 개념 ④ 속도와 가속도

수직선 위를 움직이는 점 P의 시각 t에서의 위치 x가 $x=f(t)$일 때, 시각 t에서의 점 P의 속도 v와 가속도 a는 다음과 같다. ❶

(1) $v=\dfrac{dx}{dt}=f'(t)$ (2) $a=\dfrac{dv}{dt}=v'(t)$

예 수직선 위를 움직이는 점 P의 시각 t에서의 위치 x가 $x=t^2-6t$일 때,

  점 P의 시각 t에서의 속도를 v, 가속도를 a라 하면 $v=\dfrac{dx}{dt}=2t-6$, $a=\dfrac{dv}{dt}=2$

참고 속도 $v=f'(t)$의 부호는 점 P의 운동 방향을 나타낸다.

  (i) $v>0$이면 점 P는 속력 $|v|$로 양의 방향으로 움직인다. ❷
      $f(t)$가 증가한다.
  (ii) $v<0$이면 점 P는 속력 $|v|$로 음의 방향으로 움직인다.
      $f(t)$가 감소한다.
  (iii) $v=0$이면 점 P는 운동 방향이 바뀌거나 정지한다.

❶ 위치
  ↓ 미분
  속도
  ↓ 미분
  가속도

❷ 속도 v의 절댓값 $|v|$를 시각 t에서의 점 P의 속력이라 한다.

 시각에 대한 길이, 넓이, 부피의 변화율

어떤 물체의 시각 t에서의 길이가 l, 넓이가 S, 부피가 V일 때, 시간이 $\varDelta t$만큼 경과한 후 길이가 $\varDelta l$, 넓이가 $\varDelta S$, 부피가 $\varDelta V$만큼 변했다고 하면 시각 t에서의

(1) 길이 l의 변화율 → $\displaystyle\lim_{\varDelta t \to 0}\dfrac{\varDelta l}{\varDelta t}=\dfrac{dl}{dt}$ (2) 넓이 S의 변화율 → $\displaystyle\lim_{\varDelta t \to 0}\dfrac{\varDelta S}{\varDelta t}=\dfrac{dS}{dt}$ (3) 부피 V의 변화율 → $\displaystyle\lim_{\varDelta t \to 0}\dfrac{\varDelta V}{\varDelta t}=\dfrac{dV}{dt}$

대표 예제 ⑦

속도와 가속도

Tip (2) 수직선 위를 움직이는 점 P의 운동 방향이 바뀔 때의 속도는 0이다.

수직선 위를 움직이는 점 P의 시각 t에서의 위치 x가 $x=2t^3-6t^2$일 때, 다음을 구하시오.

(1) 점 P의 시각 $t=3$에서의 속도와 가속도

(2) 점 P가 운동 방향을 바꿀 때의 시각

유제 7-1

수직선 위를 움직이는 점 P의 시각 t에서의 위치 x가 $x=t^3-9t^2+18t$일 때, 다음을 구하시오.

(1) 점 P가 마지막으로 원점을 지나는 순간의 속도

(2) 점 P의 속도가 39일 때, 점 P의 가속도

유제 7-2

Tip (1) 공이 최고 높이에 도달할 때의 속도는 0 m/s이다.
(2) 공이 지면에 닿는 순간의 높이는 0 m이다.

지면에서 20 m/s의 속도로 지면과 수직하게 위로 던져 올린 공의 t초 후의 높이를 h m라 하면 $h=20t-5t^2$인 관계가 성립한다. 다음을 구하시오.

(1) 공이 최고 높이에 도달할 때까지 걸린 시간과 그때의 높이

(2) 공이 지면에 닿는 순간의 속도

대표 예제 ⑧

시각에 대한 변화율

오른쪽 그림과 같이 키가 1.8 m인 학생이 높이가 3.6 m인 가로등 바로 밑에서 출발하여 일직선으로 1.2 m/s의 속도로 걸어갈 때, 다음을 구하시오.

(1) 그림자의 끝이 움직이는 속도

(2) 그림자의 길이의 변화율

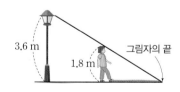
3.6 m   1.8 m   그림자의 끝

유제 8-1

시각 t에서의 반지름의 길이가 $0.5t$인 구에 대하여 다음을 구하시오.

(1) $t=4$일 때의 구의 겉넓이의 변화율   (2) $t=4$일 때 구의 부피의 변화율

핵심 개념 & 공식 리뷰

해답 ☞ 39쪽

리뷰 1 ○, ×로 푸는 개념 리뷰

01 다음 문장이 참이면 ○표, 거짓이면 ×표를 ( ) 안에 써넣으시오.

(1) 방정식 $f(x)=0$의 서로 다른 실근의 개수는 함수 $y=f(x)$의 그래프와 x축의 교점의 개수와 같다. (   )

(2) 방정식 $f(x)=g(x)$의 서로 다른 실근의 개수는 함수 $y=f(x)-g(x)$의 그래프와 x축의 교점의 개수와 같다. (   )

(3) 삼차함수 $f(x)$의 (극댓값)×(극솟값)<0이면 방정식 $f(x)=0$은 서로 다른 세 실근을 갖는다. (   )

(4) 삼차방정식 $f(x)=0$이 한 실근과 중근을 가지려면 삼차함수 $f(x)$의 (극댓값)×(극솟값)≥0이어야 한다. (   )

(5) 삼차함수 $f(x)$가 극값을 갖지 않으면 방정식 $f(x)=0$은 실근을 갖지 않는다. (   )

(6) 어떤 구간에서 (함수 $f(x)$의 극솟값)≥0이면 그 구간에서 부등식 $f(x)≥0$이 성립한다. (   )

(7) 수직선 위를 움직이는 점 P의 시각 t에서의 위치가 $x=f(t)$이면 시각 t에서의 속도는 $f'(t)$이다. (   )

(8) 속도는 항상 양수이다. (   )

(9) 수직선 위를 움직이는 점 P의 운동 방향이 바뀔 때의 속도는 0이다. (   )

리뷰 2 삼차방정식의 근의 판별

02 최고차항의 계수가 양수인 삼차함수 $f(x)$의 극값이 다음과 같을 때, 방정식 $f(x)=0$의 서로 다른 실근의 개수를 구하시오.

(1) 극댓값 5, 극솟값 3

(2) 극댓값 2, 극솟값 −4

(3) 극댓값 4, 극솟값 0

(4) 극값이 존재하지 않는다.

03 다음 삼차방정식의 서로 다른 실근의 개수를 구하시오.

(1) $x^3-3x^2+1=0$

(2) $2x^3+3x^2-12x+3=0$

(3) $4x^3-3x+1=0$

(4) $x^3+4x+4=0$

리뷰 3 부등식에의 활용

04 다음 물음에 답하시오.

(1) $x≥0$일 때, 부등식 $4x^3-3x^2-6x+5≥0$이 성립함을 보이시오.

(2) $x≥0$일 때, 부등식 $x^3+x^2-5x≥k$가 성립하도록 하는 실수 k의 값의 범위를 구하시오.

(3) 모든 실수 x에 대하여 부등식 $x^4+12x≥4x^3+2x^2+a$가 성립하도록 하는 실수 a의 값의 범위를 구하시오.

리뷰 4 속도와 가속도

05 원점을 출발하여 수직선 위를 움직이는 점 P의 시각 t에서의 위치 x가 $x=2t^3-4t^2+2t$일 때, 다음을 구하시오.

(1) 점 P의 시각 t에서의 속도 v와 가속도 a

(2) 점 P가 운동 방향을 바꿀 때의 시각

(3) 점 P가 출발 후 다시 원점을 지나는 순간의 속도와 가속도

01 ●○○ / 방정식의 실근의 개수 /

방정식 $3x^4-4x^3-12x^2=a$의 서로 다른 실근의 개수가 4일 때, 정수 a의 개수는?

① 1   ② 2   ③ 3

④ 4   ⑤ 5

내신 빈출
02 ●●○ / 삼차방정식의 근의 판별 /

방정식 $x^3-\dfrac{3}{2}x^2-6x+a-2=0$이 한 실근과 두 허근을 가질 때, 다음 중 실수 a의 값이 될 수 있는 것은?

① -3   ② -1   ③ 1

④ 3   ⑤ 5

03 ●●○ / 삼차방정식의 근의 판별 /

두 곡선 $y=x^3-3x^2-20x+k$, $y=4x-1$이 서로 다른 두 점에서 만나도록 하는 모든 실수 k의 값의 합을 구하시오.

04 ●●○ / 부등식에의 활용 /

두 함수 $f(x)=x^4+4x^2$, $g(x)=4x^3+a$일 때, 모든 실수 x에 대하여 부등식 $f(x)>g(x)$가 성립하도록 하는 정수 a의 최댓값은?

① -2   ② -1   ③ 0

④ 1   ⑤ 2

05 ●●○ / 부등식에의 활용 /

$x<0$일 때, 부등식 $x^3-4x^2-20x\le2x^2-5x+k$가 성립하도록 하는 실수 k의 값의 범위는?

① $k\ge2$ ② $k\ge4$ ③ $k\ge6$

④ $k\ge8$ ⑤ $k\ge10$

내신 빈출
06 ●●○ / 부등식에의 활용 /

$1<x<3$일 때, 함수 $y=-\dfrac{1}{3}x^3-x^2$의 그래프가 직선 $y=-3x-k$보다 항상 아래쪽에 있도록 하는 정수 k의 최댓값을 구하시오.

07 ●●●

/ 속도와 가속도 /

수직선 위를 움직이는 점 P의 시각 t에서의 위치 x가

$$x = t^3 + mt^2 + nt + 1$$

이다. 점 P는 $t=2$일 때 운동 방향을 바꾸고 그때의 위치가 5이다. 점 P가 $t=2$ 이외에 운동 방향을 바꾸는 순간의 가속도는? (단, m, n은 상수이다.)

① 4　　　　　② 2　　　　　③ 0

④ -2　　　　⑤ -4

08 ●●○

/ 속도와 가속도 /

직선 도로를 달리는 자동차가 브레이크를 밟은 후 t초 동안 이동한 거리를 x m라 하면 $x = 9t - 0.45t^2$인 관계가 성립한다. 이 자동차가 브레이크를 밟은 후 정지할 때까지 움직인 거리는?

① 42 m　　　　② 45 m　　　　③ 48 m

④ 51 m　　　　⑤ 54 m

09 ●●●

/ 시각에 대한 부피의 변화율 /

반지름의 길이가 3 cm인 구 모양의 풍선이 있다. 이 풍선의 반지름의 길이가 매초 5 mm씩 늘어나도록 바람을 불어 넣을 때, 풍선의 반지름의 길이가 6 cm가 되는 순간의 풍선의 부피의 변화율은?

① 8π cm^3/s　　② 18π cm^3/s　　③ 32π cm^3/s

④ 50π cm^3/s　　⑤ 72π cm^3/s

교과서 속 사고력 UP

10 ●●●

/ 방정식의 실근의 개수 /

최고차항의 계수가 1인 삼차함수 $f(x)$가 모든 실수 x에 대하여 $f(-x) = -f(x)$를 만족시킨다. 방정식 $|f(x)| = 4\sqrt{2}$가 서로 다른 네 개의 실근을 가질 때, $f(-2)$의 값을 구하시오.

11 ●●●

/ 방정식의 실근의 부호 /

자연수 k에 대하여 삼차방정식 $x^3 + 3x^2 - 9x + 7 - 3k = 0$의 음의 실근의 개수를 $f(k)$라 할 때, $f(1) + f(2) + \cdots + f(10)$의 값을 구하시오.

12 ●●●

/ 속도와 가속도 /

원점을 출발하여 수직선 위를 움직이는 점 P의 시각 t에서의 속도 $v(t)$의 그래프가 오른쪽 그림과 같을 때, 다음 중 점 P에 대한 설명으로 옳지 <u>않은</u> 것을 모두 고르면? (정답 2개)

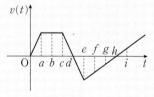

① $a < t < c$일 때 점 P의 가속도는 일정하다.

② $t = b$일 때 점 P는 정지해 있다.

③ $t = d$일 때 점 P의 가속도는 음의 값이다.

④ $0 < t < i$에서 점 P는 운동 방향을 두 번 바꾼다.

⑤ $t = f$일 때 점 P는 양의 방향으로 움직인다.

부정적분과 정적분

개념 1 부정적분
개념 2 함수 $y=x^n$(n은 음이 아닌 정수)의 부정적분
개념 3 함수의 실수배, 합, 차의 부정적분

개념 4 정적분
개념 5 정적분의 성질
개념 6 정적분을 포함한 등식

개념 7 정적분으로 정의된 함수의 극한

● 교과서 대표문제로 필수개념완성

✓ 교과서 필수 개념 ① 부정적분

1. 부정적분의 정의

(1) 함수 $F(x)$의 도함수가 $f(x)$일 때, 즉 $F'(x)=f(x)$일 때 함수 $F(x)$를 $f(x)$의
부정적분이라 하고, 이것을 기호로 $\displaystyle\int f(x)dx$와 같이 나타낸다. **❶**

  예 $(x^2)'=2x$, $(x^2-1)'=2x$, $(x^2+1)'=2x$이므로 세 함수 x^2, x^2-1, x^2+1은 모두 함수 $2x$의 부정
  적분이다.

(2) 함수 $f(x)$의 한 부정적분을 $F(x)$라 하면

$$\int f(x)dx=F(x)+C$$

이다. 이때 C를 적분상수라 한다.

  예 $(x^3)'=3x^2$이므로 $\displaystyle\int 3x^2 dx=x^3+C$

(3) 함수 $f(x)$의 부정적분을 구하는 것을 $f(x)$를 적분한다고 하고, 그 계산법을 적분
법이라 한다.

2. 부정적분과 미분의 관계 ❷

(1) $\dfrac{d}{dx}\left\{\displaystyle\int f(x)\right\}dx=f(x)$ **❸**

(2) $\displaystyle\int \left\{\dfrac{d}{dx}f(x)\right\}dx=f(x)+C$ (단, C는 적분상수) **❹**

❶ $\displaystyle\int f(x)dx$를 '적분 $f(x)dx$' 또는
'인티그럴(integral) $f(x)dx$'라
읽는다.

부정적분
$$\int f(x)dx=\boxed{F(x)+C}$$
미분

❷ $\dfrac{d}{dx}\left\{\displaystyle\int f(x)dx\right\}\neq \displaystyle\int \left\{\dfrac{d}{dx}f(x)\right\}dx$
임에 주의한다. └$f(x)$┘ └$f(x)+C$┘

❸ $f(x)$ →적분 $F(x)+C$ →미분 $f(x)$

❹ $f(x)$ →미분 $f'(x)$ →적분 $f(x)+C$

대표 예제 ①

부정적분의 정의

Tip $\displaystyle\int f(x)dx=F(x)+C$
(C는 적분상수)
이면 $F'(x)=f(x)$

다음 등식을 만족시키는 함수 $f(x)$를 구하시오. (단, C는 적분상수이다.)

(1) $\displaystyle\int f(x)dx=x^3+C$

(2) $\displaystyle\int f(x)dx=3x^2-4x+C$

유제 1-1 다음 등식을 만족시키는 함수 $f(x)$를 구하시오. (단, C는 적분상수이다.)

(1) $\displaystyle\int f(x)dx=-5x^4+2x^3+C$

(2) $\displaystyle\int f(x)dx=\dfrac{1}{4}x^4+\dfrac{1}{2}x^2+C$

대표 예제 ②

부정적분과 미분의 관계

함수 $f(x)$에 대하여 $\dfrac{d}{dx}\left\{\displaystyle\int f(x)dx\right\}=6x^2+x$일 때, $f(1)$의 값을 구하시오.

유제 2-1 함수 $f(x)=\displaystyle\int \left\{\dfrac{d}{dx}(x^2-2x)\right\}dx$에 대하여 $f(0)=3$일 때, $f(1)$의 값을 구하시오.

✓ **교과서 필수 개념** ② **함수 $y=x^n$ (n은 음이 아닌 정수)의 부정적분**

n이 음이 아닌 정수일 때,

$$\int x^n \, dx = \frac{1}{n+1}x^{n+1} + C \text{ (단, } C\text{는 적분상수)}$$

특히 $n=0$일 때, $\int 1 \, dx = x + C$ (단, C는 적분상수) ❶

❶ $\int 1 \, dx$는 $\int dx$로 나타내기도 한다.

대표 예제 ③ 다음 부정적분을 구하시오.

함수 $y=x^n$ (n은 음이 아닌 정수)의 부정적분

(1) $\displaystyle\int x \, dx$ (2) $\displaystyle\int x^5 \, dx$ (3) $\displaystyle\int x^{10} \, dx$

유제 3-1 다음 부정적분을 구하시오.

(1) $\displaystyle\int x^2 \, dx$ (2) $\displaystyle\int x^8 \, dx$ (3) $\displaystyle\int x^{100} \, dx$

✓ **교과서 필수 개념** ③ **함수의 실수배, 합, 차의 부정적분**

두 함수 $f(x)$, $g(x)$에 대하여

(1) $\displaystyle\int kf(x)dx = k\int f(x)dx$ (단, k는 0이 아닌 상수)

(2) $\displaystyle\int \{f(x)+g(x)\}dx = \int f(x)dx + \int g(x)dx$

(3) $\displaystyle\int \{f(x)-g(x)\}dx = \int f(x)dx - \int g(x)dx$ ❶

참고 적분상수가 여러 개 있을 때에는 이들을 묶어 하나의 적분상수 C로 나타낸다.

❶ 함수의 합, 차의 부정적분은 세 개 이상의 함수에 대해서도 성립한다.

대표 예제 ④ 다음 부정적분을 구하시오.

함수의 실수배, 합, 차의 부정적분

(1) $\displaystyle\int (3x^2+2x-6)dx$ (2) $\displaystyle\int (x-1)(x^2+x+1)dx$

(3) $\displaystyle\int (x+1)^3 \, dx - \int (x-1)^3 \, dx$ (4) $\displaystyle\int \frac{x^3-2x}{x+1} \, dx + \int \frac{2x+1}{x+1} \, dx$

유제 4-1 다음 부정적분을 구하시오.

(1) $\displaystyle\int (-5x^4+4x^3-9x^2+2) \, dx$ (2) $\displaystyle\int (3x-2)^2 \, dx$

(3) $\displaystyle\int (x-1)^2 \, dx + \int (x+1)^2 \, dx$ (4) $\displaystyle\int \frac{x^3}{x-2} \, dx - \int \frac{8}{x-2} \, dx$

유제 4-2 함수 $f(x)$가 $f(x)=\displaystyle\int (1+2x+3x^2+\cdots+10x^9)dx$이고 $f(0)=3$일 때, $f(-1)$의 값을 구하시오.

1. 정적분의 정의: 함수 $f(x)$가 닫힌구간 $[a, b]$에서 연속일 때, 함수 $f(x)$의 한 부정적분 $F(x)$에 대하여 $F(b)-F(a)$를 $f(x)$의 a에서 b까지의 정적분이라 하고, 이것을 기호로 다음과 같이 나타낸다.

$$\int_a^b f(x)dx = \left[F(x) \right]_a^b = F(b) - F(a) \quad ❶$$

예 $\int_0^1 4x^3 dx = \left[x^4 \right]_0^1 = 1 - 0 = 1$ ❷

참고 ① 정적분 $\int_a^b f(x)dx$에서 a를 아래끝, b를 위끝, 닫힌구간 $[a, b]$를 적분 구간이라 한다.

② 정적분 $\int_a^b f(x)dx$의 값을 구하는 것을 '함수 $f(x)$를 a에서 b까지 적분한다.'고 한다.

2. 함수 $f(x)$가 닫힌구간 $[a, b]$에서 연속일 때, 다음이 성립한다.

① $\int_a^a f(x)dx = 0$ ② $\int_a^b f(x)dx = -\int_b^a f(x)dx$

3. 정적분과 미분의 관계

함수 $f(t)$가 닫힌구간 $[a, b]$에서 연속일 때,

$$\frac{d}{dx}\int_a^x f(t)dt = f(x) \text{ (단, } a<x<b) ❸$$

예 $\frac{d}{dx}\int_{-3}^x (t^2-1)dt = x^2-1$

❶ 정적분 $\int_a^b f(x)dx$에서 변수 x 대신 다른 문자를 사용하여 나타내어도 그 값은 변하지 않는다. 즉,

$$\int_a^b f(x)dx = \int_a^b f(y)dy$$
$$= \int_a^b f(t)dt$$

❷ 부정적분 $\int f(x)dx$는 함수이지만 정적분 $\int_a^b f(x)dx$는 실수이다.

❸ 함수 $f(t)$의 한 부정적분을 $F(t)$라 하면

$$\frac{d}{dx}\int_a^x f(t)dt$$
$$= \frac{d}{dx}\{F(x)-F(a)\}$$
$$= F'(x) = f(x)$$

대표 예제 ⑤

정적분의 정의

다음 정적분의 값을 구하시오.

(1) $\int_{-3}^1 (t-1)^2 dt$ (2) $\int_1^1 (s^4-s)^2 ds$ (3) $\int_2^1 (4x^3-3x^2-2x)dx$

유제 5-1 다음 정적분의 값을 구하시오.

(1) $\int_{-2}^1 (2s-s^2)ds$ (2) $\int_0^3 (2x^3-6x^2+6x)dx$ (3) $\int_3^{-1} (3x^2-4)dx$

유제 5-2 $\int_0^k (-4x+1)dx = -1$일 때, 양수 k의 값을 구하시오.

대표 예제 ⑥

정적분과 미분의 관계

다음을 구하시오.

(1) $\frac{d}{dx}\int_1^x (3t^2+1)dt$ (2) $\frac{d}{dx}\int_{-2}^x (t^3-2t^2+t)dt$

유제 6-1 다음을 구하시오.

(1) $\frac{d}{dx}\int_0^x (4t^3-5t)dt$ (2) $\frac{d}{dx}\int_{-1}^x (2t+1)(1-t)dt$

✅ 교과서 필수 개념 ⑤ **정적분의 성질** 중요⌣

1. 두 함수 $f(x)$, $g(x)$가 닫힌구간 $[a, b]$에서 연속일 때

(1) $\int_a^b kf(x)dx = k\int_a^b f(x)dx$ (단, k는 상수)

(2) $\int_a^b \{f(x) \pm g(x)\}dx = \int_a^b f(x)dx \pm \int_a^b g(x)dx$ (복부호 동순) ❶

2. 함수 $f(x)$가 임의의 세 실수 a, b, c를 포함하는 닫힌구간에서 연속일 때,

$\int_a^c f(x)dx + \int_c^b f(x)dx = \int_a^b f(x)dx$ ❷ ← a, b, c의 대소에 관계없이 성립한다.

❶ 함수의 합, 차의 정적분은 세 개 이상의 함수에 대해서도 성립한다.

❷ 구간에 따라 다르게 정의된 함수 또는 절댓값 기호를 포함한 함수의 정적분을 구할 때 이용한다.

대표 예제 ⑦

정적분의 계산 (1)

다음 정적분의 값을 구하시오.

(1) $\int_{-1}^2 (x+1)^2 dx - \int_{-1}^2 (x-1)^2 dx$

(2) $\int_0^1 \dfrac{x^3}{x+1}dx + \int_0^1 \dfrac{1}{x+1}dx$

유제 7-1

다음 정적분의 값을 구하시오.

(1) $\int_{-2}^1 (-3x^2+2x)dx + \int_{-2}^1 (9x^2-2x)dx$

(2) $2\int_2^3 \dfrac{x^2}{x-3}dx - \int_2^3 \dfrac{5t+3}{t-3}dt$

대표 예제 ⑧

정적분의 계산 (2)

다음 정적분의 값을 구하시오.

(1) $\int_0^1 (4x-1)dx + \int_1^2 (4x-1)dx$

(2) $\int_1^2 (-x^3+2x+1)dx - \int_3^2 (-x^3+2x+1)dx$

유제 8-1

다음 정적분의 값을 구하시오.

(1) $\int_1^4 (4x^3-3x^2)dx + \int_4^3 (4x^3-3x^2)dx$

(2) $\int_0^{-1} (3x^2+6x+2)dx - \int_1^{-1} (3x^2+6x+2)dx$

대표 예제 ⑨

정적분의 계산 (3)

정적분 $\int_0^3 |x-1|dx$의 값을 구하시오.

유제 9-1

다음 정적분의 값을 구하시오.

(1) $\int_{-2}^2 2|x+1|dx$

(2) $\int_{-1}^2 |x(x+2)|dx$

유제 9-2

함수 $f(x) = \begin{cases} x+2 & (x \geq 0) \\ x^2+4x+2 & (x < 0) \end{cases}$에 대하여 $\int_{-1}^1 f(x)dx$의 값을 구하시오.

교과서 필수 개념 ⑥ 정적분을 포함한 등식 _{중요}

(1) **적분 구간이 상수인 경우:** $f(x)=g(x)+\int_a^b f(t)dt$ (a, b는 상수) 꼴의 등식이 주어지면

➝ (i) $\int_a^b f(t)dt=k$ (k는 상수)로 놓는다. ❶ ➝ $f(x)=g(x)+k$

(ii) $f(t)=g(t)+k$를 $k=\int_a^b f(t)dt$에 대입하여 k의 값을 구한다. ➝ $k=\int_a^b \{g(t)+k\}dt$

(2) **적분 구간에 변수가 있는 경우:** $\int_a^x f(t)dt=g(x)$ 꼴의 등식이 주어지면

➝ (i) 등식의 양변을 x에 대하여 미분한다. ➝ $f(x)=g'(x)$

(ii) $\int_a^a f(x)dx=0$임을 이용한다. ➝ $g(a)=0$

❶ $\int_a^b f(t)dt$와 같이 정적분의 위끝과 아래끝이 모두 상수이면 정적분의 결과도 상수이다.

대표 예제 ⑩
정적분을 포함한 등식(1)

다항함수 $f(x)$에 대하여 $f(x)=2x-\int_0^1 f(t)dt$가 성립할 때, 함수 $f(x)$를 구하시오.

유제 **10-1** 다항함수 $f(x)$에 대하여 $f(x)=9x^2+2\int_{-1}^0 f(t)dt$가 성립할 때, $f(1)$의 값을 구하시오.

대표 예제 ⑪
정적분을 포함한 등식(2)

모든 실수 x에 대하여 등식 $\int_a^x f(t)dt=5x^2-x-4$를 만족시키는 함수 $f(x)$와 상수 a의 값을 구하시오.

유제 **11-1** 모든 실수 x에 대하여 등식 $\int_1^x f(t)dt=x^3-6x^2+2x+a$를 만족시킬 때, $f(a)$의 값을 구하시오.

(단, a는 상수이다.)

교과서 필수 개념 ⑦ 정적분으로 정의된 함수의 극한

연속함수 $f(x)$와 상수 a에 대하여

(1) $\displaystyle\lim_{x\to 0}\frac{1}{x}\int_a^{x+a} f(t)dt=f(a)$ (2) $\displaystyle\lim_{x\to a}\frac{1}{x-a}\int_a^x f(t)dt=f(a)$

참고 함수 $f(t)$의 한 부정적분을 $F(t)$라 하면 적분과 미분의 관계 및 미분계수의 정의에 의하여 ❶

(1) $\displaystyle\lim_{x\to 0}\frac{1}{x}\int_a^{x+a} f(t)dt=\lim_{x\to 0}\frac{F(x+a)-F(a)}{x}=F'(a)=f(a)$

(2) $\displaystyle\lim_{x\to a}\frac{1}{x-a}\int_a^x f(t)dt=\lim_{x\to a}\frac{F(x)-F(a)}{x-a}=F'(a)=f(a)$

❶ 미분계수의 정의

$f'(a)=\displaystyle\lim_{h\to 0}\frac{f(a+h)-f(a)}{h}$

$=\displaystyle\lim_{x\to a}\frac{f(x)-f(a)}{x-a}$

대표 예제 ⑫
정적분으로 정의된 함수의 극한

다음 극한값을 구하시오.

(1) $\displaystyle\lim_{h\to 0}\frac{1}{h}\int_2^{2+h}(x^2+4x+2)dx$ (2) $\displaystyle\lim_{x\to 1}\frac{1}{x-1}\int_1^x(t^3-3t^2+3)dt$

유제 **12-1** 다음 극한값을 구하시오.

(1) $\displaystyle\lim_{h\to 0}\frac{1}{h}\int_0^{2h}(x^4-x^3-x^2-x)dx$ (2) $\displaystyle\lim_{x\to 1}\frac{1}{x^2-1}\int_1^x(t^5-4t^4)dt$

핵심 개념 & 공식 리뷰

해답 ☞ 46쪽

리뷰1 ○, ×로 푸는 개념 리뷰

01 다음 문장이 참이면 ○표, 거짓이면 ×표를 ( ) 안에 써넣으시오.

(1) 다항함수의 부정적분은 무수히 많다. ( )

(2) 함수 $f(x)$에 대하여 $\dfrac{d}{dx}\left\{\displaystyle\int f(x)dx\right\}$와

$\displaystyle\int\left\{\dfrac{d}{dx}f(x)\right\}dx$의 결과는 같다. ( )

(3) n이 양의 정수일 때, $\displaystyle\int x^n\,dx=\dfrac{1}{n+1}x^n+C$ (C는 적분

상수)이다. ( )

(4) 두 함수 $f(x)$, $g(x)$의 부정적분이 존재할 때,

$\displaystyle\int f(x)g(x)dx=\int f(x)dx\times\int g(x)dx$가 성립한다.

( )

(5) $\displaystyle\int_a^a f(x)dx=0$이다. ( )

(6) $\displaystyle\int_a^b f(x)dx=-\int_b^a f(x)dx$이다. ( )

(7) 함수 $f(t)$가 닫힌구간 $[a,\,b]$에서 연속일 때,

$\dfrac{d}{dx}\displaystyle\int_a^x f(t)dt=f'(x)$ $(a<x<b)$이다. ( )

(8) 함수 $f(t)$가 닫힌구간 $[a,\,b]$에서 연속일 때,

$\displaystyle\int_a^b f(t)dt$의 결과는 상수이다. ( )

리뷰2 부정적분

02 함수 $f(x)$와 도함수 $f'(x)$에 대하여 다음을 만족시키는 함수 $f(x)$를 구하시오.

(1) $f'(x)=2x+3$, $f(0)=1$

(2) $f'(x)=6x^2-4x+2$, $f(1)=3$

(3) $f'(x)=8x^3-6x^2+1$, $f(-1)=5$

리뷰3 정적분의 계산

03 다음 정적분의 값을 구하시오.

(1) $\displaystyle\int_1^3 (2x+1)(2x-1)dx$

(2) $\displaystyle\int_2^2 (6t^3-5t^2+4t-10)dt$

(3) $\displaystyle\int_2^4 (x^2-2)dx-\int_2^4 (x-2)^2 dx$

(4) $\displaystyle\int_{-1}^2 (3x^2-2x)dx+\int_{-1}^2 (-2x^2+3x)dx$

(5) $\displaystyle\int_0^2 (5x+2)dx+\int_2^3 (5x+2)dx$

(6) $\displaystyle\int_1^4 (6x^2-5)dx+\int_4^3 (6x^2-5)dx$

(7) $\displaystyle\int_0^3 (x^3+3x-6)dx-\int_4^3 (x^3+3x-6)dx$

리뷰4 정적분을 포함한 등식

04 모든 실수 x에 대하여 다음 등식을 만족시키는 함수 $f(x)$를 구하시오.

(1) $\displaystyle\int_{-2}^x f(t)dt=3x^2-2x+3$

(2) $\displaystyle\int_1^x f(t)dt=4x^3-5x^2+8x$

(3) $\displaystyle\int_a^x f(t)dt=2x^5+5x^4-12x^2-1$ (단, a는 상수)

빈출 문제로 실전 연습

01 ●●○ / 부정적분 /

함수 $F(x) = 2x^3 + ax^2 + 4x$가 함수 $f(x)$의 부정적분 중 하나이고 $f'(-1) = -2$일 때, 상수 a의 값은?

① 1   ② 2   ③ 3
④ 4   ⑤ 5

02 ●●○ / 부정적분과 미분의 관계 /

다항함수 $f(x)$가

$$\frac{d}{dx}\int \{f(x) + x^3 - 2x^2 + 3\}dx = \int \left[\frac{d}{dx}\{2f(x) - 1\}\right]dx$$

를 만족시킨다. $f(0) = -2$일 때 $f(2)$의 값은?

① -5 ② -4 ③ -3
④ -2 ⑤ -1

03 ●●○ / 함수의 실수배, 합, 차의 부정적분 /

함수 $f(x)$가

$$f(x) = \int \{(x-1)^2 - x^3\}dx + \int \{(x+1)^2 + x^3\}dx$$

이고 $f(0) = 2$일 때, $f(3)$의 값을 구하시오.

내신 빈출

04 ●●○ / 함수의 실수배, 합, 차의 부정적분 /

함수 $f(x)$의 도함수가 $f'(x) = 3x^2 - 2x + k$이고 $f(0) = 2$, $f(1) = 4$일 때, 상수 k의 값을 구하시오.

05 ●●○ / 함수의 실수배, 합, 차의 부정적분 /

다항함수 $f(x)$의 한 부정적분을 $F(x)$라 하면

$$F(x) = xf(x) - x^3 + 3x^2$$

이 성립한다. $f(2) = \frac{3}{2}$일 때, 함수 $y = f(x)$의 그래프의 y절편은?

① 6   ② $\frac{13}{2}$ ③ 7
④ $\frac{15}{2}$ ⑤ 8

06 ●●○ / 정적분의 성질 /

연속함수 $f(x)$에 대하여

$$\int_{-2}^{7} f(x)dx = 16, \int_{-2}^{-1} f(x)dx = 3, \int_{3}^{7} f(x)dx = -2$$

일 때, $\int_{-1}^{3} f(x)dx$의 값을 구하시오.

07 ●●○ / 정적분의 계산 /

정적분 $\int_{-4}^{1}(x - |x+3|)dx$의 값은?

① -16 ② -14 ③ -12
④ -10 ⑤ -8

08 ●●●◐ / 정적분을 포함한 등식 /

닫힌구간 $[0, 2]$에서 연속인 함수 $f(x)$가

$$f(x)=3x^2+2x+\int_0^2 f(t)dt$$

를 만족시킬 때, $f(1)$의 값은?

① -7 ② -6 ③ -5

④ -4 ⑤ -3

09 ●●●◐ / 정적분을 포함한 등식 /

다항함수 $f(x)$가 모든 실수 x에 대하여

$$\int_{-1}^x f(t)dt=x^3+ax^2+bx+1$$

을 만족시킨다. $f(1)=6$일 때, $f(2)$의 값은?

(단, a, b는 상수이다.)

① 17   ② 18   ③ 19

④ 20   ⑤ 21

10 ●●●◐ / 정적분으로 정의된 함수의 극한 /

$$\lim_{x \to 2}\frac{1}{x-2}\int_4^{x^2}(3t^2-t+1)dt$$의 값은?

① 45   ② 90   ③ 135

④ 180   ⑤ 225

교과서 속 사고력 UP

11 ●●● / 함수의 실수배, 합, 차의 부정적분 /

미분가능한 함수 $f(x)$가 임의의 두 실수 x, y에 대하여

$$f(x+y)=f(x)+f(y)+2xy$$

를 만족시킨다. $f'(0)=1$일 때, $f(2)$의 값을 구하시오.

12 ●●● / 함수의 실수배, 합, 차의 부정적분 /

함수 $f(x)$의 도함수 $f'(x)$는 이차항의 계수가 -2인 이차함수이고, $y=f'(x)$의 그래프가 오른쪽 그림과 같다. 함수 $f(x)$의 극댓값을 M, 극솟값을 m이라 할 때, $M-m$의 값을 구하시오.

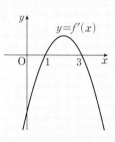

13 ●●● / 정적분을 포함한 등식 /

모든 실수 x에 대하여 함수 $f(x)$가

$$\int_1^x (x-t)f(t)dt=x^3-x^2-3x+2$$

를 만족시킬 때, 방정식 $f(x)=0$의 해를 구하시오.

08강 정적분의 활용

개념 1 곡선과 x축 사이의 넓이
개념 2 그래프가 대칭인 함수의 정적분

개념 3 두 곡선 사이의 넓이
개념 4 직선 위를 움직이는 점의 위치와 움직인 거리

● 교과서 대표문제로 필수개념완성

✓ 교과서 필수 개념 1 곡선과 x축 사이의 넓이

(1) **정적분의 기하적 의미**: 함수 $f(x)$가 닫힌구간 $[a, b]$에서 연속이고 $f(x) \geq 0$일 때, 정적분 $\int_a^b f(x)dx$는 곡선 $y=f(x)$와 x축 및 두 직선 $x=a$, $x=b$로 둘러싸인 도형의 넓이와 같다.

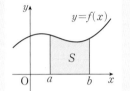

(2) **곡선과 x축 사이의 넓이**: 함수 $f(x)$가 닫힌구간 $[a, b]$에서 연속일 때, 곡선 $y=f(x)$와 x축 및 두 직선 $x=a$, $x=b$로 둘러싸인 도형의 넓이 S는

$$S = \int_a^b |f(x)|dx$$ ❶, ❷

❶ 닫힌구간 $[a, b]$에서 $f(x) \geq 0$이면
$$S = \int_a^b f(x)dx$$
또, 닫힌구간 $[c, d]$에서 $f(x) \leq 0$이면
$$S = \int_c^d \{-f(x)\}dx$$

❷ 닫힌구간 $[a, b]$에서 함수 $f(x)$가 양의 값과 음의 값을 모두 가질 때는 $f(x)$의 값이 양수인 구간과 음수인 구간으로 나누어 넓이를 구한다.

 Core 특강

① 닫힌구간 $[a, b]$에서 $f(x) \geq 0$이거나 $f(x) \leq 0$일 때

(i) $f(x) \geq 0$인 경우
$$S = \int_a^b f(x)dx = \int_a^b |f(x)|dx$$

(ii) $f(x) \leq 0$인 경우
$$S = \int_a^b \{-f(x)\}dx = \int_a^b |f(x)|dx$$

② 닫힌구간 $[a, b]$에서 $f(x) \geq 0$, $f(x) \leq 0$인 경우가 모두 있을 때

$$\begin{aligned} S &= S_1 + S_2 \\ &= \int_a^c f(x)dx + \int_c^b \{-f(x)\}dx \\ &= \int_a^c |f(x)|dx + \int_c^b |f(x)|dx \\ &= \int_a^b |f(x)|dx \end{aligned}$$

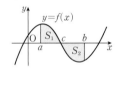

대표 예제 1
곡선과 x축 사이의 넓이 (1)

곡선 $y = -x^2 + 4x - 3$과 x축으로 둘러싸인 도형의 넓이를 구하시오.

유제 1-1
다음 곡선과 x축으로 둘러싸인 도형의 넓이를 구하시오.

(1) $y = x^2 - x - 2$　　　　　　　　(2) $y = x^3 - x$

유제 1-2
곡선 $y = x(x-4)(x-a)$와 x축으로 둘러싸인 두 도형의 넓이가 서로 같을 때, 상수 a의 값을 구하시오.
(단, $0 < a < 4$)

대표 예제 2
곡선과 x축 사이의 넓이 (2)

곡선 $y = x^2 - 3x$와 x축 및 두 직선 $x = -1$, $x = 1$로 둘러싸인 도형의 넓이를 구하시오.

유제 2-1
다음 곡선과 직선으로 둘러싸인 도형의 넓이를 구하시오.

(1) $y = x^2 - 2x - 3$, x축, $x = 1$, $x = 2$　　　　(2) $y = x^3 - x^2$, x축, $x = -1$, $x = 2$

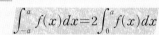 **교과서 필수 개념 2** **그래프가 대칭인 함수의 정적분** 중요

함수 $f(x)$가 닫힌구간 $[-a, a]$ $(a>0)$에서 연속일 때, 이 구간에 속하는 모든 x에 대하여

(1) $f(-x)=f(x)$, 즉 함수 $y=f(x)$의 그래프가 y축에 대하여
　　　　　　　└─ 함수 $f(x)$는 우함수
　　대칭이면

$$\int_{-a}^{a} f(x)dx = 2\int_{0}^{a} f(x)dx$$

　例 $\int_{-2}^{2}(3x^2+1)dx=2\int_{0}^{2}(3x^2+1)dx=2\Big[x^3+x\Big]_0^2=20$

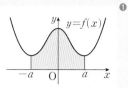

❶ $\int_{-a}^{0} f(x)dx = \int_{0}^{a} f(x)dx$이므로
$$\int_{-a}^{a} f(x)dx = 2\int_{0}^{a} f(x)dx$$

(2) $f(-x)=-f(x)$, 즉 함수 $y=f(x)$의 그래프가 원점에 대하
　　　　　　　　└─ 함수 $f(x)$는 기함수
　여 대칭이면

$$\int_{-a}^{a} f(x)dx = 0$$

　例 $\int_{-2}^{2}(x^3+2x)dx=0$

❷ $\int_{-a}^{0} f(x)dx = -\int_{0}^{a} f(x)dx$이므로
$$\int_{-a}^{a} f(x)dx = 0$$

Core 특강 정적분 $\int_{-a}^{a} x^n dx$의 계산

n이 자연수일 때, 정적분 $\int_{-a}^{a} x^n dx$에 대하여 다음이 성립한다.

① n이 짝수일 때, $\int_{-a}^{a} x^n dx = 2\int_{0}^{a} x^n dx$ 　　　　② n이 홀수일 때, $\int_{-a}^{a} x^n dx = 0$

대표 예제 3

정적분 $\int_{-a}^{a} f(x)dx$의 계산

정적분 $\int_{-2}^{2}(6x^5-5x^4+3x^2-12x)dx$의 값을 구하시오.

유제 **3-1** 정적분 $\int_{-1}^{1}(x^7-2x^5+10x^4-x^3+2x-1)dx$의 값을 구하시오.

유제 **3-2** 다항함수 $f(x)$가 모든 실수 x에 대하여 $f(-x)=f(x)$를 만족시키고 $\int_{0}^{3} f(x)dx=5$일 때,

$\int_{-3}^{3}(x^3-x+1)f(x)dx$의 값을 구하시오.

대표 예제 4

$f(x+p)=f(x)$ (p는 상수)인 함수 $f(x)$의 정적분

TIP $\int_{0}^{1} f(x)dx = \int_{1}^{2} f(x)dx$
$= \int_{2}^{3} f(x)dx = \cdots$
임을 이용한다.

연속함수 $f(x)$가 모든 x에 대하여 $f(x+1)=f(x)$를 만족시키고 $\int_{0}^{1} f(x)dx=2$일 때, $\int_{0}^{3} f(x)dx$의 값을 구하시오.

유제 **4-1** 함수 $f(x)$가 모든 실수 x에 대하여 $f(x+2)=f(x)$를 만족시키고

$$f(x)=\begin{cases} -x^2+1 & (0\leq x\leq 1) \\ x-1 & (1\leq x\leq 2) \end{cases}$$

일 때, $\int_{0}^{4} f(x)dx$의 값을 구하시오.

✅ 교과서 필수 개념 ③ 두 곡선 사이의 넓이 중요

두 함수 $f(x)$, $g(x)$가 닫힌구간 $[a, b]$에서 연속일 때, 두 곡선 $y=f(x)$, $y=g(x)$ 및 두 직선 $x=a$, $x=b$로 둘러싸인 도형의 넓이 S는

$$S=\int_a^b |f(x)-g(x)|\,dx \quad ❶$$

$\underbrace{}$ (위쪽 그래프의 식) $-$ (아래쪽 그래프의 식)

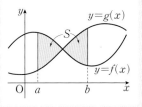

❶ 닫힌구간 $[a, b]$에서 두 함수 $f(x)$와 $g(x)$의 대소 관계가 바뀔 때는 $f(x)-g(x)$의 값이 양수인 구간과 음수인 구간으로 나누어 넓이를 구한다.

예 오른쪽 그림과 같이 곡선 $y=x^2-2$와 직선 $y=-x$로 둘러싸인 도형의 넓이 S는 ❷

$$S=\int_{-2}^1 \{(-x)-(x^2-2)\}\,dx=\int_{-2}^1 (-x^2-x+2)\,dx$$
$$=\left[-\frac{1}{3}x^3-\frac{1}{2}x^2+2x\right]_{-2}^1=\frac{9}{2}$$

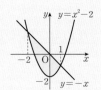

❷ $y=f(x)$, $y=g(x)$의 그래프의 교점의 x좌표는 방정식 $f(x)=g(x)$를 풀어서 구한다.

대표 예제 ⑤

두 곡선 사이의 넓이 (1)
– 두 곡선의 위치 관계가 바뀌지 않는 경우

Tip 두 곡선의 교점의 x좌표를 먼저 구한다.

두 곡선 $y=x^2-3$, $y=-x^2+5$로 둘러싸인 도형의 넓이를 구하시오.

유제 5-1 다음을 구하시오.

(1) 곡선 $y=x^2+4x$와 직선 $y=2x+3$으로 둘러싸인 도형의 넓이

(2) 두 곡선 $y=x^2-3x-1$, $y=-x^2+x-1$로 둘러싸인 도형의 넓이

유제 5-2 곡선 $y=3x^2$과 이 곡선 위의 점 $(1, 3)$에서의 접선 및 y축으로 둘러싸인 도형의 넓이를 구하시오.

대표 예제 ⑥

두 곡선 사이의 넓이 (2)
– 두 곡선의 위치 관계가 바뀌는 경우

곡선 $y=-x^2+2x$와 직선 $y=x$ 및 직선 $x=2$로 둘러싸인 도형의 넓이를 구하시오.

유제 6-1 다음을 구하시오.

(1) 곡선 $y=x^3-2x^2+1$과 직선 $y=x-1$로 둘러싸인 도형의 넓이

(2) 두 곡선 $y=x^3-2x^2+x$, $y=x^2-x$로 둘러싸인 도형의 넓이

교과서 필수 개념 ④ 직선 위를 움직이는 점의 위치와 움직인 거리

수직선 위를 움직이는 점 P의 시각 t에서의 속도가 $v(t)$이고, 시각 $t=a$에서의 위치를 x_0
이라 할 때

(1) 시각 t에서의 점 P의 위치 x는

$$x = x_0 + \int_a^t v(t)dt$$

(2) 시각 $t=a$에서 시각 $t=b$까지 점 P의 위치의 변화량은❶

$$\int_a^b v(t)dt \quad \text{← (시각 } t=b \text{에서의 위치)} - \text{(시각 } t=a \text{에서의 위치)}$$

(3) 시각 $t=a$에서 시각 $t=b$까지 점 P가 움직인 거리는❶

$$\int_a^b |v(t)|dt$$

❶ 속도를 정적분하면 위치의 변화량이 되고, 속도에 절댓값을 취해 정적분하면 움직인 거리가 된다. 따라서 위치의 변화량은 음수일 수 있지만 움직인 거리는 항상 양수이다.

참고 $v(t) > 0$이면 점 P는 양의 방향으로 움직이고, $v(t) < 0$이면 점 P는 음의 방향으로 움직인다.

대표 예제 ⑦

직선 위를 움직이는 점의 위치와 움직인 거리

좌표가 2인 점을 출발하여 수직선 위를 움직이는 점 P의 시각 t에서의 속도가 $v(t)=2t-4$일 때, 다음을 구하시오.

(1) 시각 $t=3$에서의 점 P의 위치

(2) 시각 $t=1$에서 $t=4$까지 점 P의 위치의 변화량

(3) 시각 $t=1$에서 $t=4$까지 점 P가 움직인 거리

유제 7-1 원점을 출발하여 수직선 위를 움직이는 점 P의 시각 t에서의 속도가 $v(t)=t^2-4t$일 때, 다음을 구하시오.

(1) 시각 $t=4$에서의 점 P의 위치

(2) 시각 $t=3$에서 $t=5$까지 점 P의 위치의 변화량

(3) 시각 $t=3$에서 $t=5$까지 점 P가 움직인 거리

유제 7-2 원점에서 출발하여 수직선 위를 움직이는 점 P의 시각 t에서의 속도가 $v(t)=6-3t$일 때, 점 P가 다시 원점으로 되돌아오는 시각과 그때까지 점 P가 움직인 거리를 구하시오.

Tip 점이 출발점으로 다시 돌아오면 위치의 변화량은 0임을 이용한다.

유제 7-3 지면에서 20 m/s의 속도로 똑바로 위로 쏘아 올린 물체의 t초 후의 속도는 $v(t)=20-10t\,(\text{m/s})$라 한다. 다음을 구하시오. (단, $0 \le t \le 4$)

(1) 물체를 쏘아 올린 순간으로부터 2초 후 물체의 지면으로부터의 높이

(2) 물체를 쏘아 올린 후 3초 동안 물체가 움직인 거리

핵심 개념 & 공식 리뷰

해답 ☞ 52쪽

리뷰 1 ○, ×로 푸는 개념 리뷰

01 다음 문장이 참이면 ○표, 거짓이면 ×표를 ( ) 안에 써넣으시오.

(1) 함수 $f(x)$가 닫힌구간 $[a, b]$에서 연속이고 이 구간에서 $f(x)<0$일 때, $\int_a^b f(x)dx$의 값은 음수이다. ( )

(2) 함수 $f(x)$가 닫힌구간 $[a, b]$에서 연속일 때, 곡선 $y=f(x)$와 x축 및 두 직선 $x=a$, $x=b$로 둘러싸인 도형의 넓이는 $\int_a^b f(x)dx$이다. ( )

(3) 연속함수 $f(x)$가 모든 실수 x에 대하여 $f(-x)=-f(x)$이면 $\int_{-a}^a f(x)dx=2\int_0^a f(x)dx$이다. ( )

(4) 두 함수 $f(x)$, $g(x)$가 닫힌구간 $[a, b]$에서 연속일 때, 두 곡선 $y=f(x)$, $y=g(x)$ 및 두 직선 $x=a$, $x=b$로 둘러싸인 도형의 넓이는 $\int_a^b |f(x)-g(x)|dx$이다. ( )

(5) 수직선 위를 움직이는 점 P의 시각 t에서의 속도가 $v(t)$일 때, 시각 $t=a$에서 $t=b$까지 점 P가 움직인 거리는 $\int_a^b v(t)dt$이다. ( )

(6) 수직선 위를 움직이는 점의 위치의 변화량은 움직인 거리와 같다. ( )

리뷰 2 곡선과 x축 사이의 넓이

02 다음 곡선과 x축으로 둘러싸인 도형의 넓이를 구하시오.

(1) $y=-x^2+3x+4$ (2) $y=x^3-4x$

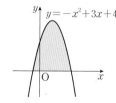 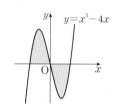

리뷰 3 두 곡선 사이의 넓이

03 다음 그림과 같이 곡선 또는 직선으로 둘러싸인 도형의 넓이를 구하시오.

(1) $y=-x$, $y=-x^2+x+8$

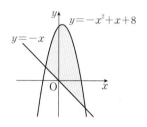

(2) $y=-x^2-4$, $y=x^2+2x-8$

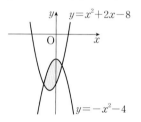

(3) $y=-1$, $y=x^3-3x^2-x+2$

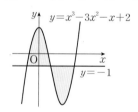

(4) $y=x^2$, $y=x^3-2x$

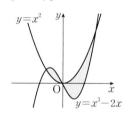

리뷰 4 직선 위를 움직이는 점의 위치와 움직인 거리

04 원점을 출발하여 수직선 위를 움직이는 점 P의 시각 t에서의 속도가 $v(t)=-2t^2+6t$일 때, 다음을 구하시오.

(1) 시각 $t=1$에서의 점 P의 위치

(2) 시각 $t=1$에서 $t=3$까지 점 P의 위치의 변화량

(3) 시각 $t=1$에서 $t=3$까지 점 P가 움직인 거리

01 ●●○   / 곡선과 x축 사이의 넓이 /

곡선 $y=3x^2+kx$와 x축으로 둘러싸인 도형의 넓이가 4일 때, 양수 k의 값은?

① 2   ② 4   ③ 6

④ 8   ⑤ 10

02 ●●○   / 그래프가 대칭인 함수의 정적분 /

정적분 $\displaystyle\int_{-1}^{1} (x^{2023}+4x^{2021}+x^3+3x^2)dx$의 값은?

① 1   ② 2   ③ 3

④ 4   ⑤ 5

03 ●●●   / $f(x+p)=f(x)$인 함수의 정적분 /

함수 $f(x)$가 모든 실수 x에 대하여 $f(x+2)=f(x)$를 만족시키고 $-1\leq x\leq1$에서 $f(x)=x^2$일 때, $\displaystyle\int_{1}^{25} f(x)dx$의 값을 구하시오.

^{내신 빈출}
04 ●●●   / 두 곡선 사이의 넓이 /

곡선 $y=-x^2+4x$와 x축으로 둘러싸인 도형의 넓이가 직선 $y=ax$에 의하여 이등분될 때, 상수 a에 대하여 $(4-a)^3$의 값을 구하시오. (단, $0<a<4$)

05 ●●●   / 두 곡선 사이의 넓이 /

미분가능한 두 함수 $f(x)$, $g(x)$에 대하여 오른쪽 그림과 같이 두 곡선 $y=f(x)$, $y=g(x)$로 둘러싸인 두 도형의 넓이 A, B가 각각 14, 20일 때, $\displaystyle\int_{a}^{c} \{f(x)-g(x)\}dx$의 값을 구하시오.

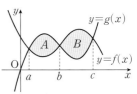

^{내신 빈출}
06 ●●○   / 두 곡선 사이의 넓이 /

함수 $f(x)=x^3+1$의 역함수를 $g(x)$라 할 때, 곡선 $y=g(x)$와 x축 및 직선 $x=2$로 둘러싸인 도형의 넓이는?

① $\dfrac{1}{2}$ ② $\dfrac{3}{4}$ ③ 1

④ $\dfrac{5}{4}$ ⑤ $\dfrac{3}{2}$

^{내신 빈출}
07 ●●○   / 직선 위를 움직이는 점의 위치 /

원점을 출발하여 수직선 위를 움직이는 점 P의 시각 t에서의 속도가 $v(t)=t^2-2t$라 한다. 속도가 0인 시각 t $(t>0)$에서의 점 P의 위치는?

① $-\dfrac{4}{3}$ ② $-\dfrac{2}{3}$ ③ 0

④ $\dfrac{2}{3}$ ⑤ $\dfrac{4}{3}$

08 ●●●● / 직선 위를 움직이는 점의 위치 /

원점을 동시에 출발하여 수직선 위를 움직이는 두 점 P, Q의 시각 t에서의 속도가 각각

$$v_P(t)=3t^2-8t+2, \quad v_Q(t)=6-8t$$

이다. 두 점 P, Q가 출발 후 다시 만나게 되는 시각을 구하시오.

09 ●●●● / 직선 위를 움직이는 점의 위치와 움직인 거리 /

수직선 위에서 원점을 출발하여 움직이는 점 P의 시각 t에서의 속도 $v(t)$의 그래프가 오른쪽 그림과 같을 때, 보기에서 옳은 것만을 있는 대로 고른 것은? (단, $0 \le t \le 8$)

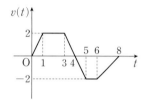

• 보기 •
ㄱ. 출발 후 처음으로 방향을 바꿀 때 점 P의 위치는 6이다.
ㄴ. 시각 $t=0$에서 $t=5$까지 점 P의 위치의 변화량은 7이다.
ㄷ. 시각 $t=0$에서 $t=8$까지 점 P가 움직인 거리는 11이다.

① ㄱ   ② ㄷ   ③ ㄱ, ㄷ
④ ㄴ, ㄷ   ⑤ ㄱ, ㄴ, ㄷ

10 ●●●○ / 직선 위를 움직이는 점의 움직인 거리 /

초속 20 m로 달리는 어떤 자동차가 정지할 때, 브레이크를 밟은 순간으로부터 t초 후의 자동차의 속도는 $v(t)=20-t-t^2(\text{m/s})$라 한다. 이 자동차가 브레이크를 밟은 순간부터 정지할 때까지 움직인 거리는?

① $\dfrac{144}{3}$ m   ② $\dfrac{146}{3}$ m   ③ 50 m

④ $\dfrac{152}{3}$ m   ⑤ $\dfrac{154}{3}$ m

교과서 속 사고력 UP

11 ●●●● / 곡선과 x축 사이의 넓이 /

오른쪽 그림과 같이 곡선 $y=-x^2-6x+p$와 x축 및 y축으로 둘러싸인 두 도형의 넓이를 각각 A, B라 할 때, $A:B=2:1$이다. 이때 상수 p의 값을 구하시오.

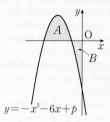

12 ●●●● / 곡선과 x축 사이의 넓이 /

곡선 $y=5x^2+1$과 x축 및 두 직선

$$x=1-h, \quad x=1+h \ (h>0)$$

로 둘러싸인 도형의 넓이를 $S(h)$라 할 때, $\displaystyle \lim_{h \to 0+} \dfrac{S(h)}{h}$의 값을 구하시오.

13 ●●●● / 그래프가 대칭인 함수의 정적분 /

연속함수 $f(x)$가 모든 실수 x에 대하여 다음 조건을 모두 만족시킨다.

(㉮) $f(-x)=-f(x)$
(㉯) $f(x+2)=f(x)$
(㉰) $\displaystyle\int_0^1 f(x)dx=\dfrac{1}{2}$

함수 $y=f(x)$의 그래프를 y축의 방향으로 2만큼 평행이동한 그래프가 함수 $y=g(x)$의 그래프와 일치할 때, $\displaystyle\int_{-1}^8 g(x)dx$의 값을 구하시오.

5지 선다형

01

함수 $y=f(x)$의 그래프가 오른쪽 그림과 같을 때, $\displaystyle\lim_{x \to -1-} f(x) + \lim_{x \to 1+} f(x)$의 값은?

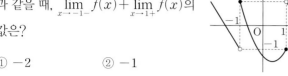

① -2 ② -1

③ 0 ④ 1

⑤ 2

02

두 함수 $f(x)=x^2+2x+5$, $g(x)=x^2-3x-28$에 대하여 함수 $\dfrac{f(x)}{g(x)}$가 불연속이 되는 모든 x의 값의 합은?

① -3 ② -1 ③ 1

④ 3 ⑤ 5

03

함수 $f(x)=(3x+1)(x^2-x-1)$에 대하여 $f'(1)$의 값은?

① -1 ② 1 ③ 2

④ 3 ⑤ 4

04

함수 $f(x)$에 대하여 $\displaystyle\lim_{x \to 2} \dfrac{f(x-2)}{x^2-4}=3$일 때, $\displaystyle\lim_{x \to 0} \dfrac{f(x)}{x}$의 값은?

① 3 ② 6 ③ 9

④ 12 ⑤ 15

05

다항함수 $f(x)$가
$$\lim_{x \to \infty} \frac{f(x)}{x^3}=0, \quad \lim_{x \to 0} \frac{f(x)+1}{x}=2$$
를 만족시킨다. 방정식 $f(x)=x+1$의 한 근이 1일 때, $f(3)$의 값은?

① 10 ② 12 ③ 14

④ 16 ⑤ 18

06

함수 $f(x)=\begin{cases} \dfrac{x^2-ax+3}{x+1} & (x \neq -1) \\ b & (x=-1) \end{cases}$ 가 실수 전체의 집합에서 연속일 때, 상수 a, b에 대하여 ab의 값은?

① -8 ② -4 ③ -2

④ 2 ⑤ 8

07

함수 $f(x)$가
$$f(x)=\begin{cases} -x+3 & (x \geq 2) \\ a & (x < 2) \end{cases}$$
일 때, **보기**에서 옳은 것만을 있는 대로 고른 것은?

(단, a는 상수이다.)

┌ 보기 ────────────────────────┐

ㄱ. $a=2$이면 $\displaystyle\lim_{x \to 2} f(x)=2$

ㄴ. $a=1$이면 함수 $f(x)$는 $x=2$에서 연속이다.

ㄷ. 함수 $y=(x-2)f(x)$는 실수 전체의 집합에서 연속이다.

└──────────────────────────────┘

① ㄱ   ② ㄴ   ③ ㄷ

④ ㄴ, ㄷ   ⑤ ㄱ, ㄴ, ㄷ

08

다항함수 $f(x)$에 대하여 $\lim\limits_{x \to 1} \dfrac{f(x)-3}{x-1}=4$일 때, $\lim\limits_{h \to 0} \dfrac{f(1+h)-f(1-h)}{h}$의 값은?

① 2   ② 4   ③ 6

④ 8   ⑤ 10

09

미분가능한 함수
$$f(x)=\begin{cases} -2x+4 & (x<1) \\ a(x-2)^3+b & (x \geq 1) \end{cases}$$
에 대하여 $f(4)$의 값은? (단, a, b는 상수이다.)

① $-\dfrac{14}{3}$ ② -4 ③ $-\dfrac{10}{3}$

④ $-\dfrac{8}{3}$ ⑤ -2

10

최고차항의 계수가 1인 이차함수 $f(x)$가 모든 실수 x에 대하여
$$4f(x)=(2x+1)f'(x)$$
를 만족시킬 때, $f(1)$의 값은?

① $\dfrac{1}{4}$ ② 1   ③ $\dfrac{5}{4}$

④ 2   ⑤ $\dfrac{9}{4}$

11

다항식 $x^{15}-5x$를 $(x-1)^2$으로 나누었을 때의 나머지를 $R(x)$라 할 때, $R\left(\dfrac{1}{2}\right)$의 값은?

① -9 ② -3 ③ -1

④ 3   ⑤ 9

12

다항함수 $f(x)$에 대하여 곡선 $y=f(x)$ 위의 점 $(-3, 2)$에서의 접선의 기울기가 4이다. $g(x)=x^2 f(x)$일 때, $g'(-3)$의 값은?

① 12   ② 15   ③ 18

④ 21   ⑤ 24

13

점 $(0, 3)$에서 곡선 $y=2x^3-1$에 그은 접선과 접점에서 수직인 직선이 x축과 만나는 점의 좌표를 $(a, 0)$이라 할 때, a의 값은?

① -16 ② -17 ③ -18

④ -19 ⑤ -20

14

함수 $f(x)=-x^2+8x+3$에 대하여 닫힌구간 $[-1, k]$에서 평균값 정리를 만족시키는 상수가 3일 때, k의 값은?

(단, $k>3$)

① 4   ② 5   ③ 6
④ 7   ⑤ 8

15

오른쪽 그림과 같이 중심이 $A(2, 0)$이고 반지름의 길이가 1인 원에 외접하고 y축에 접하는 원의 중심을 $P(x, y)$라 하자. 점 P에서 x축에 내린 수선의 발을 H라 할 때, $\lim\limits_{y \to \infty} \dfrac{\overline{PA}}{\overline{PH}^2}$의 값은?

(단, 점 P는 제1사분면 위의 점이고, $0<x<2$이다.)

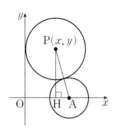

① $\dfrac{1}{6}$ ② $\dfrac{1}{5}$ ③ $\dfrac{1}{4}$
④ $\dfrac{1}{3}$ ⑤ $\dfrac{1}{2}$

16

오른쪽 그림과 같이 최고차항의 계수가 -1인 삼차함수 $y=f(x)$의 그래프 위의 점 $(3, 1)$에서의 접선의 기울기가 -2이다. 함수 $y=f(x)$의 그래프와 x축이 만나는 세 점의 x좌표를 각각 a, b, c라 할 때, $\dfrac{1}{a-3}+\dfrac{1}{b-3}+\dfrac{1}{c-3}$의 값은?

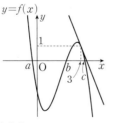

① -2 ② -1 ③ 1
④ 2   ⑤ 3

17

오른쪽 그림과 같이 중심이 $C(0, p)$이고 반지름의 길이가 1인 원 C가 곡선 $y=x^2-1$과 서로 다른 두 점에서 접할 때, p의 값은?

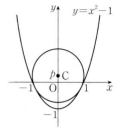

① $\dfrac{1}{2}$ ② $\dfrac{1}{3}$
③ $\dfrac{1}{4}$ ④ $\dfrac{1}{5}$
⑤ $\dfrac{1}{6}$

단답형

18

$\lim\limits_{x \to 1} \dfrac{x^2+6x-7}{x-1}$의 값을 구하시오.

19

$\lim\limits_{x \to 5} \dfrac{a\sqrt{x+4}-b}{x-5}=\dfrac{1}{2}$일 때, 상수 a, b에 대하여 $a+b$의 값을 구하시오.

20

함수 $f(x)=x^4-ax^2$에서 x의 값이 0에서 3까지 변할 때의 평균변화율이 6일 때, $f'(-1)$의 값을 구하시오.

(단, a는 상수이다.)

21

다음 등식이 성립하도록 하는 상수 a, b에 대하여 $a+b$의 값을 구하시오.

$$\lim_{x \to 2}\frac{a(x-2)}{x^2-4}=1, \ \lim_{x \to \infty}\frac{2ax^2}{x^2+1}=b$$

22

두 함수

$$f(x)=\begin{cases} x^2+3x & (x \leq a) \\ x+8 & (x>a) \end{cases}, \ g(x)=2x-a+5$$

에 대하여 함수 $f(x)g(x)$가 실수 전체의 집합에서 연속이 되도록 하는 모든 실수 a의 값의 곱을 구하시오.

23

두 함수 $f(x)=x^4+2x^2+5x-7$, $g(x)=x^2+8x+k$에 대하여 열린구간 $(-2, 1)$에서 방정식 $f(x)=g(x)$가 적어도 하나의 실근을 갖도록 하는 정수 k의 개수를 구하시오.

24

함수 $y=f(x)$의 그래프가 y축에 대하여 대칭이고 $f'(3)=4$, $f'(9)=16$일 때, $\lim_{x \to -3}\dfrac{f(x^2)-f(9)}{f(x)-f(-3)}$의 값을 구하시오.

25

두 다항함수 $f(x)$, $g(x)$가 다음 조건을 만족시킨다.

(가) $g(x)=2x^2f(x)+3$

(나) $\lim_{x \to -1}\dfrac{f(x)-g(x)}{x+1}=-2$

곡선 $y=g(x)$ 위의 점 $(-1, g(-1))$에서의 접선의 방정식이 $y=ax+b$일 때, 상수 a, b에 대하여 ab의 값을 구하시오.

5지 선다형

01

닫힌구간 $[-1, 2]$에서 함수 $f(x)=2x^3-3x^2+4$의 최댓값과 최솟값의 합은?

① -1 ② 1 ③ 3

④ 5 ⑤ 7

02

함수 $f(x)=\int (x^4-2x^2)dx$에 대하여 $f(0)=1$일 때, $f(1)$의 값은?

① $\dfrac{7}{15}$ ② $\dfrac{8}{15}$ ③ $\dfrac{3}{5}$

④ $\dfrac{2}{3}$ ⑤ $\dfrac{11}{15}$

03

$\displaystyle\int_{-2}^{2}(x^4+4x^2+x)dx+\int_{2}^{-2}(x^4+x^2)dx$의 값은?

① 4 ② 8 ③ 12

④ 16 ⑤ 20

04

함수 $f(x)=x^3+3x^2+kx$가 실수 전체의 집합에서 증가하기 위한 실수 k의 최솟값은?

① 2 ② $\dfrac{7}{3}$ ③ $\dfrac{8}{3}$

④ 3 ⑤ $\dfrac{10}{3}$

05

함수 $f(x)=x^3+3ax^2+b$가 $x=2$에서 극솟값 -2를 가질 때, 이 함수의 극댓값은? (단, a, b는 상수이다.)

① -1 ② 0 ③ 1

④ 2 ⑤ 3

06

$x\geq -1$일 때, 부등식 $x^3-6x^2+a\geq 0$이 성립하도록 하는 실수 a의 최솟값은?

① 16 ② 20 ③ 24

④ 28 ⑤ 32

07

수직선 위를 움직이는 점 P의 시각 t에서의 위치 x가
$x=t^3-\dfrac{15}{2}t^2+12t$일 때, 점 P가 음의 방향으로 움직이는 시각 t의 값의 범위는 $a<t<b$이다. $b-a$의 값은?

① 2 ② 3 ③ 4

④ 5 ⑤ 6

08

함수 $f(x) = \begin{cases} x^2+1 & (x \geq 0) \\ x^3-1 & (x < 0) \end{cases}$ 에 대하여 $\int_{-1}^{1} xf(x)dx$의 값은?

① $\dfrac{5}{4}$　　　② $\dfrac{13}{10}$　　　③ $\dfrac{27}{20}$

④ $\dfrac{7}{5}$　　　⑤ $\dfrac{29}{20}$

09

등식 $\int_{-a}^{a} (x^5 + 4x^3 - 3x^2)dx = -54$를 만족시키는 실수 a의 값은?

① 1　　　② 2　　　③ 3

④ 4　　　⑤ 5

10

모든 실수 x에 대하여 함수 $f(x)$가 $\int_{-1}^{x} f(t)dt = x^3 + ax^2 + b$를 만족시키고 $f(1) = 5$일 때, 상수 a, b에 대하여 ab의 값은?

① -1　　　② 0　　　③ 1

④ 2　　　⑤ 3

11

$-2 \leq x \leq 2$에서 함수 $f(x) = \int_{0}^{x} (t-1)(t+4)dt$의 최댓값과 최솟값의 합은?

① $\dfrac{20}{3}$　　　② 7　　　③ $\dfrac{15}{2}$

④ $\dfrac{25}{3}$　　　⑤ $\dfrac{55}{6}$

12

곡선 $y = x^3 - 3x^2 + x + 3$과 점 $(1, 4)$에서 이 곡선에 그은 접선으로 둘러싸인 도형의 넓이는?

① $\dfrac{25}{4}$　　　② $\dfrac{51}{8}$　　　③ $\dfrac{13}{2}$

④ $\dfrac{53}{8}$　　　⑤ $\dfrac{27}{4}$

13

원점을 출발하여 수직선 위를 움직이는 점 P의 시각 t에서의 속도가 $v(t) = 3t^2 - 12t$일 때, 점 P가 출발 후 다시 원점을 통과하는 시각은?

① 2　　　② 4　　　③ 6

④ 8　　　⑤ 10

14

함수 $f(x)$가 모든 실수 x에 대하여 $f(x+6)=f(x)$를 만족시키고,

$$f(x)=\begin{cases} x & (0\le x<2) \\ 2 & (2\le x<4) \\ -x+6 & (4\le x<6) \end{cases}$$

이다. $\displaystyle\int_{-12}^{12} f(x)dx$의 값은?

① 16   ② 20   ③ 24
④ 28   ⑤ 32

15

$-1\le x\le 2$에서 방정식 $x^3-3x=a$가 서로 다른 두 실근을 갖도록 하는 모든 정수 a의 값의 합은?

① -2 ② -1 ③ 0
④ 1   ⑤ 2

16

$\displaystyle\lim_{h\to 0}\frac{1}{h}\int_0^h (x^2-1)^4\,dx+\lim_{x\to 2}\frac{1}{x^2-4}\int_2^x (t^3-6)^3\,dt$의 값은?

① 1   ② 2   ③ 3
④ 4   ⑤ 5

17

최고차항의 계수가 -1인 삼차함수 $f(x)$에 대하여 함수 $g(x)$를 $g(x)=f(x)+\displaystyle\int_0^x f(x)dx$라 할 때, 함수 $g(x)$는 다음 조건을 만족시킨다.

> ㈎ 모든 실수 x에 대하여 $g'(-x)=-g'(x)$이다.
> ㈏ 함수 $g(x)$는 $x=0$에서 극솟값 0을 갖는다.

$f(1)$의 값은?

① 1   ② 2   ③ 3
④ 4   ⑤ 5

단답형

18

원점을 출발하여 수직선 위를 움직이는 점 P의 시각 t에서의 위치가 $x=2t^3-3t^2+at$이다. 점 P의 시각 $t=2$에서의 속도가 4일 때, 상수 a의 값을 구하시오.

19

함수 $f(x)=\dfrac{d}{dx}\displaystyle\int (3x^3+x+2)dx$일 때, $f(1)$의 값을 구하시오.

20

함수 $f(x)=3x^2+4x-2$에 대하여

$$\int_{-2}^{5} f(x)dx - \int_{0}^{5} f(x)dx + \int_{0}^{2} f(x)dx$$

의 값을 구하시오.

21

함수 $f(x)=x^3+ax^2+4x$가 극값을 갖지 않도록 하는 정수 a의 개수를 구하시오.

22

두 곡선 $y=2x^3$과 $y=x^3+3x^2+k$가 서로 다른 세 점에서 만나도록 하는 실수 k의 값의 범위가 $a<k<b$일 때, $b-a$의 값을 구하시오.

23

곡선 $y=x^2(x-3)(x-a)$와 x축으로 둘러싸인 두 도형의 넓이가 서로 같을 때, 상수 a의 값을 구하시오. (단, $a>3$)

24

원점을 출발하여 수직선 위를 움직이는 점 P의 시각 t에서의 속도가

$$v(t)=t^2-4t+3$$

이다. 다음을 만족시키는 a, b, c에 대하여 $a+bc$의 값을 구하시오.

> (가) 점 P는 $t=1$, $t=a$일 때 운동 방향을 바꾼다.
> (나) $t=0$에서 $t=2$까지 점 P의 위치의 변화량은 b이다.
> (다) $t=c$ $(c>0)$일 때 점 P는 원점에 있다.

25

오른쪽 그림과 같이 밑면의 반지름의 길이가 15 cm, 높이가 20 cm인 원뿔 모양의 그릇이 있다. 비어 있는 이 그릇에 매초 2 cm의 속도로 수면의 높이가 상승하도록 물을 부을 때, 수면의 높이가 8 cm가 되는 순간의 물의 부피의 변화율은 $a\pi$ cm^3/s이다. 이때 상수 a의 값을 구하시오.

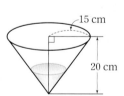

무결점 **1등급**을 결정 짓는 **1%** 비밀

HIGH-END
하이엔드

— 상위 1%를 위한 고난도 유형 완성전략! —

수능·내신
1등급

수능 고난도 상위5문항 정복

【 수능 하이엔드 시리즈 】

내신 1등급 고난도 유형 공략

【 내신 하이엔드 시리즈 】

수학 I, II / 확률과 통계 / 미적분 / 기하

- 최근 10개년 오답률 상위 5문항 분석
- 대표 기출-기출변형-예상문제로 고난도 유형 완전 정복

고등수학 상, 하 / 수학 I, II / 확률과 통계 / 미적분 / 기하

- 1등급을 완성 하는 고난도 빈출 문제-기출변형-최고난도 문제 순서의 3 STEP 문제 연습

단 기 핵 심 공 략 서
START CORE

스코어
START 스타트

정답과 해설

수학Ⅱ

단 기 핵 심 공 략 서
START CORE

스코어 START 스타트

수학 II

I. 함수의 극한과 연속

01강 함수의 극한

✅ 교과서 필수 개념 ❶ 함수의 수렴과 발산
본문 ☞ 6쪽

대표예제 ①

(1) $f(x)=-x^2+2$로 놓으면 함수 $y=f(x)$의 그래프는 오른쪽 그림과 같다. 따라서 x의 값이 0이 아니면서 0에 한없이 가까워질 때 $f(x)$의 값은 2에 한없이 가까워지므로
$$\lim_{x \to 0}(-x^2+2)=2$$

(2) $f(x)=\dfrac{x^2+8x+15}{x+3}$로 놓으면

$x \neq -3$일 때,
$$f(x)=\frac{(x+3)(x+5)}{x+3}=x+5$$
이므로 함수 $y=f(x)$의 그래프는 오른쪽 그림과 같다.
따라서 x의 값이 -3이 아니면서 -3에 한없이 가까워질 때 $f(x)$의 값은 2에 한없이 가까워지므로
$$\lim_{x \to -3}\frac{x^2+8x+15}{x+3}=2$$

(3) $f(x)=-\sqrt{4-x}$로 놓으면 함수 $y=f(x)$의 그래프는 오른쪽 그림과 같다.
따라서 x의 값이 음수이면서 그 절댓값이 한없이 커질 때 $f(x)$의 값은 음수이면서 그 절댓값이 한없이 커지므로
$$\lim_{x \to -\infty}(-\sqrt{4-x})=-\infty$$

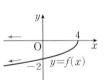

답 (1) 2　(2) 2　(3) $-\infty$

유제 1-1

(1) $f(x)=\sqrt{x+5}$로 놓으면 함수 $y=f(x)$의 그래프는 오른쪽 그림과 같다.
따라서 x의 값이 4에 한없이 가까워질 때 $f(x)$의 값은 3에 한없이 가까워지므로
$$\lim_{x \to 4}\sqrt{x+5}=3$$

(2) $f(x)=-\dfrac{1}{|x|}$로 놓으면 함수 $y=f(x)$의 그래프는 오른쪽 그림과 같다.
따라서 x의 값이 0이 아니면서 0에 한없이 가까워질 때 $f(x)$의 값은 음수이면서 그 절댓값이 한없이 커지므로
$$\lim_{x \to 0}\left(-\frac{1}{|x|}\right)=-\infty$$

(3) $f(x)=2x-6$으로 놓으면 함수 $y=f(x)$의 그래프는 오른쪽 그림과 같다.
따라서 x의 값이 한없이 커질 때 $f(x)$의 값은 한없이 커지므로
$$\lim_{x \to \infty}(2x-6)=\infty$$

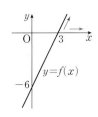

답 (1) 3　(2) $-\infty$　(3) ∞

✅ 교과서 필수 개념 ❷ 우극한과 좌극한
본문 ☞ 7쪽

대표예제 ②

(1) $x \to 0+$일 때, $f(x) \to 1$이므로 $\lim_{x \to 0+}f(x)=1$

(2) $x \to 0-$일 때, $f(x) \to 0$이므로 $\lim_{x \to 0-}f(x)=0$

(3) $x \to -1+$일 때, $f(x) \to 2$이므로 $\lim_{x \to -1+}f(x)=2$

(4) $x \to 1-$일 때, $f(x) \to 2$이므로 $\lim_{x \to 1-}f(x)=2$

(5) $\lim_{x \to 1+}f(x)=1$, $\lim_{x \to 1-}f(x)=2$이므로
$$\lim_{x \to 1+}f(x) \neq \lim_{x \to 1-}f(x)$$
따라서 $\lim_{x \to 1}f(x)$는 존재하지 않는다.

(6) $\lim_{x \to 2+}f(x)=-1$, $\lim_{x \to 2-}f(x)=-1$이므로
$$\lim_{x \to 2}f(x)=-1$$

답 (1) 1　(2) 0　(3) 2　(4) 2　(5) 존재하지 않는다.　(6) -1

유제 2-1

(1) $x \to -1-$일 때, $f(x) \to 1$이므로 $\lim_{x \to -1-}f(x)=1$

(2) $x \to 0+$일 때, $f(x) \to 2$이므로 $\lim_{x \to 0+}f(x)=2$

(3) $x \to 1-$일 때, $f(x) \to 0$이므로 $\lim_{x \to 1-}f(x)=0$

(4) $\lim_{x \to -2+}f(x)=1$, $\lim_{x \to -2-}f(x)=-1$이므로
$$\lim_{x \to -2+}f(x) \neq \lim_{x \to -2-}f(x)$$
따라서 $\lim_{x \to -2}f(x)$는 존재하지 않는다.

(5) $\lim_{x \to 2+}f(x)=-1$, $\lim_{x \to 2-}f(x)=-1$이므로
$$\lim_{x \to 2}f(x)=-1$$

(6) $\lim_{x \to 3+}f(x)=-2$, $\lim_{x \to 3-}f(x)=-2$이므로
$$\lim_{x \to 3}f(x)=-2$$

답 (1) 1　(2) 2　(3) 0　(4) 존재하지 않는다.　(5) -1　(6) -2

대표예제 ③

(1) $f(x)=\dfrac{|x|}{x}$로 놓으면
$$f(x)=\begin{cases} -1 & (x<0) \\ 1 & (x>0) \end{cases}$$
이므로 함수 $y=f(x)$의 그래프는 오른쪽 그림과 같다.
이때 $\lim_{x \to 0+}f(x)=1$, $\lim_{x \to 0-}f(x)=-1$이므로
$$\lim_{x \to 0+}f(x) \neq \lim_{x \to 0-}f(x)$$
따라서 $\lim_{x \to 0}\dfrac{|x|}{x}$는 존재하지 않는다.

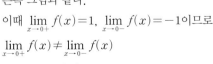

(2) $f(x)=\dfrac{x^2-6x+9}{|x-3|}$ 로 놓으면

$x\neq 3$일 때,

$f(x)=\dfrac{(x-3)^2}{|x-3|}=|x-3|$

이므로 함수 $y=f(x)$의 그래프는

오른쪽 그림과 같다.

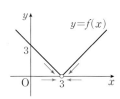

이때 $\displaystyle\lim_{x\to 3+}f(x)=0$, $\displaystyle\lim_{x\to 3-}f(x)=0$이므로

$\displaystyle\lim_{x\to 3}\dfrac{x^2-6x+9}{|x-3|}=0$

답 (1) 존재하지 않는다. (2) 0

(1) $f(x)=\dfrac{x-5}{|x-5|}$ 로 놓으면

$f(x)=\begin{cases}-1 & (x<5)\\ 1 & (x>5)\end{cases}$

이므로 함수 $f(x)$의 그래프는 오른쪽 그림과 같다.

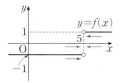

이때 $\displaystyle\lim_{x\to 5+}f(x)=1$, $\displaystyle\lim_{x\to 5-}f(x)=-1$이므로

$\displaystyle\lim_{x\to 5+}f(x)\neq\lim_{x\to 5-}f(x)$

따라서 $\displaystyle\lim_{x\to 5}\dfrac{x-5}{|x-5|}$ 는 존재하지 않는다.

(2) $f(x)=\dfrac{x^2-4}{|x-2|}$ 로 놓으면

$f(x)=\dfrac{(x+2)(x-2)}{|x-2|}$

$=\begin{cases}x+2 & (x>2)\\ -x-2 & (x<2)\end{cases}$

이므로 함수 $y=f(x)$의 그래프는

오른쪽 그림과 같다.

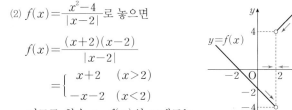

이때 $\displaystyle\lim_{x\to 2+}f(x)=4$, $\displaystyle\lim_{x\to 2-}f(x)=-4$이므로

$\displaystyle\lim_{x\to 2+}f(x)\neq\lim_{x\to 2-}f(x)$

따라서 $\displaystyle\lim_{x\to 2}\dfrac{x^2-4}{|x-2|}$ 는 존재하지 않는다.

답 (1) 존재하지 않는다. (2) 존재하지 않는다.

교과서 필수 개념 ③ 함수의 극한에 대한 성질

본문 ☞ 8쪽

대표예제 ④

$\displaystyle\lim_{x\to 0}\dfrac{x^2+5f(x)}{x^2-2f(x)}=\lim_{x\to 0}\dfrac{x+5\times\dfrac{f(x)}{x}}{x-2\times\dfrac{f(x)}{x}}$

$=\dfrac{\displaystyle\lim_{x\to 0}x+5\lim_{x\to 0}\dfrac{f(x)}{x}}{\displaystyle\lim_{x\to 0}x-2\lim_{x\to 0}\dfrac{f(x)}{x}}$

$=\dfrac{0+5\times 2}{0-2\times 2}=-\dfrac{5}{2}$ 답 $-\dfrac{5}{2}$

유제 4-1

$2f(x)-g(x)=h(x)$로 놓으면 $g(x)=2f(x)-h(x)$이고

$\displaystyle\lim_{x\to 2}h(x)=5$이므로

$\displaystyle\lim_{x\to 2}\dfrac{f(x)-g(x)}{2f(x)+g(x)}=\lim_{x\to 2}\dfrac{f(x)-\{2f(x)-h(x)\}}{2f(x)+\{2f(x)-h(x)\}}$

$=\lim_{x\to 2}\dfrac{-f(x)+h(x)}{4f(x)-h(x)}$

$=\dfrac{\displaystyle-\lim_{x\to 2}f(x)+\lim_{x\to 2}h(x)}{\displaystyle 4\lim_{x\to 2}f(x)-\lim_{x\to 2}h(x)}$

$=\dfrac{-(-1)+5}{4\times(-1)-5}=-\dfrac{2}{3}$ 답 $-\dfrac{2}{3}$

다른 풀이 $\displaystyle\lim_{x\to 2}g(x)=\lim_{x\to 2}\{2f(x)-h(x)\}$

$=2\lim_{x\to 2}f(x)-\lim_{x\to 2}h(x)$

$=2\times(-1)-5=-7$

$\therefore \displaystyle\lim_{x\to 2}\dfrac{f(x)-g(x)}{2f(x)+g(x)}=\dfrac{\displaystyle\lim_{x\to 2}f(x)-\lim_{x\to 2}g(x)}{\displaystyle 2\lim_{x\to 2}f(x)+\lim_{x\to 2}g(x)}$

$=\dfrac{-1-(-7)}{2\times(-1)-7}=-\dfrac{2}{3}$

교과서 필수 개념 ④ 함수의 극한값의 계산

본문 ☞ 8~9쪽

대표예제 ⑤

(1) $\displaystyle\lim_{x\to 1}\dfrac{x^2+4x-5}{x^2-1}=\lim_{x\to 1}\dfrac{(x+5)(x-1)}{(x+1)(x-1)}=\lim_{x\to 1}\dfrac{x+5}{x+1}=3$

(2) $\displaystyle\lim_{x\to -3}\dfrac{\sqrt{x+4}-1}{x+3}=\lim_{x\to -3}\dfrac{(\sqrt{x+4}-1)(\sqrt{x+4}+1)}{(x+3)(\sqrt{x+4}+1)}$

$=\lim_{x\to -3}\dfrac{x+3}{(x+3)(\sqrt{x+4}+1)}$

$=\lim_{x\to -3}\dfrac{1}{\sqrt{x+4}+1}=\dfrac{1}{2}$

답 (1) 3 (2) $\dfrac{1}{2}$

유제 5-1

(1) $\displaystyle\lim_{x\to -2}\dfrac{2x^2+3x-2}{x^2+2x}=\lim_{x\to -2}\dfrac{(x+2)(2x-1)}{x(x+2)}$

$=\lim_{x\to -2}\dfrac{2x-1}{x}=\dfrac{5}{2}$

(2) $\displaystyle\lim_{x\to 1}\dfrac{x^2-x}{\sqrt{x^2+3x}-2}=\lim_{x\to 1}\dfrac{(x^2-x)(\sqrt{x^2+3x}+2)}{(\sqrt{x^2+3x}-2)(\sqrt{x^2+3x}+2)}$

$=\lim_{x\to 1}\dfrac{(x^2-x)(\sqrt{x^2+3x}+2)}{x^2+3x-4}$

$=\lim_{x\to 1}\dfrac{x(x-1)(\sqrt{x^2+3x}+2)}{(x+4)(x-1)}$

$=\lim_{x\to 1}\dfrac{x(\sqrt{x^2+3x}+2)}{x+4}=\dfrac{4}{5}$

답 (1) $\dfrac{5}{2}$ (2) $\dfrac{4}{5}$

대표예제 ⑥

(1) $\displaystyle\lim_{x\to\infty}\dfrac{3x^2+x+4}{5x^2-2x+1}=\lim_{x\to\infty}\dfrac{3+\dfrac{1}{x}+\dfrac{4}{x^2}}{5-\dfrac{2}{x}+\dfrac{1}{x^2}}=\dfrac{3}{5}$

(2) $\displaystyle\lim_{x\to\infty}\dfrac{7x-3}{\sqrt{x^2+x+1}}=\lim_{x\to\infty}\dfrac{7-\dfrac{3}{x}}{\sqrt{1+\dfrac{1}{x}+\dfrac{1}{x}}}=7$

답 (1) $\dfrac{3}{5}$ (2) 7

다른 풀이 (1) (분자의 차수)=(분모의 차수)이므로

$$\lim_{x\to\infty}\frac{3x^2+x+4}{5x^2-2x+1}=\frac{3}{5}$$

유제 6-1 (1) $\lim_{x\to\infty}\dfrac{x^2-5x}{x+4}=\lim_{x\to\infty}\dfrac{x-5}{1+\dfrac{4}{x}}=\infty$

(2) $\lim_{x\to\infty}\dfrac{-4x+3}{\sqrt{x^2-1}+2x}=\lim_{x\to\infty}\dfrac{-4+\dfrac{3}{x}}{\sqrt{1-\dfrac{1}{x^2}}+2}=-\dfrac{4}{3}$

답 (1) ∞　(2) $-\dfrac{4}{3}$

유제 6-2 $-x=t$로 놓으면 $x\to-\infty$일 때 $t\to\infty$이므로

(1) $\lim_{x\to-\infty}\dfrac{9x+4}{\sqrt{x^2-5x}}=\lim_{t\to\infty}\dfrac{-9t+4}{\sqrt{t^2+5t}}=\lim_{t\to\infty}\dfrac{-9+\dfrac{4}{t}}{\sqrt{1+\dfrac{5}{t}}}=-9$

(2) $\lim_{x\to-\infty}\dfrac{\sqrt{4x^2-3x}+x}{\sqrt{x^2+x}+\sqrt{3-x}}=\lim_{t\to\infty}\dfrac{\sqrt{4t^2+3t}-t}{\sqrt{t^2-t}+\sqrt{3+t}}$

$$=\lim_{t\to\infty}\dfrac{\sqrt{4+\dfrac{3}{t}}-1}{\sqrt{1-\dfrac{1}{t}}+\sqrt{\dfrac{3}{t^2}+\dfrac{1}{t}}}$$

$$=1$$

답 (1) -9　(2) 1

대표예제 7 (1) $\lim_{x\to\infty}(x^2-3x+5)=\lim_{x\to\infty}x^2\left(1-\dfrac{3}{x}+\dfrac{5}{x^2}\right)=\infty$

(2) $\lim_{x\to\infty}(\sqrt{x^2+4x-3}-x)$

$$=\lim_{x\to\infty}\dfrac{(\sqrt{x^2+4x-3}-x)(\sqrt{x^2+4x-3}+x)}{\sqrt{x^2+4x-3}+x}$$

$$=\lim_{x\to\infty}\dfrac{4x-3}{\sqrt{x^2+4x-3}+x}=\lim_{x\to\infty}\dfrac{4-\dfrac{3}{x}}{\sqrt{1+\dfrac{4}{x}-\dfrac{3}{x^2}}+1}=2$$

답 (1) ∞　(2) 2

유제 7-1 (1) $\lim_{x\to\infty}(-2x^3+x-1)=\lim_{x\to\infty}x^3\left(-2+\dfrac{1}{x^2}-\dfrac{1}{x^3}\right)=-\infty$

(2) $-x=t$로 놓으면 $x\to-\infty$일 때 $t\to\infty$이므로

$$\lim_{x\to-\infty}(\sqrt{x^2-6x}+x)=\lim_{t\to\infty}(\sqrt{t^2+6t}-t)$$

$$=\lim_{t\to\infty}\dfrac{(\sqrt{t^2+6t}-t)(\sqrt{t^2+6t}+t)}{\sqrt{t^2+6t}+t}$$

$$=\lim_{t\to\infty}\dfrac{6t}{\sqrt{t^2+6t}+t}$$

$$=\lim_{t\to\infty}\dfrac{6}{\sqrt{1+\dfrac{6}{t}}+1}=3$$

답 (1) $-\infty$　(2) 3

대표예제 8 (1) $\lim_{x\to0}\dfrac{1}{x}\left(\dfrac{1}{x+3}-\dfrac{1}{5x+3}\right)=\lim_{x\to0}\left\{\dfrac{1}{x}\times\dfrac{5x+3-(x+3)}{(x+3)(5x+3)}\right\}$

$$=\lim_{x\to0}\left(\dfrac{1}{x}\times\dfrac{4x}{5x^2+18x+9}\right)$$

$$=\lim_{x\to0}\dfrac{4}{5x^2+18x+9}=\dfrac{4}{9}$$

(2) $\lim_{x\to\infty}x\left(1-\dfrac{\sqrt{x+2}}{\sqrt{x+4}}\right)$

$$=\lim_{x\to\infty}\left(x\times\dfrac{\sqrt{x+4}-\sqrt{x+2}}{\sqrt{x+4}}\right)$$

$$=\lim_{x\to\infty}\dfrac{x(\sqrt{x+4}-\sqrt{x+2})(\sqrt{x+4}+\sqrt{x+2})}{\sqrt{x+4}(\sqrt{x+4}+\sqrt{x+2})}$$

$$=\lim_{x\to\infty}\dfrac{2x}{x+4+\sqrt{x^2+6x+8}}$$

$$=\lim_{x\to\infty}\dfrac{2}{1+\dfrac{4}{x}+\sqrt{1+\dfrac{6}{x}+\dfrac{8}{x^2}}}=1$$

답 (1) $\dfrac{4}{9}$　(2) 1

유제 8-1 (1) $\lim_{x\to0}\dfrac{1}{x}\left\{\dfrac{1}{(x-1)^2}-1\right\}=\lim_{x\to0}\dfrac{-x^2+2x}{x(x-1)^2}=\lim_{x\to0}\dfrac{-x(x-2)}{x(x-1)^2}$

$$=\lim_{x\to0}\dfrac{-(x-2)}{(x-1)^2}=2$$

(2) $\lim_{x\to\infty}\sqrt{x}(\sqrt{x+4}-\sqrt{x})$

$$=\lim_{x\to\infty}\dfrac{\sqrt{x}(\sqrt{x+4}-\sqrt{x})(\sqrt{x+4}+\sqrt{x})}{\sqrt{x+4}+\sqrt{x}}$$

$$=\lim_{x\to\infty}\dfrac{4\sqrt{x}}{\sqrt{x+4}+\sqrt{x}}=\lim_{x\to\infty}\dfrac{4}{\sqrt{1+\dfrac{4}{x}}+1}=2$$

답 (1) 2　(2) 2

✅ 교과서 필수 개념 5 극한값을 이용한 미정계수의 결정 본문 ☞ 10쪽

대표예제 9 (1) $x\to-1$일 때 (분모)$\to0$이고 극한값이 존재하므로 (분자)$\to0$이다.

즉, $\lim_{x\to-1}(x^2+ax+b)=0$이므로

$1-a+b=0$　∴ $b=a-1$　……㉠

㉠을 주어진 식의 좌변에 대입하면

$$\lim_{x\to-1}\dfrac{x^2+ax+a-1}{x+1}=\lim_{x\to-1}\dfrac{(x+1)(x+a-1)}{x+1}$$

$$=\lim_{x\to-1}(x+a-1)=a-2$$

따라서 $a-2=3$이므로 $a=5$

$a=5$를 ㉠에 대입하면 $b=4$

(2) $x\to2$일 때 (분자)$\to0$이고 0이 아닌 극한값이 존재하므로 (분모)$\to0$이다.

즉, $\lim_{x\to2}(\sqrt{x+a}-b)=0$이므로

$\sqrt{2+a}-b=0$　∴ $b=\sqrt{2+a}$　……㉠

㉠을 주어진 식의 좌변에 대입하면

$$\lim_{x\to2}\dfrac{x-2}{\sqrt{x+a}-\sqrt{2+a}}$$

$$=\lim_{x\to2}\dfrac{(x-2)(\sqrt{x+a}+\sqrt{2+a})}{(\sqrt{x+a}-\sqrt{2+a})(\sqrt{x+a}+\sqrt{2+a})}$$

$$=\lim_{x\to2}\dfrac{(x-2)(\sqrt{x+a}+\sqrt{2+a})}{x-2}$$

$$=\lim_{x\to2}(\sqrt{x+a}+\sqrt{2+a})=2\sqrt{2+a}$$

따라서 $2\sqrt{2+a}=4$이므로 $a+2=4$　∴ $a=2$

$a=2$를 ㉠에 대입하면 $b=2$

답 (1) $a=5$, $b=4$　(2) $a=2$, $b=2$

(1) $x \to 3$일 때 (분자) $\to 0$이고 0이 아닌 극한값이 존재하므로 (분모) $\to 0$이다.

즉, $\lim_{x \to 3}(x^2+ax+b)=0$이므로

$9+3a+b=0$ $\therefore b=-3a-9$ ······ ㉠

㉠을 주어진 식의 좌변에 대입하면

$$\lim_{x \to 3}\frac{x-3}{x^2+ax-3a-9}=\lim_{x \to 3}\frac{x-3}{(x-3)(x+a+3)}$$
$$=\lim_{x \to 3}\frac{1}{x+a+3}=\frac{1}{a+6}$$

따라서 $\frac{1}{a+6}=\frac{1}{2}$이므로 $a=-4$

$a=-4$를 ㉠에 대입하면 $b=3$

(2) $x \to 1$일 때 (분모) $\to 0$이고 극한값이 존재하므로 (분자) $\to 0$이다.

즉, $\lim_{x \to 1}(a\sqrt{x+3}+b)=0$이므로

$2a+b=0$ $\therefore b=-2a$ ······ ㉠

㉠을 주어진 식의 좌변에 대입하면

$$\lim_{x \to 1}\frac{a\sqrt{x+3}-2a}{x-1}=\lim_{x \to 1}\frac{a(\sqrt{x+3}-2)(\sqrt{x+3}+2)}{(x-1)(\sqrt{x+3}+2)}$$
$$=\lim_{x \to 1}\frac{a(x-1)}{(x-1)(\sqrt{x+3}+2)}$$
$$=\lim_{x \to 1}\frac{a}{\sqrt{x+3}+2}$$
$$=\frac{a}{4}$$

따라서 $\frac{a}{4}=1$이므로 $a=4$

$a=4$를 ㉠에 대입하면 $b=-8$

답 (1) $a=-4$, $b=3$ (2) $a=4$, $b=-8$

교과서 필수 개념 **6** **함수의 극한의 대소 관계** 본문 ☞ 10쪽

 $\lim_{x \to \infty}\frac{4x^2-x-2}{2x^2+3}=2$, $\lim_{x \to \infty}\frac{4x^2-x+1}{2x^2+3}=2$

따라서 함수의 극한의 대소 관계에 의하여

$\lim_{x \to \infty}f(x)=2$ **답** 2

유제 **10-1** $\lim_{x \to 2}(x^2+3x-4)=6$, $\lim_{x \to 2}(3x^2-5x+4)=6$

따라서 함수의 극한의 대소 관계에 의하여

$\lim_{x \to 2}f(x)=6$ **답** 6

유제 **10-2** $x^2+1>0$이므로 $2x^2-x<f(x)<2x^2+3x+4$의 각 변을 x^2+1로 나누면

$$\frac{2x^2-x}{x^2+1}<\frac{f(x)}{x^2+1}<\frac{2x^2+3x+4}{x^2+1}$$

이때 $\lim_{x \to \infty}\frac{2x^2-x}{x^2+1}=2$, $\lim_{x \to \infty}\frac{2x^2+3x+4}{x^2+1}=2$이므로 함수의 극한의 대소 관계에 의하여

$\lim_{x \to \infty}\frac{f(x)}{x^2+1}=2$ **답** 2

핵심 개념 & 공식 리뷰 본문 ☞ 11쪽

01 (1) × (2) ○ (3) × (4) × (5) × (6) ○ (7) × (8) ×

02 (1) 4 (2) −6 (3) 12 (4) 2 (5) 0 (6) 1

03 (1) 3 (2) 2 (3) 0 (4) 0

04 (1) 4 (2) 1 (3) −33 (4) −2 (5) $a=3$, $b=1$
(6) $a=-2$, $b=2$

03 (1) $f(0)+\lim_{x \to 1+}f(x)=1+2=3$

(2) $f(1)+\lim_{x \to 0-}f(x)=1+1=2$

(3) $\lim_{x \to 2+}f(x)+\lim_{x \to 2-}f(x)=-2+2=0$

(4) $\lim_{x \to -1-}f(x)+\lim_{x \to 0+}f(x)=0+0=0$

04 (1) $x \to 1$일 때 (분모) $\to 0$이고 극한값이 존재하므로 (분자) $\to 0$이다.

즉, $\lim_{x \to 1}(4x-a)=0$이므로

$4-a=0$ $\therefore a=4$

(2) $x \to -1$일 때 (분모) $\to 0$이고 극한값이 존재하므로 (분자) $\to 0$이다.

즉, $\lim_{x \to -1}(x^2+ax)=0$이므로

$1-a=0$ $\therefore a=1$

(3) $x \to 3$일 때 (분모) $\to 0$이고 극한값이 존재하므로 (분자) $\to 0$이다.

즉, $\lim_{x \to 3}(x^2+8x+a)=0$이므로

$9+24+a=0$

$\therefore a=-33$

(4) $x \to -2$일 때 (분자) $\to 0$이고 0이 아닌 극한값이 존재하므로 (분모) $\to 0$이다.

즉, $\lim_{x \to -2}(x^2+ax-8)=0$이므로

$4-2a-8=0$

$\therefore a=-2$

(5) $x \to 3$일 때 (분모) $\to 0$이고 극한값이 존재하므로 (분자) $\to 0$이다.

즉, $\lim_{x \to 3}(x-a)=0$이므로

$3-a=0$ $\therefore a=3$

$\therefore b=\lim_{x \to 3}\frac{x-3}{(x-2)(x-3)}=\lim_{x \to 3}\frac{1}{x-2}=1$

(6) $x \to 2$일 때 (분자) $\to 0$이고 0이 아닌 극한값이 존재하므로 (분모) $\to 0$이다.

즉, $\lim_{x \to 2}(x^2+ax)=0$이므로

$4+2a=0$

$\therefore a=-2$

$\therefore b=\lim_{x \to 2}\frac{x^2-4}{x^2-2x}=\lim_{x \to 2}\frac{(x+2)(x-2)}{x(x-2)}$
$$=\lim_{x \to 2}\frac{x+2}{x}$$
$$=2$$

빈출 문제로 **실전 연습** 본문 ☞ 12~13쪽

01 ⑤	**02** ①	**03** ③	**04** 2	**05** ㄱ, ㄷ	**06** ④
07 3	**08** ②	**09** 4	**10** 2	**11** 1	**12** ①
13 2					

01 ㄱ. $f(x)=\dfrac{4}{x}-1$로 놓으면 함수 $y=f(x)$
의 그래프는 오른쪽 그림과 같으므로

$$\lim_{x\to\infty}\left(\dfrac{4}{x}-1\right)=-1$$

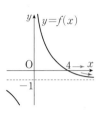

ㄴ. $f(x)=\sqrt{x+5}$로 놓으면 함수
$y=f(x)$의 그래프는 오른쪽 그
림과 같으므로

$$\lim_{x\to-1}\sqrt{x+5}=2$$

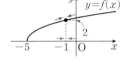

ㄷ. $f(x)=\dfrac{2}{|x-3|}$로 놓으면 함수
$y=f(x)$의 그래프는 오른쪽 그림과
같으므로

$$\lim_{x\to3}\dfrac{2}{|x-3|}=\infty$$

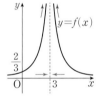

ㄹ. $f(x)=\dfrac{x^2-1}{x+1}$로 놓으면 $x\neq-1$일 때,

$$f(x)=\dfrac{(x+1)(x-1)}{x+1}=x-1$$

이므로 함수 $y=f(x)$의 그래프는 오른
쪽 그림과 같다.

$$\therefore \lim_{x\to-1}\dfrac{x^2-1}{x+1}=-2$$

따라서 극한값이 존재하는 것은 ㄱ, ㄴ, ㄹ이다. **답** ⑤

다른 풀이 ㄹ. $\lim\limits_{x\to-1}\dfrac{x^2-1}{x+1}=\lim\limits_{x\to-1}\dfrac{(x+1)(x-1)}{x+1}$

$$=\lim_{x\to-1}(x-1)=-2$$

02 $\dfrac{t+1}{t-1}=a$로 놓으면 $a=1+\dfrac{2}{t-1}$

$t\to\infty$일 때 $a\to1+$이므로

$$\lim_{t\to\infty}f\left(\dfrac{t+1}{t-1}\right)=\lim_{a\to1+}f(a)=\lim_{x\to1+}f(x)=0 \quad \textbf{답} ①$$

03 $\lim\limits_{x\to3+}f(x)=\lim\limits_{x\to3+}(x^2-2x+k)=3+k$

$\lim\limits_{x\to3-}f(x)=\lim\limits_{x\to3-}(kx-1)=3k-1$

이때 $\lim\limits_{x\to3}f(x)$의 값이 존재하려면 $\lim\limits_{x\to3+}f(x)=\lim\limits_{x\to3-}f(x)$이어
야 하므로

$3+k=3k-1$, $-2k=-4$

$$\therefore k=2 \quad \textbf{답} ③$$

04 $h(x)=f(x)+g(x)$로 놓으면 $g(x)=h(x)-f(x)$이고
$\lim\limits_{x\to\infty}h(x)=5$이다.

이때 $\lim\limits_{x\to\infty}f(x)=\infty$이므로 $\lim\limits_{x\to\infty}\dfrac{h(x)}{f(x)}=0$

$\therefore \lim\limits_{x\to\infty}\dfrac{3f(x)-g(x)}{5f(x)+3g(x)}=\lim\limits_{x\to\infty}\dfrac{3f(x)-\{h(x)-f(x)\}}{5f(x)+3\{h(x)-f(x)\}}$

$$=\lim_{x\to\infty}\dfrac{4f(x)-h(x)}{2f(x)+3h(x)}$$

$$=\lim_{x\to\infty}\dfrac{4-\dfrac{h(x)}{f(x)}}{2+3\times\dfrac{h(x)}{f(x)}}$$

$$=2 \quad \textbf{답} 2$$

다른 풀이 $\lim\limits_{x\to\infty}\dfrac{f(x)+g(x)}{f(x)}=0$이므로

$\lim\limits_{x\to\infty}\left\{1+\dfrac{g(x)}{f(x)}\right\}=0$ $\therefore \lim\limits_{x\to\infty}\dfrac{g(x)}{f(x)}=-1$

$\therefore \lim\limits_{x\to\infty}\dfrac{3f(x)-g(x)}{5f(x)+3g(x)}=\lim\limits_{x\to\infty}\dfrac{3-\dfrac{g(x)}{f(x)}}{5+3\times\dfrac{g(x)}{f(x)}}$

$$=\dfrac{3-(-1)}{5+3\times(-1)}=2$$

05 ㄱ. $\lim\limits_{x\to a}f(x)=\alpha$, $\lim\limits_{x\to a}\{f(x)-g(x)\}=\beta$ (α, β는 실수)라 하면

$\lim\limits_{x\to a}g(x)=\lim\limits_{x\to a}[f(x)-\{f(x)-g(x)\}]$

$$=\lim_{x\to a}f(x)-\lim_{x\to a}\{f(x)-g(x)\}$$

$$=\alpha-\beta \text{ (참)}$$

ㄴ. [반례] $f(x)=x^2$, $g(x)=\dfrac{1}{x}$이면 $\lim\limits_{x\to0}f(x)=0$,

$\lim\limits_{x\to0}f(x)g(x)=0$이지만 $\lim\limits_{x\to0}g(x)$의 값은 존재하지 않는
다. (거짓)

ㄷ. $\lim\limits_{x\to a}g(x)=\alpha$, $\lim\limits_{x\to a}\dfrac{f(x)}{g(x)}=\beta$ (α, β는 실수)라 하면

$\lim\limits_{x\to a}f(x)=\lim\limits_{x\to a}\left\{g(x)\times\dfrac{f(x)}{g(x)}\right\}$

$$=\lim_{x\to a}g(x)\times\lim_{x\to a}\dfrac{f(x)}{g(x)}$$

$$=\alpha\beta \text{ (참)}$$

따라서 옳은 것은 ㄱ, ㄷ이다. **답** ㄱ, ㄷ

06 ① $\lim\limits_{x\to2}\dfrac{x^2-4}{x^2+3x-10}=\lim\limits_{x\to2}\dfrac{(x+2)(x-2)}{(x+5)(x-2)}$

$$=\lim_{x\to2}\dfrac{x+2}{x+5}=\dfrac{4}{7}$$

② $\lim\limits_{x\to-1}\dfrac{x+1}{\sqrt{x^2+3}-2}=\lim\limits_{x\to-1}\dfrac{(x+1)(\sqrt{x^2+3}+2)}{(\sqrt{x^2+3}-2)(\sqrt{x^2+3}+2)}$

$$=\lim_{x\to-1}\dfrac{(x+1)(\sqrt{x^2+3}+2)}{x^2-1}$$

$$=\lim_{x\to-1}\dfrac{(x+1)(\sqrt{x^2+3}+2)}{(x+1)(x-1)}$$

$$=\lim_{x\to-1}\dfrac{\sqrt{x^2+3}+2}{x-1}=-2$$

③ $\lim\limits_{x\to\infty}\dfrac{(x+3)(x-2)}{2x^2-x+3}=\lim\limits_{x\to\infty}\dfrac{x^2+x-6}{2x^2-x+3}$

$\qquad\qquad\qquad\qquad\quad =\lim\limits_{x\to\infty}\dfrac{1+\dfrac{1}{x}-\dfrac{6}{x^2}}{2-\dfrac{1}{x}+\dfrac{3}{x^2}}=\dfrac{1}{2}$

④ $-x=t$로 놓으면 $x\to-\infty$일 때 $t\to\infty$이므로

$\qquad \lim\limits_{x\to-\infty}(\sqrt{x^2-4x}+x)=\lim\limits_{t\to\infty}(\sqrt{t^2+4t}-t)$

$\qquad\qquad\qquad\qquad\quad =\lim\limits_{t\to\infty}\dfrac{(\sqrt{t^2+4t}-t)(\sqrt{t^2+4t}+t)}{\sqrt{t^2+4t}+t}$

$\qquad\qquad\qquad\qquad\quad =\lim\limits_{t\to\infty}\dfrac{4t}{\sqrt{t^2+4t}+t}$

$\qquad\qquad\qquad\qquad\quad =\lim\limits_{t\to\infty}\dfrac{4}{\sqrt{1+\dfrac{4}{t}}+1}=\dfrac{4}{1+1}=2$

⑤ $\lim\limits_{x\to3}\dfrac{1}{x-3}\left(\dfrac{1}{\sqrt{x-2}}-1\right)$

$\qquad =\lim\limits_{x\to3}\dfrac{1-\sqrt{x-2}}{(x-3)\sqrt{x-2}}$

$\qquad =\lim\limits_{x\to3}\dfrac{(1-\sqrt{x-2})(1+\sqrt{x-2})}{(x-3)\sqrt{x-2}(1+\sqrt{x-2})}$

$\qquad =\lim\limits_{x\to3}\dfrac{3-x}{(x-3)\sqrt{x-2}(1+\sqrt{x-2})}$

$\qquad =\lim\limits_{x\to3}\left\{-\dfrac{1}{\sqrt{x-2}(1+\sqrt{x-2})}\right\}=-\dfrac{1}{2}$

따라서 옳지 않은 것은 ④이다.   **답** ④

07 $\lim\limits_{x\to\infty}\dfrac{f(x)}{x}=-2$, $\lim\limits_{x\to\infty}\dfrac{1}{x}=0$이므로

$\lim\limits_{x\to\infty}\dfrac{\{f(x)\}^2+5x^2}{3x^2-f(x)}=\lim\limits_{x\to\infty}\dfrac{\left\{\dfrac{f(x)}{x}\right\}^2+5}{3-\dfrac{f(x)}{x}\times\dfrac{1}{x}}$

$\qquad\qquad\qquad\qquad =\dfrac{(-2)^2+5}{3-(-2)\times0}=3$ **답** 3

08 $x\to-2$일 때 (분모)$\to0$이고 극한값이 존재하므로 (분자)$\to0$이다.

즉, $\lim\limits_{x\to-2}(x^2+ax+16)=0$이므로

$4-2a+16=0$ $\therefore a=10$

$a=10$을 주어진 식의 좌변에 대입하면

$b=\lim\limits_{x\to-2}\dfrac{x^2+10x+16}{x^3+8}=\lim\limits_{x\to-2}\dfrac{(x+2)(x+8)}{(x+2)(x^2-2x+4)}$

$\;=\lim\limits_{x\to-2}\dfrac{x+8}{x^2-2x+4}=\dfrac{6}{12}=\dfrac{1}{2}$

$\therefore ab=5$ **답** ②

09 $|f(x)-2x-5|<5$에서 $-5<f(x)-2x-5<5$이므로

$2x<f(x)<2x+10$

$x>0$이므로 위의 식의 각 변을 제곱하면

$4x^2<\{f(x)\}^2<4x^2+40x+100$

모든 양의 실수 x에 대하여 $x^2-x+1>0$이므로 위의 식의 각 변을 x^2-x+1로 나누면 $\underset{\;\;\;\;\;\;\;\;\;\;\;\;\;\llcorner x^2-x+1=\left(x-\frac{1}{2}\right)^2+\frac{3}{4}>0}{\;}$

$\dfrac{4x^2}{x^2-x+1}<\dfrac{\{f(x)\}^2}{x^2-x+1}<\dfrac{4x^2+40x+100}{x^2-x+1}$

이때 $\lim\limits_{x\to\infty}\dfrac{4x^2}{x^2-x+1}=4$, $\lim\limits_{x\to\infty}\dfrac{4x^2+40x+100}{x^2-x+1}=4$이므로 함수의 극한의 대소 관계에 의하여

$\lim\limits_{x\to\infty}\dfrac{\{f(x)\}^2}{x^2-x+1}=4$ **답** 4

Core 특강

절댓값 기호를 포함한 부등식

$a>0$, $b>0$일 때

① $|x|<a\Longleftrightarrow-a<x<a$

② $|x|>a\Longleftrightarrow x<-a$ 또는 $x>a$

③ $a<|x|<b\Longleftrightarrow a<x<b$ 또는 $-b<x<-a$ (단, $a<b$)

10 직선 $y=x$에 수직인 직선의 기울기는 -1이므로 점 $\mathrm{P}(t,\,t)$를 지나고 기울기가 -1인 직선의 방정식은

$y-t=-(x-t)$ $\therefore y=-x+2t$

따라서 $\mathrm{Q}(0,\,2t)$이므로

$\overline{\mathrm{AP}}^2=(t+1)^2+(t+1)^2=2t^2+4t+2$

$\overline{\mathrm{AQ}}^2=1^2+(2t+1)^2=4t^2+4t+2$

$\therefore \lim\limits_{t\to\infty}\dfrac{\overline{\mathrm{AQ}}^2}{\overline{\mathrm{AP}}^2}=\lim\limits_{t\to\infty}\dfrac{4t^2+4t+2}{2t^2+4t+2}=\lim\limits_{t\to\infty}\dfrac{4+\dfrac{4}{t}+\dfrac{2}{t^2}}{2+\dfrac{4}{t}+\dfrac{2}{t^2}}=2$

    답 2

11 $\lim\limits_{x\to\infty}\dfrac{f(x)-3g(x)}{x^2}=2$에서 $f(x)-3g(x)$는 최고차항의 계수가 2인 이차함수임을 알 수 있고, $\lim\limits_{x\to\infty}\dfrac{f(x)+g(x)}{x^3}=\dfrac{4}{7}$에서 $f(x)+g(x)$는 최고차항의 계수가 $\dfrac{4}{7}$인 삼차함수임을 알 수 있다.

따라서 $\{f(x)+g(x)\}-\{f(x)-3g(x)\}=4g(x)$는 최고차항의 계수가 $\dfrac{4}{7}$인 삼차함수이므로 $g(x)$는 최고차항의 계수가 $\dfrac{1}{7}$인 삼차함수이다.

$\therefore \lim\limits_{x\to\infty}\dfrac{g(x)}{x^3}=\dfrac{1}{7}$

$\therefore \lim\limits_{x\to\infty}\dfrac{f(x)+4g(x)}{x^3}=\lim\limits_{x\to\infty}\dfrac{\{f(x)+g(x)\}+3g(x)}{x^3}$

$\qquad\qquad\qquad\qquad =\lim\limits_{x\to\infty}\dfrac{f(x)+g(x)}{x^3}+3\lim\limits_{x\to\infty}\dfrac{g(x)}{x^3}$

$\qquad\qquad\qquad\qquad =\dfrac{4}{7}+3\times\dfrac{1}{7}=1$ **답** 1

Core 특강

$\dfrac{\infty}{\infty}$ **꼴의 극한의 성질**

두 다항식 $f(x)$, $g(x)$에 대하여 $\lim\limits_{x\to\infty}\dfrac{f(x)}{g(x)}=\alpha$ (α는 0이 아닌 실수)

➔ $f(x)$와 $g(x)$의 차수가 같다.

12 $\lim\limits_{x\to\infty}\dfrac{f(x)-2x^2}{4-3x}=a\,(a\neq0)$에서 $f(x)$는 이차항의 계수가 2인

이차함수임을 알 수 있다.

또, $\lim\limits_{x\to-1}\dfrac{f(x)}{x+1}=8$에서 $x\to-1$일 때 (분모)$\to0$이고 극한값

이 존재하므로 (분자)$\to0$이다.

즉, $\lim\limits_{x\to-1}f(x)=0$이므로

$f(-1)=0$

이때 $f(x)=2(x+1)(x+k)$ (k는 상수)로 놓으면

$$\lim_{x\to-1}\frac{f(x)}{x+1}=\lim_{x\to-1}\frac{2(x+1)(x+k)}{x+1}$$
$$=\lim_{x\to-1}2(x+k)$$
$$=2(k-1)$$

즉, $2(k-1)=8$이므로

$k-1=4$

$\therefore k=5$

따라서 $f(x)=2(x+1)(x+5)=2x^2+12x+10$이므로

$$a=\lim_{x\to\infty}\frac{(2x^2+12x+10)-2x^2}{4-3x}$$
$$=\lim_{x\to\infty}\frac{12x+10}{4-3x}$$
$$=-4$$

답 ①

13 원 C의 반지름의 길이를 r라 하면 원이 직선 $y=-x$, 즉

$x+y=0$에 접하므로

$$r=\frac{\left|a+\left(\dfrac{1}{a}-a\right)\right|}{\sqrt{1^2+1^2}}=\frac{1}{\sqrt{2}a}\;(\because a>1)$$

이때

$$\overline{OC}=\sqrt{a^2+\left(\frac{1}{a}-a\right)^2}=\sqrt{2a^2-2+\frac{1}{a^2}}$$

이고, 원 위의 한 점에서 원점 O까지의 거리의 최솟값 m은 $\overline{OC}$

의 길이에서 반지름의 길이를 뺀 것과 같으므로

$$m=\overline{OC}-r=\sqrt{2a^2-2+\frac{1}{a^2}}-\frac{1}{\sqrt{2}a}$$

$$\therefore k=\lim_{a\to\infty}\frac{m}{a}=\lim_{a\to\infty}\frac{\sqrt{2a^2-2+\dfrac{1}{a^2}}-\dfrac{1}{\sqrt{2}a}}{a}$$

$$=\lim_{a\to\infty}\left(\sqrt{2-\frac{2}{a^2}+\frac{1}{a^4}}-\frac{1}{\sqrt{2}a^2}\right)$$

$$=\sqrt{2}$$

$\therefore k^2=2$

답 2

참고 점 (x_1,y_1)과 직선 $ax+by+c=0$ 사이의 거리는

$$\frac{|ax_1+by_1+c|}{\sqrt{a^2+b^2}}$$

Core 특강

원 밖의 한 점과 원 위의 점 사이의 거리의 최대·최소

원 밖의 한 점 A와 원 O 위의 점 사이의 거리
의 최댓값을 M, 최솟값을 m이라 하면
$$M=\overline{AO}+\overline{OQ}=d+r$$
$$m=\overline{AO}-\overline{OP}=d-r$$

02강 함수의 연속

✔ 교과서 필수 개념 **1** 함수의 연속과 불연속

본문 ☞ 14쪽

대표
예제
1

(1) (i) $f(1)=0$

(ii) $\lim\limits_{x\to1+}f(x)=\lim\limits_{x\to1+}(x-1)^2=0$
$\lim\limits_{x\to1-}f(x)=\lim\limits_{x\to1-}(1-x)=0$
이므로 $\lim\limits_{x\to1}f(x)=0$

(iii) $\lim\limits_{x\to1}f(x)=f(1)=0$

따라서 함수 $f(x)$는 $x=1$에서 연속이다.

(2) $x=1$일 때 $f(x)$의 분모가 0이 되므로
$f(1)$이 정의되지 않는다.

따라서 함수 $f(x)$는 $x=1$에서 불연
속이다.

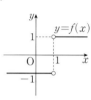

답 (1) 연속 (2) 불연속

유제
1-1

(1) (i) $f(0)=2$

(ii) $\lim\limits_{x\to0}f(x)=\lim\limits_{x\to0}\dfrac{x^2-2x}{x}$
$=\lim\limits_{x\to0}\dfrac{x(x-2)}{x}$
$=\lim\limits_{x\to0}(x-2)$
$=-2$

(iii) $\lim\limits_{x\to0}f(x)\neq f(0)$

따라서 함수 $f(x)$는 $x=0$에서 불연속이다.

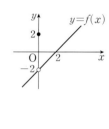

(2) (i) $f(0)=0$

(ii) $\lim\limits_{x\to0+}f(x)=\lim\limits_{x\to0+}x=0$,
$\lim\limits_{x\to0-}f(x)=\lim\limits_{x\to0-}(x+1)=1$
이므로 $\lim\limits_{x\to0}f(x)$는 존재하지
않는다.

따라서 함수 $f(x)$는 $x=0$에서 불연속이다.

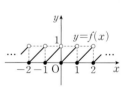

답 (1) 불연속 (2) 불연속

유제
1-2

(i) $x=-1$일 때

$\lim\limits_{x\to-1+}f(x)=-1$, $\lim\limits_{x\to-1-}f(x)=1$이므로

$\lim\limits_{x\to-1+}f(x)\neq\lim\limits_{x\to-1-}f(x)$

즉, $\lim\limits_{x\to-1}f(x)$는 존재하지 않는다.

따라서 함수 $f(x)$는 $x=-1$에서 불연속이다.

(ii) $x=0$일 때

$x=0$에서의 함숫값은 $f(0)=1$이고, $\lim\limits_{x\to0}f(x)=0$이므로

$\lim\limits_{x\to0}f(x)\neq f(0)$

따라서 함수 $f(x)$는 $x=0$에서 불연속이다.

(iii) $x=1$일 때

$x=1$에서의 함숫값은 $f(1)=1$이고, $\lim\limits_{x \to 1}f(x)=1$이므로

$\lim\limits_{x \to 1}f(x)=f(1)$

따라서 함수 $f(x)$는 $x=1$에서 연속이다.

(i), (ii), (iii)에 의하여 극한값이 존재하지 않는 x의 값은 -1, 불연속인 x의 값은 -1, 0이므로

$a=1$, $b=2$　∴ $a+b=3$　답 3

참고 함수 $y=f(x)$의 그래프가 $x=-1$, $x=0$인 점에서 끊어져 있으므로 불연속인 x의 값은 -1, 0임을 알 수 있다.

 교과서 필수 개념 **2** **연속함수**　본문 ☞ 15쪽

대표예제 2 (1) $f(x)=\begin{cases} -x+2 & (x \geq 1) \\ x-2 & (x<1) \end{cases}$

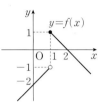

에서 $x>1$일 때와 $x<1$일 때 함수 $f(x)$는 연속이므로 $x=1$에서 연속인지만 조사하면 된다.

$\lim\limits_{x \to 1+}f(x)=\lim\limits_{x \to 1+}(-x+2)=1$,

$\lim\limits_{x \to 1-}f(x)=\lim\limits_{x \to 1-}(x-2)=-1$

∴ $\lim\limits_{x \to 1+}f(x) \neq \lim\limits_{x \to 1-}f(x)$

따라서 함수 $f(x)$는 $x=1$에서 불연속이고 그 이외의 x의 값에서는 연속이다.

(2) $f(x)=\dfrac{1-x}{|x-1|}=\begin{cases} -1 & (x>1) \\ 1 & (x<1) \end{cases}$

에서 $x>1$일 때와 $x<1$일 때 함수 $f(x)$는 연속이므로 $x=1$에서 연속인지만 조사하면 된다.

그런데 함수 $f(x)$는 $x=1$에서 정의되지 않으므로 불연속이다.

따라서 함수 $f(x)$는 $x=1$에서 불연속이고 그 이외의 x의 값에서는 연속이다.　답 풀이 참조

유제 2-1 (1) 함수 $f(x)=|x+1|$은 모든 실수에서 연속이다. 따라서 함수 $f(x)$가 연속인 구간은 $(-\infty,\ \infty)$이다.

(2) 함수 $f(x)=\dfrac{3}{-x+5}$은 $-x+5 \neq 0$, 즉 $x \neq 5$인 모든 실수에서 연속이다. 따라서 함수 $f(x)$가 연속인 구간은 $(-\infty,\ 5) \cup (5,\ \infty)$이다.

답 (1) $(-\infty,\ \infty)$　(2) $(-\infty,\ 5) \cup (5,\ \infty)$

유제 2-2 (1) $f(x)=x-|x|=\begin{cases} 0 & (x \geq 0) \\ 2x & (x<0) \end{cases}$

에서 $x<0$일 때와 $x>0$일 때 함수 $f(x)$는 연속이므로 $x=0$에서 연속인지만 조사하면 된다.

이때 $\lim\limits_{x \to 0+}f(x)=\lim\limits_{x \to 0-}f(x)=f(0)=0$이므로 함수 $f(x)$는 $x=0$에서 연속이다.

따라서 함수 $f(x)$는 실수 전체의 집합에서 연속이다.

(2) $f(x)=\begin{cases} -x^2+1 & (x \neq 0) \\ 0 & (x=0) \end{cases}$

에서 $x \neq 0$일 때 함수 $f(x)$는 연속이므로 $x=0$에서 연속인지만 조사하면 된다.

이때 $f(0)=0$, $\lim\limits_{x \to 0}f(x)=1$이므로

$\lim\limits_{x \to 0}f(x) \neq f(0)$

따라서 함수 $f(x)$는 $x=0$에서 불연속이고 그 이외의 x의 값에서는 연속이다.　답 풀이 참조

유제 2-3 함수 $f(x)$가 모든 실수 x에서 연속이려면 함수 $f(x)$는 $x=-1$에서 연속이어야 한다.

$f(-1)=4$이고,

$\lim\limits_{x \to -1+}f(x)=\lim\limits_{x \to -1+}(x^2-2x+a)=3+a$,

$\lim\limits_{x \to -1-}f(x)=\lim\limits_{x \to -1-}(x+5)=4$

이때 $\lim\limits_{x \to -1+}f(x)=\lim\limits_{x \to -1-}f(x)=f(-1)$이어야 하므로

$3+a=4$

∴ $a=1$　답 1

교과서 필수 개념 **3** **연속함수의 성질**　본문 ☞ 16쪽

대표예제 3 두 함수 $f(x)$, $g(x)$는 다항함수이므로 모든 실수 x에서 연속이다.

ㄱ. 함수 $2f(x)$는 연속함수의 성질에 의하여 모든 실수 x에서 연속이다.

따라서 함수 $2f(x)+g(x)$는 연속함수의 성질에 의하여 모든 실수 x에서 연속이다.

ㄴ. 연속함수의 성질에 의하여 모든 실수 x에서 연속이다.

ㄷ. $g(x)=0$에서 $x-1=0$

∴ $x-1$

즉, $x=1$에서 함수 $\dfrac{f(x)}{g(x)}$는 정의되지 않으므로 $x=1$에서 불연속이다.

ㄹ. $\dfrac{g(x)}{f(x)}=\dfrac{x-1}{x^2+2}$에서 $x^2+2>0$이므로 함수 $\dfrac{g(x)}{f(x)}$는 모든 실수 x에서 연속이다.

따라서 모든 실수 x에서 연속인 함수는 ㄱ, ㄴ, ㄹ이다.

답 ㄱ, ㄴ, ㄹ

유제 3-1 두 함수 $f(x)$, $g(x)$는 다항함수이므로 모든 실수 x에서 연속이다.

ㄱ. 함수 $3g(x)$는 연속함수의 성질에 의하여 모든 실수 x에서 연속이다.

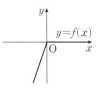

따라서 함수 $f(x)-3g(x)$는 연속함수의 성질에 의하여 모든 실수 x에서 연속이다.

ㄴ. $\{g(x)\}^2=g(x)\times g(x)$이므로 연속함수의 성질에 의하여 모든 실수 x에서 연속이다.

ㄷ. $f(x)=0$에서 $x^2-x=0$

$x(x-1)=0$ ∴ $x=0$ 또는 $x=1$

즉, $x=0$, $x=1$에서 함수 $\dfrac{g(x)}{f(x)}$는 정의되지 않으므로 $x=0$, $x=1$에서 불연속이다.

ㄹ. $f(x)+g(x)=0$에서 $2x^2-x-3=0$

$(x+1)(2x-3)=0$ ∴ $x=-1$ 또는 $x=\dfrac{3}{2}$

즉, $x=-1$, $x=\dfrac{3}{2}$에서 함수 $\dfrac{1}{f(x)+g(x)}$은 정의되지 않으므로 $x=-1$, $x=\dfrac{3}{2}$에서 불연속이다.

따라서 모든 실수 x에서 연속인 함수는 ㄱ, ㄴ이다. 🖪 ㄱ, ㄴ

 교과서 필수 개념 ❹ **최대·최소 정리**　　본문 ☞ 16쪽

예제 ❹
(1) 함수 $f(x)$는 닫힌구간 $[1, 4]$에서 연속이므로 이 구간에서 최댓값과 최솟값을 갖는다.

$f(x)=x^2-4x+3$
$\quad\quad=(x-2)^2-1$

이고, 구간 $[1, 4]$에서 함수 $y=f(x)$의 그래프는 오른쪽 그림과 같으므로 함수 $f(x)$는 $x=4$일 때 최댓값 3, $x=2$일 때 최솟값 -1을 갖는다.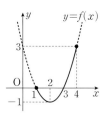

(2) 함수 $f(x)$는 닫힌구간 $[2, 3]$에서 연속이므로 이 구간에서 최댓값과 최솟값을 갖는다.

구간 $[2, 3]$에서 함수 $y=f(x)$의 그래프는 오른쪽 그림과 같으므로 함수 $f(x)$는 $x=2$일 때 최댓값 2, $x=3$일 때 최솟값 1을 갖는다.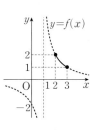

🖪 (1) 최댓값: 3, 최솟값: -1　(2) 최댓값: 2, 최솟값: 1

유제 4-1
(1) 함수 $f(x)$는 닫힌구간 $[-2, 3]$에서 연속이므로 이 구간에서 최댓값과 최솟값을 갖는다.

$f(x)=-x^2+2x+4$
$\quad\quad=-(x-1)^2+5$

이고, 구간 $[-2, 3]$에서 함수 $y=f(x)$의 그래프는 오른쪽 그림과 같으므로 함수 $f(x)$는 $x=1$일 때 최댓값 5, $x=-2$일 때 최솟값 -4를 갖는다.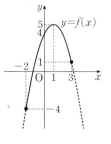

---

(2) 함수 $f(x)$는 닫힌구간 $[-5, 1]$에서 연속이므로 이 구간에서 최댓값과 최솟값을 갖는다.

구간 $[-5, 1]$에서 함수 $y=f(x)$의 그래프는 오른쪽 그림과 같으므로 함수 $f(x)$는 $x=1$일 때 최댓값 -2, $x=-5$일 때 최솟값 -4를 갖는다.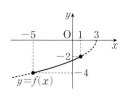

🖪 (1) 최댓값: 5, 최솟값: -4　(2) 최댓값: -2, 최솟값: -4

 교과서 필수 개념 ❺ **사잇값의 정리**　　본문 ☞ 17쪽

예제 ❺
(1) $f(x)=2x^3-3x-5$로 놓으면 함수 $f(x)$는 닫힌구간 $[-1, 2]$에서 연속이고

$f(-1)=-4<0$, $f(2)=5>0$

이므로 사잇값의 정리에 의하여 $f(c)=0$인 c가 열린구간 $(-1, 2)$에 적어도 하나 존재한다.

따라서 방정식 $2x^3-3x-5=0$은 열린구간 $(-1, 2)$에서 적어도 하나의 실근을 갖는다.

(2) $f(x)=x^4-x^3-4x-1$로 놓으면 함수 $f(x)$는 닫힌구간 $[0, 3]$에서 연속이고

$f(0)=-1<0$, $f(3)=41>0$

이므로 사잇값의 정리에 의하여 $f(c)=0$인 c가 열린구간 $(0, 3)$에 적어도 하나 존재한다.

따라서 방정식 $x^4-x^3-4x-1=0$은 열린구간 $(0, 3)$에서 적어도 하나의 실근을 갖는다. 🖪 풀이 참조

유제 5-1
(1) $f(x)=x^3+x^2-7x$로 놓으면 함수 $f(x)$는 닫힌구간 $[1, 3]$에서 연속이고

$f(1)=-5<0$, $f(3)=15>0$

이므로 사잇값의 정리에 의하여 $f(c)=0$인 c가 열린구간 $(1, 3)$에 적어도 하나 존재한다.

따라서 방정식 $x^3+x^2-7x=0$은 열린구간 $(1, 3)$에서 적어도 하나의 실근을 갖는다.

(2) $f(x)=x^4+x-2$로 놓으면 함수 $f(x)$는 닫힌구간 $[-2, 0]$에서 연속이고

$f(-2)=12>0$, $f(0)=-2<0$

이므로 사잇값의 정리에 의하여 $f(c)=0$인 c가 열린구간 $(-2, 0)$에 적어도 하나 존재한다.

따라서 방정식 $x^4+x-2=0$은 열린구간 $(-2, 0)$에서 적어도 하나의 실근을 갖는다. 🖪 풀이 참조

유제 5-2
$f(x)=x^3-6x+a$로 놓으면 함수 $f(x)$는 닫힌구간 $[-2, 2]$에서 연속이고

$f(-2)=a+4$, $f(2)=a-4$

이때 방정식 $f(x)=0$이 열린구간 $(-2, 2)$에서 적어도 하나의 실근을 가지려면 $f(-2)f(2)<0$이어야 하므로

$(a+4)(a-4)<0$

$\therefore -4<a<4$

따라서 정수 a는 $-3, -2, \cdots, 3$의 7개이다.　　　🔘 7

대표예제 ⑥ 함수 $f(x)$는 닫힌구간 $[-2, 2]$에서 연속이고
$f(-2)f(-1)<0$, $f(0)f(1)<0$, $f(1)f(2)<0$
이므로 사잇값의 정리에 의하여 방정식 $f(x)=0$은 열린구간 $(-2, -1)$, $(0, 1)$, $(1, 2)$에서 각각 적어도 하나의 실근을 갖는다.

따라서 방정식 $f(x)=0$은 열린구간 $(-2, 2)$에서 적어도 3개의 실근을 갖는다.　　　🔘 3

유제 6-1 $g(x)=f(x)-x$로 놓으면 함수 $g(x)$는 닫힌구간 $[-1, 2]$에서 연속이고

$g(-1)=f(-1)-(-1)=4+1=5$,

$g(0)=f(0)-0=-2$,

$g(1)=f(1)-1=-1$,

$g(2)=f(2)-2=5-2=3$

$g(-1)g(0)<0$, $g(1)g(2)<0$이므로 사잇값의 정리에 의하여 방정식 $g(x)=0$은 열린구간 $(-1, 0)$, $(1, 2)$에서 각각 적어도 하나의 실근을 갖는다.

따라서 방정식 $f(x)-x=0$은 열린구간 $(-1, 2)$에서 적어도 2개의 실근을 갖는다.　　　🔘 2

핵심 개념 & 공식 리뷰　　　본문 ☞ 18쪽

01 (1) ○　(2) ×　(3) ×　(4) ○　(5) ○　(6) ×　(7) ×

02 (1) ① β　② α　③ α, β, γ　(2) ① 1　② 0, 1, 2　③ 0, 1, 2

03 (1) 8　(2) 9　(3) -4　(4) 16

04 (1) ㄱ, ㄷ　(2) ㄱ, ㄷ　(3) ㄴ, ㄹ　(4) ㄴ　(5) (1)과 (2)

03 (1) 함수 $f(x)$가 모든 실수 x에서 연속이려면 함수 $f(x)$는 $x=-1$에서 연속이어야 한다.

$f(-1)=a$이고,

$\lim\limits_{x \to -1} f(x) = \lim\limits_{x \to -1} (2x+10) = 8$

이때 $\lim\limits_{x \to -1} f(x) = f(-1)$이어야 하므로 $a=8$

(2) 함수 $f(x)$가 모든 실수 x에서 연속이려면 함수 $f(x)$는 $x=3$에서 연속이어야 한다.

$f(3)=a+3$이고,

$\lim\limits_{x \to 3} f(x) = \lim\limits_{x \to 3} (x^2+3) = 12$

이때 $\lim\limits_{x \to 3} f(x) = f(3)$이어야 하므로

$a+3=12$

$\therefore a=9$

(3) 함수 $f(x)$가 모든 실수 x에서 연속이려면 함수 $f(x)$는 $x=1$에서 연속이어야 한다.

$f(1)=0$이고,

$\lim\limits_{x \to 1+} f(x) = \lim\limits_{x \to 1+} (ax^2-a) = 0$,

$\lim\limits_{x \to 1-} f(x) = \lim\limits_{x \to 1-} (ax+4) = a+4$

이때 $\lim\limits_{x \to 1+} f(x) = \lim\limits_{x \to 1-} f(x) = f(1)$이어야 하므로

$a+4=0$

$\therefore a=-4$

(4) 함수 $f(x)$가 모든 실수 x에서 연속이려면 함수 $f(x)$는 $x=2$에서 연속이어야 한다.

$f(2)=2+a$이고,

$\lim\limits_{x \to 2+} f(x) = \lim\limits_{x \to 2+} (x^2+4x+6) = 18$,

$\lim\limits_{x \to 2-} f(x) = \lim\limits_{x \to 2-} (x+a) = 2+a$

이때 $\lim\limits_{x \to 2+} f(x) = \lim\limits_{x \to 2-} f(x) = f(2)$이어야 하므로

$2+a=18$

$\therefore a=16$

04 ㄱ. $f(a)<0$, $f(b)>0$이므로 $f(a)f(b)<0$

ㄴ. $f(a)>0$, $f(b)>0$이므로 $f(a)f(b)>0$

ㄷ. $f(a)>0$, $f(b)<0$이므로 $f(a)f(b)<0$

ㄹ. $f(a)>0$, $f(b)>0$이므로 $f(a)f(b)>0$

빈출 문제로 실전 연습　　　본문 ☞ 19~20쪽

01 ⑤　**02** ③　**03** 27　**04** 24　**05** ②　**06** ⑤

07 ④　**08** ②　**09** ③　**10** ⑤　**11** 4

12 풀이 참조

01 ①, ② $f(0)$이 정의되지 않으므로 함수 $f(x)$는 $x=0$에서 불연속이다.

③ $\lim\limits_{x \to 0+} f(x) = \lim\limits_{x \to 0+} [x]^2 = 0$,

$\lim\limits_{x \to 0-} f(x) = \lim\limits_{x \to 0-} [x]^2 = (-1)^2 = 1$

$\therefore \lim\limits_{x \to 0+} f(x) \neq \lim\limits_{x \to 0-} f(x)$

즉, $\lim\limits_{x \to 0} f(x)$가 존재하지 않으므로 함수 $f(x)$는 $x=0$에서 불연속이다.

④ $\lim\limits_{x \to 0+} f(x) = \lim\limits_{x \to 0+} \dfrac{x^2-x}{|x|} = \lim\limits_{x \to 0+} \dfrac{x(x-1)}{x}$

$\qquad = \lim\limits_{x \to 0+} (x-1) = -1$

$\lim\limits_{x \to 0-} f(x) = \lim\limits_{x \to 0-} \dfrac{x^2-x}{|x|} = \lim\limits_{x \to 0-} \dfrac{x(x-1)}{-x}$

$\qquad = \lim\limits_{x \to 0-} (1-x) = 1$

$\therefore \lim\limits_{x \to 0+} f(x) \neq \lim\limits_{x \to 0-} f(x)$

즉, $\lim\limits_{x \to 0} f(x)$가 존재하지 않으므로 함수 $f(x)$는 $x=0$에서 불연속이다.

⑤ $f(0)=4$이고,

$$\lim_{x \to 0} f(x) = \lim_{x \to 0} \frac{x}{\sqrt{4+x}-2}$$
$$= \lim_{x \to 0} \frac{x(\sqrt{4+x}+2)}{(\sqrt{4+x}-2)(\sqrt{4+x}+2)}$$
$$= \lim_{x \to 0} \frac{x(\sqrt{4+x}+2)}{x}$$
$$= \lim_{x \to 0} (\sqrt{4+x}+2)$$
$$= 4$$

이므로 $\lim_{x \to 0} f(x) = f(0)$

따라서 함수 $f(x)$는 $x=0$에서 연속이다.

따라서 $x=0$에서 연속인 함수는 ⑤이다.　　　답 ⑤

02 ㄱ. $\lim_{x \to 1+} \{f(x)+g(x)\} = -1+1=0$,

$\lim_{x \to 1-} \{f(x)+g(x)\} = 1+(-1)=0$

$\therefore \lim_{x \to 1} \{f(x)+g(x)\} = 0$

이때 $f(1)+g(1)=1+1=2$이므로

$\lim_{x \to 1} \{f(x)+g(x)\} \neq f(1)+g(1)$

즉, 함수 $f(x)+g(x)$는 $x=1$에서 불연속이다. (참)

ㄴ. $\lim_{x \to -1+} f(x)g(x) = 1 \times 1 = 1$,

$\lim_{x \to -1-} f(x)g(x) = 1 \times (-1) = -1$

$\therefore \lim_{x \to -1+} f(x)g(x) \neq \lim_{x \to -1-} f(x)g(x)$

즉, $\lim_{x \to -1} f(x)g(x)$가 존재하지 않으므로 함수 $f(x)g(x)$는 $x=-1$에서 불연속이다. (거짓)

ㄷ. $\lim_{x \to 1+} f(g(x)) = f(1) = 1$

$g(x)=t$로 놓으면 $x \to 1-$일 때 $t \to -1+$이므로

$\lim_{x \to 1-} f(g(x)) = \lim_{t \to -1+} f(t) = 1$

$\therefore \lim_{x \to 1} f(g(x)) = 1$

이때 $f(g(1))=f(1)=1$이므로

$\lim_{x \to 1} f(g(x)) = f(g(1))$

즉, 함수 $f(g(x))$는 $x=1$에서 연속이다. (참)

따라서 옳은 것은 ㄱ, ㄷ이다.　　　답 ③

Core 특강

합성함수 $f(g(x))$의 연속

실수 전체의 집합에서 정의된 함수 $f(x)$, $g(x)$에 대하여 합성함수 $f(g(x))$가 $x=a$에서 연속이려면

$$\lim_{x \to a+} f(g(x)) = \lim_{x \to a-} f(g(x)) = f(g(a))$$

03 $x \neq 3$일 때,

$$f(x) = \frac{x^3-27}{x-3} = \frac{(x-3)(x^2+3x+9)}{x-3}$$
$$= x^2+3x+9$$

함수 $f(x)$가 모든 실수 x에서 연속이면 $x=3$에서도 연속이므로

$f(3) = \lim_{x \to 3} f(x) = \lim_{x \to 3} (x^2+3x+9) = 27$　　　답 27

04 함수 $f(x)$가 모든 실수 x에서 연속이면 $x=-4$에서도 연속이므로

$$\lim_{x \to -4} f(x) = f(-4)$$

$\therefore \lim_{x \to -4} \frac{\sqrt{x^2+a}-2}{x+4} = b$ ……㉠

㉠에서 $x \to -4$일 때 (분모)$\to 0$이고 극한값이 존재하므로 (분자)$\to 0$이다.

즉, $\lim_{x \to -4} (\sqrt{x^2+a}-2) = 0$이므로

$\sqrt{16+a}-2=0$, $16+a=4$

$\therefore a=-12$

$a=-12$를 ㉠의 좌변에 대입하면

$$b = \lim_{x \to -4} \frac{\sqrt{x^2-12}-2}{x+4}$$
$$= \lim_{x \to -4} \frac{(\sqrt{x^2-12}-2)(\sqrt{x^2-12}+2)}{(x+4)(\sqrt{x^2-12}+2)}$$
$$= \lim_{x \to -4} \frac{x^2-16}{(x+4)(\sqrt{x^2-12}+2)}$$
$$= \lim_{x \to -4} \frac{(x+4)(x-4)}{(x+4)\sqrt{x^2-12}+2)}$$
$$= \lim_{x \to -4} \frac{x-4}{\sqrt{x^2-12}+2} = -2$$

$\therefore ab = 24$　　　답 24

05 모든 실수 x에서 연속인 두 함수 $f(x)$, $g(x)$에 대하여 함수 $\frac{g(x)}{f(x)}$가 모든 실수 x에서 연속이려면 모든 실수 x에 대하여 $f(x)=x^2+2ax-5a \neq 0$이어야 한다.

즉, 이차방정식 $x^2+2ax-5a=0$의 판별식을 D라 하면

$$\frac{D}{4} = a^2-(-5a) < 0, \ a(a+5) < 0$$

$\therefore -5 < a < 0$　　　답 ②

Core 특강

이차방정식의 근의 판별

계수가 실수인 x에 대한 이차방정식 $ax^2+bx+c=0$의 판별식을 $D=b^2-4ac$라 할 때

① $D>0$이면 서로 다른 두 실근을 갖는다.

② $D=0$이면 중근(서로 같은 두 실근)을 갖는다.

③ $D<0$이면 서로 다른 두 허근을 갖는다.

06 ㄱ. $h(x)=f(x)-g(x)$로 놓으면

$$f(x)=h(x)+g(x)$$

이때 $g(x)$와 $h(x)$가 연속함수이므로 $f(x)$도 연속함수이다. (참)

ㄴ. [반례] $f(x)=0$, $g(x)=\begin{cases} 1 & (x \geq 0) \\ -1 & (x < 0) \end{cases}$이면 $\frac{f(x)}{g(x)}=0$

즉, $f(x)$와 $\frac{f(x)}{g(x)}$가 연속함수이지만 $g(x)$는 $x=0$에서 불연속이다. (거짓)

ㄷ. $f(a)=b$라 하면 $f(x)$가 연속함수이므로 $\lim_{x \to a} f(x)=b$

즉, $f(x)=t$로 놓으면 $x \to a$일 때 $t \to b$이므로

$\lim_{x \to a} g(f(x))=\lim_{t \to b} g(t)=g(b)$ ($\because$ $g(x)$가 연속함수)

이때 $g(f(a))=g(b)$이므로

$\lim_{x \to a} g(f(x))=g(f(a))=g(b)$

즉, 임의의 실수 a에 대하여 $g(f(x))$가 $x=a$에서 연속이

므로 연속함수이다. (참)

ㄹ. $|f(x)|+1 \geq 1$이므로 $|f(x)|+1 \neq 0$

즉, $f(x)$, $g(x)$가 연속함수이면 $\dfrac{g(x)}{|f(x)|+1}$도 연속함수

이다. (참)

따라서 옳은 것은 ㄱ, ㄷ, ㄹ이다. 〔답〕⑤

07 $f(x)=2-|x-3|=\begin{cases} -x+5 & (x \geq 3) \\ x-1 & (x < 3) \end{cases}$ 에서 $f(3)=2$

또, $\lim_{x \to 3+} f(x)=\lim_{x \to 3+} (-x+5)=2$,

$\lim_{x \to 3-} f(x)=\lim_{x \to 3-} (x-1)=2$이므로 $\lim_{x \to 3} f(x)=2$

$\therefore \lim_{x \to 3} f(x)=f(3)$

즉, 함수 $f(x)$가 $x=3$에서 연속이므로 닫힌구간 $[-1, 4]$에서

연속이다. 따라서 최대·최소 정리에 의하여 이 구간에서 최댓

값과 최솟값을 갖는다.

구간 $[-1, 4]$에서 함수 $y=f(x)$
의 그래프는 오른쪽 그림과 같으므
로 함수 $f(x)$는 $x=3$일 때 최댓값
2, $x=-1$일 때 최솟값 -2를 갖
는다.

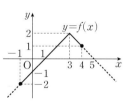

즉, $M=2$, $m=-2$이므로 $\dfrac{M}{m}=-1$ 〔답〕④

[참고] 두 함수 $y=2$, $y=|x-3|$이 $x=3$에서 연속이므로 함수

$y=2-|x-3|$도 $x=3$에서 연속이다.

08 $g(x)=f(x)-x^2+4x$로 놓으면 함수 $f(x)$가 모든 실수 x에서

연속이므로 함수 $g(x)$는 모든 실수 x에서 연속이다.

사잇값의 정리에 의하여 방정식 $g(x)=0$이 열린구간 $(0, 2)$에

서 적어도 하나의 실근을 가지려면 $g(0)g(2)<0$이어야 한다.

이때 $g(0)=f(0)=2>0$이므로 $g(2)<0$이어야 한다.

$g(2)=f(2)-4+8=a^2-5a+4<0$

$(a-1)(a-4)<0$ $\therefore$ $1<a<4$

따라서 정수 a는 2, 3이므로 구하는 합은

$2+3=5$ 〔답〕②

09 주어진 조건에서 $f(-1)=0$, $f(2)=0$이므로

$f(x)=(x+1)(x-2)Q(x)$ ($Q(x)$는 다항함수) ······ ㉠

로 놓을 수 있다.

㉠을 $\lim_{x \to -1} \dfrac{f(x)}{x+1}=3$의 좌변에 대입하면

$\lim_{x \to -1} \dfrac{(x+1)(x-2)Q(x)}{x+1}=\lim_{x \to -1} (x-2)Q(x)$

$=-3Q(-1)$

즉, $-3Q(-1)=3$이므로 $Q(-1)=-1$ ······ ㉡

또, ㉠을 $\lim_{x \to 2} \dfrac{f(x)}{x-2}=6$의 좌변에 대입하면

$\lim_{x \to 2} \dfrac{(x+1)(x-2)Q(x)}{x-2}=\lim_{x \to 2} (x+1)Q(x)=3Q(2)$

즉, $3Q(2)=6$이므로 $Q(2)=2$ ······ ㉢

이때 $Q(x)$는 다항함수이므로 모든 실수 x에서 연속이다.

또, ㉡, ㉢에서 $Q(-1)Q(2)<0$이므로 사잇값의 정리에 의하

여 방정식 $Q(x)=0$은 열린구간 $(-1, 2)$에서 적어도 하나의

실근을 갖는다.

따라서 방정식 $f(x)=0$은 닫힌구간 $[-1, 2]$에서 적어도 3개

의 실근을 갖는다. 〔답〕③

10 두 원 C_1, C_2의 반지름의 길이가 각각 2, 1이므로 두 원이 외접

할 때, 원 C_2의 중심의 좌표는

$(-1, 0)$ 또는 $(5, 0)$

또, 두 원이 내접할 때, 원 C_2의 중심의 좌표는

$(1, 0)$ 또는 $(3, 0)$

$\therefore f(a)=\begin{cases} 0 & (a<-1 \text{ 또는 } 1<a<3 \text{ 또는 } a>5) \\ 1 & (a=-1 \text{ 또는 } a=1 \text{ 또는 } a=3 \text{ 또는 } a=5) \\ 2 & (-1<a<1 \text{ 또는 } 3<a<5) \end{cases}$

즉, 함수 $y=f(a)$의 그래프는
오른쪽 그림과 같으므로 $f(a)$는
$a=-1$, $a=1$, $a=3$, $a=5$에서
불연속이다.

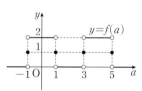

따라서 구하는 합은

$-1+1+3+5=8$ 〔답〕⑤

Core 특강

두 원의 교점의 개수에 따른 두 원의 위치 관계

① 교점이 2개 $\Longleftrightarrow$ 두 원이 서로 다른 두 점에서 만난다.

② 교점이 1개 $\Longleftrightarrow$ 두 원이 외접하거나 내접한다.

③ 교점이 0개 $\Longleftrightarrow$ 한 원이 다른 원의 외부에 있거나 내부에 있다.

11 $f(x)=f(-x)$이므로

$f(-4)f(-5)<0$에서 $f(4)f(5)<0$

$f(-2)f(-3)<0$에서 $f(2)f(3)<0$

함수 $f(x)$는 닫힌구간 $[-5, 5]$에서 연속이고

$f(-4)f(-5)<0$, $f(-2)f(-3)<0$, $f(2)f(3)<0$,

$f(4)f(5)<0$

이므로 사잇값의 정리에 의하여 방정식 $f(x)=0$은 열린구간

$(-5, -4)$, $(-3, -2)$, $(2, 3)$, $(4, 5)$에서 각각 적어도 하

나의 실근을 갖는다.

따라서 방정식 $f(x)=0$은 적어도 4개의 실근을 갖는다.

〔답〕4

12 $f(x)=(x-a)(x-b)+(x-b)(x-c)+(x-c)(x-a)$

로 놓으면 함수 $f(x)$는 연속함수이다.

이때 $a<b<c$이므로

$f(a)=(a-b)(a-c)>0$,

$f(b)=(b-c)(b-a)<0$,

$f(c)=(c-a)(c-b)>0$

$\therefore f(a)f(b)<0,\ f(b)f(c)<0$

따라서 사잇값의 정리에 의하여 방정식 $f(x)=0$은 열린구간 $(a,\ b)$, $(b,\ c)$에서 각각 적어도 하나의 실근을 가지므로 주어진 이차방정식은 서로 다른 두 실근을 갖는다. **답** 풀이 참조

참고 $f(x)=(x-a)(x-b)+(x-b)(x-c)+(x-c)(x-a)$
$\qquad =3x^2-2(a+b+c)x+(ab+bc+ca)$

이므로 이차방정식 $f(x)=0$의 판별식을 D라 하면

$$\frac{D}{4}=(a+b+c)^2-3(ab+bc+ca)$$
$$=a^2+b^2+c^2-ab-bc-ca$$
$$=\frac{1}{2}\{(a-b)^2+(b-c)^2+(c-a)^2\}>0\ (\because a<b<c)$$

즉, 방정식 $f(x)=0$은 서로 다른 두 실근을 갖는다.

Ⅱ. 미분

03강 미분계수와 도함수

✓ 교과서 필수 개념 ① 평균변화율 본문 ☞ 21쪽

대표예제 ① x의 값이 2에서 a까지 변할 때의 함수 $f(x)$의 평균변화율은

$$\frac{\Delta y}{\Delta x}=\frac{f(a)-f(2)}{a-2}=\frac{a^2+5a-14}{a-2}$$
$$=\frac{(a-2)(a+7)}{a-2}=a+7$$

따라서 $a+7=10$이므로 $a=3$ **답** 3

유제 1-1 (1) $\dfrac{\Delta y}{\Delta x}=\dfrac{f(4)-f(1)}{4-1}=\dfrac{24-3}{3}=7$

(2) $\dfrac{\Delta y}{\Delta x}=\dfrac{f(a+\Delta x)-f(a)}{(a+\Delta x)-a}$

$\qquad =\dfrac{\{(a+\Delta x)^2+2(a+\Delta x)\}-(a^2+2a)}{\Delta x}$

$\qquad =\dfrac{2a\Delta x+(\Delta x)^2+2\Delta x}{\Delta x}$

$\qquad =2a+\Delta x+2$ **답** (1) 7 (2) $2a+\Delta x+2$

유제 1-2 x의 값이 a에서 $a+2$까지 변할 때의 함수 $f(x)$의 평균변화율은

$\dfrac{\Delta y}{\Delta x}=\dfrac{f(a+2)-f(a)}{(a+2)-a}=\dfrac{\{2(a+2)^2-(a+2)\}-(2a^2-a)}{2}$

$\qquad =\dfrac{8a+6}{2}=4a+3$

따라서 $4a+3=-5$이므로

$4a=-8$ $\therefore a=-2$ **답** -2

✓ 교과서 필수 개념 ② 미분계수 본문 ☞ 22쪽

대표예제 ② (1) $\displaystyle\lim_{h\to 0}\frac{f(a+5h)-f(a)}{h}=\lim_{h\to 0}\frac{f(a+5h)-f(a)}{5h}\times 5$

$\qquad\qquad =5f'(a)=5\times 2=10$

(2) $\displaystyle\lim_{h\to 0}\frac{f(a+2h)-f(a-h)}{h}$

$=\displaystyle\lim_{h\to 0}\frac{f(a+2h)-f(a)+f(a)-f(a-h)}{h}$

$=\displaystyle\lim_{h\to 0}\frac{f(a+2h)-f(a)}{h}-\lim_{h\to 0}\frac{f(a-h)-f(a)}{h}$

$=\displaystyle\lim_{h\to 0}\left\{\frac{f(a+2h)-f(a)}{2h}\times 2\right\}+\lim_{h\to 0}\frac{f(a-h)-f(a)}{-h}$

$=2f'(a)+f'(a)=3f'(a)$

$=3\times 2=6$ **답** (1) 10 (2) 6

유제 2-1 (1) $\displaystyle\lim_{h\to 0}\frac{f(a)-f(a-h)}{h}=\lim_{h\to 0}\frac{f(a-h)-f(a)}{-h}$

$\qquad\qquad =f'(a)=-3$

(2) $\displaystyle\lim_{h\to 0}\frac{f(a-3h)-f(a+4h)}{h}$

$=\displaystyle\lim_{h\to 0}\frac{f(a-3h)-f(a)+f(a)-f(a+4h)}{h}$

$=\displaystyle\lim_{h\to 0}\frac{f(a-3h)-f(a)}{h}-\lim_{h\to 0}\frac{f(a+4h)-f(a)}{h}$

$=\displaystyle\lim_{h\to 0}\left\{\frac{f(a-3h)-f(a)}{-3h}\times(-3)\right\}$

$\qquad -\displaystyle\lim_{h\to 0}\left\{\frac{f(a+4h)-f(a)}{4h}\times 4\right\}$

$=-3f'(a)-4f'(a)$

$=-7f'(a)=-7\times(-3)=21$ **답** (1) -3 (2) 21

대표예제 ③ (1) $\displaystyle\lim_{x\to 1}\frac{f(x)-f(1)}{x^2-1}=\lim_{x\to 1}\frac{f(x)-f(1)}{(x+1)(x-1)}$

$\qquad\qquad =\displaystyle\lim_{x\to 1}\left\{\frac{f(x)-f(1)}{x-1}\times\frac{1}{x+1}\right\}$

$\qquad\qquad =f'(1)\times\dfrac{1}{2}$

$\qquad\qquad =4\times\dfrac{1}{2}=2$

(2) $\displaystyle\lim_{x\to 1}\frac{x^2 f(1)-f(x^2)}{x-1}$

$=\displaystyle\lim_{x\to 1}\frac{x^2 f(1)-f(1)+f(1)-f(x^2)}{x-1}$

$=\displaystyle\lim_{x\to 1}\frac{(x^2-1)f(1)}{x-1}-\lim_{x\to 1}\frac{f(x^2)-f(1)}{x-1}$

$=\displaystyle\lim_{x\to 1}\frac{(x+1)(x-1)f(1)}{x-1}$

$\qquad -\displaystyle\lim_{x\to 1}\left\{\frac{f(x^2)-f(1)}{(x-1)(x+1)}\times(x+1)\right\}$

$$=\lim_{x\to 1}(x+1)f(1)-\lim_{x\to 1}\left\{\frac{f(x^2)-f(1)}{x^2-1}\times(x+1)\right\}$$

$$=2f(1)-2f'(1)$$

$$=2\times(-2)-2\times 4=-12 \qquad \text{🔴 (1) } 2 \quad (2) -12$$

유제 3-1

(1) $\displaystyle\lim_{x\to 2}\frac{x^2-4}{f(x)-f(2)}=\lim_{x\to 2}\frac{1}{\dfrac{f(x)-f(2)}{x^2-4}}$

$$=\lim_{x\to 2}\frac{1}{\dfrac{f(x)-f(2)}{(x+2)(x-2)}}$$

$$=\lim_{x\to 2}\frac{1}{\dfrac{f(x)-f(2)}{x-2}\times\dfrac{1}{x+2}}$$

$$=\lim_{x\to 2}\left\{\frac{1}{\dfrac{f(x)-f(2)}{x-2}}\times(x+2)\right\}$$

$$=\frac{1}{f'(2)}\times 4$$

$$=(-1)\times 4=-4$$

(2) $\displaystyle\lim_{x\to 2}\frac{2f(x)-xf(2)}{x-2}$

$$=\lim_{x\to 2}\frac{2f(x)-2f(2)+2f(2)-xf(2)}{x-2}$$

$$=\lim_{x\to 2}\frac{2\{f(x)-f(2)\}}{x-2}-\lim_{x\to 2}\frac{(x-2)f(2)}{x-2}$$

$$=2\lim_{x\to 2}\frac{f(x)-f(2)}{x-2}-f(2)$$

$$=2f'(2)-f(2)$$

$$=2\times(-1)-6=-8 \qquad \text{🔴 (1) } -4 \quad (2) -8$$

대표예제 ④

$f(x)=x^2+2x-3$이라 하면 곡선 $y=f(x)$ 위의 점 $(2, 5)$에서의 접선의 기울기는 함수 $f(x)$의 $x=2$에서의 미분계수 $f'(2)$와 같으므로

$$f'(2)=\lim_{\Delta x\to 0}\frac{f(2+\Delta x)-f(2)}{\Delta x}$$

$$=\lim_{\Delta x\to 0}\frac{\{(2+\Delta x)^2+2(2+\Delta x)-3\}-5}{\Delta x}$$

$$=\lim_{\Delta x\to 0}\frac{6\Delta x+(\Delta x)^2}{\Delta x}$$

$$=\lim_{\Delta x\to 0}(6+\Delta x)$$

$$=6 \qquad \text{🔴 } 6$$

유제 4-1

$f(x)=-x^3+x-2$라 하면 곡선 $y=f(x)$ 위의 점 $(1, -2)$에서의 접선의 기울기는 함수 $f(x)$의 $x=1$에서의 미분계수 $f'(1)$과 같으므로

$$f'(1)=\lim_{\Delta x\to 0}\frac{f(1+\Delta x)-f(1)}{\Delta x}$$

$$=\lim_{\Delta x\to 0}\frac{\{-(1+\Delta x)^3+(1+\Delta x)-2\}-(-2)}{\Delta x}$$

$$=\lim_{\Delta x\to 0}\frac{-2\Delta x-3(\Delta x)^2-(\Delta x)^3}{\Delta x}$$

$$=\lim_{\Delta x\to 0}\{-2-3\Delta x-(\Delta x)^2\}$$

$$=-2 \qquad \text{🔴 } -2$$

대표예제 ⑤

(1) (i) $f(1)=0$이고 $\displaystyle\lim_{x\to 1}f(x)=\lim_{x\to 1}|x-1|=0$이므로

$$f(1)=\lim_{x\to 1}f(x)$$

따라서 함수 $f(x)$는 $x=1$에서 연속이다.

(ii) $\displaystyle f'(1)=\lim_{h\to 0}\frac{f(1+h)-f(1)}{h}$

$$=\lim_{h\to 0}\frac{|(1+h)-1|-0}{h}$$

$$=\lim_{h\to 0}\frac{|h|}{h}$$

그런데

$$\lim_{h\to 0+}\frac{|h|}{h}=\lim_{h\to 0+}\frac{h}{h}=1,\ \lim_{h\to 0-}\frac{|h|}{h}=\lim_{h\to 0-}\frac{-h}{h}=-1$$

이므로 $f'(1)$이 존재하지 않는다.

따라서 함수 $f(x)$는 $x=1$에서 미분가능하지 않다.

(i), (ii)에서 함수 $f(x)=|x-1|$은 $x=1$에서 연속이지만 미분가능하지 않다.

(2) (i) $f(1)=0$이고 $\displaystyle\lim_{x\to 1}f(x)=\lim_{x\to 1}|1-x^2|=0$이므로

$$f(1)=\lim_{x\to 1}f(x)$$

따라서 함수 $f(x)$는 $x=1$에서 연속이다.

(ii) $\displaystyle f'(1)=\lim_{h\to 0}\frac{f(1+h)-f(1)}{h}$

$$=\lim_{h\to 0}\frac{|1-(1+h)^2|-0}{h}$$

$$=\lim_{h\to 0}\frac{|-2h-h^2|}{h}$$

그런데

$$\lim_{h\to 0+}\frac{|-2h-h^2|}{h}=\lim_{h\to 0+}\frac{2h+h^2}{h}=\lim_{h\to 0+}(2+h)=2,$$

$$\lim_{h\to 0-}\frac{|-2h-h^2|}{h}=\lim_{h\to 0-}\frac{-2h-h^2}{h}$$

$$=\lim_{h\to 0-}(-2-h)$$

$$=-2$$

이므로 $f'(1)$이 존재하지 않는다.

따라서 함수 $f(x)$는 $x=1$에서 미분가능하지 않다.

(i), (ii)에서 함수 $f(x)=|1-x^2|$은 $x=1$에서 연속이지만 미분가능하지 않다.

🔴 (1) 연속이지만 미분가능하지 않다.

(2) 연속이지만 미분가능하지 않다.

유제 5-1

(1) (i) $f(0)=0$이고

$$\lim_{x\to 0+}f(x)=\lim_{x\to 0+}(-x^3)=0,$$

$$\lim_{x\to 0-}f(x)=\lim_{x\to 0-}x^2=0$$

즉, $\displaystyle\lim_{x\to 0}f(x)=0$이므로

$$f(0)=\lim_{x\to 0}f(x)$$

따라서 함수 $f(x)$는 $x=0$에서 연속이다.

(ii) $\displaystyle f'(0)=\lim_{h\to 0}\frac{f(0+h)-f(0)}{h}=\lim_{h\to 0}\frac{f(h)}{h}$

이때

$$\lim_{h \to 0+} \frac{f(h)}{h} = \lim_{h \to 0+} \frac{-h^3}{h} = \lim_{h \to 0+} (-h^2) = 0,$$

$$\lim_{h \to 0-} \frac{f(h)}{h} = \lim_{h \to 0-} \frac{h^2}{h} = \lim_{h \to 0-} h = 0$$

이므로

$$f'(0) = \lim_{h \to 0} \frac{f(h)}{h} = 0$$

따라서 함수 $f(x)$는 $x=0$에서 미분가능하다.

(i), (ii)에서 함수 $f(x)$는 $x=0$에서 연속이고 미분가능하다.

(2) (i) $f(0) = 0$이고 $\lim_{x \to 0} (x^2 - 2|x|) = 0$이므로

$$f(0) = \lim_{x \to 0} f(x)$$

따라서 함수 $f(x)$는 $x=0$에서 연속이다.

(ii) $f'(0) = \lim_{h \to 0} \frac{f(0+h) - f(0)}{h}$

$$= \lim_{h \to 0} \frac{f(h)}{h}$$

$$= \lim_{h \to 0} \frac{h^2 - 2|h|}{h}$$

그런데

$$\lim_{h \to 0+} \frac{h^2 - 2|h|}{h} = \lim_{h \to 0+} \frac{h^2 - 2h}{h}$$
$$= \lim_{h \to 0+} (h - 2) = -2$$

$$\lim_{h \to 0-} \frac{h^2 - 2|h|}{h} = \lim_{h \to 0-} \frac{h^2 + 2h}{h}$$
$$= \lim_{h \to 0-} (h + 2) = 2$$

이므로 $f'(0)$이 존재하지 않는다.

따라서 함수 $f(x)$는 $x=0$에서 미분가능하지 않다.

(i), (ii)에서 함수 $f(x) = x^2 - 2|x|$는 $x=0$에서 연속이지만 미분가능하지 않다.

답 (1) 연속이고 미분가능하다.

(2) 연속이지만 미분가능하지 않다.

참고 (1) (i)의 과정을 생략해도 (ii)에서 함수 $f(x)$가 $x=0$에서 미분가능하므로 $f(x)$가 $x=0$에서 연속임을 알 수 있다.

대표예제 ⑥ (1) 함수 $y=f(x)$의 그래프가 $x=-1$, $x=0$인 점에서 끊어져 있으므로 함수 $f(x)$는 $x=-1$, $x=0$에서 불연속이다.

(2) 함수 $f(x)$는 $x=-1$, $x=0$에서 불연속이므로 $x=-1$, $x=0$에서 미분가능하지 않다.

또, 함수 $y=f(x)$의 그래프가 $x=1$인 점에서 꺾여 있으므로 함수 $f(x)$는 $x=1$에서 미분가능하지 않다.

답 (1) -1, 0 (2) -1, 0, 1

유제 6-1 함수 $y=f(x)$의 그래프가 $x=0$인 점에서 끊어져 있으므로 함수 $f(x)$는 $x=0$에서 불연속이다.

$$\therefore a = 1$$

함수 $f(x)$는 $x=0$에서 불연속이므로 $x=0$에서 미분가능하지 않다.

또, 함수 $y=f(x)$의 그래프가 $x=2$, $x=3$인 점에서 꺾여 있으므로 함수 $f(x)$는 $x=2$, $x=3$에서 미분가능하지 않다.

따라서 함수 $f(x)$는 $x=0$, $x=2$, $x=3$에서 미분가능하지 않으므로

$$b = 3$$

$$\therefore a + b = 4$$

답 4

✓ 교과서 필수 개념 ④ 도함수   본문 ☞ 24쪽

대표예제 ⑦
(1) $f'(x) = \lim_{h \to 0} \frac{f(x+h) - f(x)}{h}$

$$= \lim_{h \to 0} \frac{\{4(x+h) - 2\} - (4x - 2)}{h}$$

$$= \lim_{h \to 0} \frac{4h}{h} = 4$$

(2) $f'(x) = \lim_{h \to 0} \frac{f(x+h) - f(x)}{h}$

$$= \lim_{h \to 0} \frac{\{2(x+h)^2 + 5\} - (2x^2 + 5)}{h}$$

$$= \lim_{h \to 0} \frac{4xh + 2h^2}{h}$$

$$= \lim_{h \to 0} (4x + 2h) = 4x$$

답 (1) $f'(x) = 4$ (2) $f'(x) = 4x$

유제 7-1 $f'(x) = \lim_{h \to 0} \frac{f(x+h) - f(x)}{h}$

$$= \lim_{h \to 0} \frac{\{-(x+h)^2 + 2(x+h) + 4\} - (-x^2 + 2x + 4)}{h}$$

$$= \lim_{h \to 0} \frac{-2xh - h^2 + 2h}{h}$$

$$= \lim_{h \to 0} (-2x - h + 2)$$

$$= -2x + 2$$

$$\therefore f'(-2) = -2 \times (-2) + 2 = 6$$

답 $f'(x) = -2x + 2$, $f'(-2) = 6$

✓ 교과서 필수 개념 ⑤ 미분법의 공식   본문 ☞ 24쪽

대표예제 ⑧
(1) $y' = 3(x)' + (5)' = 3 \times 1 + 0 = 3$

(2) $y' = -4(x^2)' + 6(x)' + (1)'$

$$= -4 \times 2x + 6 \times 1 + 0$$

$$= -8x + 6$$

(3) $y' = \frac{2}{5}(x^5)' + \frac{3}{4}(x^4)' - \frac{1}{2}(x^2)' + 3(x)'$

$$= \frac{2}{5} \times 5x^4 + \frac{3}{4} \times 4x^3 - \frac{1}{2} \times 2x + 3 \times 1$$

$$= 2x^4 + 3x^3 - x + 3$$

답 (1) $y' = 3$ (2) $y' = -8x + 6$ (3) $y' = 2x^4 + 3x^3 - x + 3$

유제 8-1 (1) $y' = -2(x)' + (1)' = -2 \times 1 + 0 = -2$

(2) $y' = (x^6)' + (x)' = 6x^5 + 1$

(3) $y'=-\dfrac{1}{2}(x^4)'+\dfrac{1}{6}(x^3)'+2(x)'-\left(\dfrac{1}{8}\right)'$

$\quad=-\dfrac{1}{2}\times4x^3+\dfrac{1}{6}\times3x^2+2\times1-0$

$\quad=-2x^3+\dfrac{1}{2}x^2+2$

답 (1) $y'=-2$ (2) $y'=6x^5+1$ (3) $y'=-2x^3+\dfrac{1}{2}x^2+2$

유제 8-2 $f'(x)=-2(x^4)'+4(x^3)'-(x)'+(1)'$

$\quad=-2\times4x^3+4\times3x^2-1+0$

$\quad=-8x^3+12x^2-1$

$\therefore f'(2)+f'(-1)=(-64+48-1)+(8+12-1)$

$\qquad\qquad\qquad=2$ 답 2

교과서 필수 개념 ⑥ 함수의 곱의 미분법 본문 ☞ 25쪽

대표예제 ⑨
(1) $y'=(3x^2+2)'(x^3-x)+(3x^2+2)(x^3-x)'$

$\quad=6x(x^3-x)+(3x^2+2)(3x^2-1)$

$\quad=6x^4-6x^2+9x^4+3x^2-2$

$\quad=15x^4-3x^2-2$

(2) $y'=(x-2)'(x^2+1)(3x+4)+(x-2)(x^2+1)'(3x+4)$

$\qquad\qquad\qquad\qquad\quad +(x-2)(x^2+1)(3x+4)'$

$\quad=1\times(x^2+1)(3x+4)+(x-2)\times2x\times(3x+4)$

$\qquad\qquad\qquad\qquad\quad +(x-2)(x^2+1)\times3$

$\quad=3x^3+4x^2+3x+4+6x^3-4x^2-16x+3x^3+3x-6x^2-6$

$\quad=12x^3-6x^2-10x-2$

(3) $y'=4(2x^2-5x+3)^3(2x^2-5x+3)'$

$\quad=4(4x-5)(2x^2-5x+3)^3$

(4) $y'=\{(x+1)^3\}'(x^2+4)^2+(x+1)^3\{(x^2+4)^2\}'$

$\quad=3(x+1)^2(x^2+4)^2+(x+1)^3\times2(x^2+4)\times2x$

$\quad=3(x+1)^2(x^2+4)^2+4x(x+1)^3(x^2+4)$

$\quad=(x+1)^2(x^2+4)(3x^2+12+4x^2+4x)$

$\quad=(x+1)^2(x^2+4)(7x^2+4x+12)$

답 (1) $y'=15x^4-3x^2-2$

(2) $y'=12x^3-6x^2-10x-2$

(3) $y'=4(4x-5)(2x^2-5x+3)^3$

(4) $y'=(x+1)^2(x^2+4)(7x^2+4x+12)$

주의 (3) $y'=4(2x^2-5x+3)^3$과 같이 구하지 않도록 주의한다.

유제 9-1
(1) $y'=(2x-3)'(x^2+4x+1)+(2x-3)(x^2+4x+1)'$

$\quad=2(x^2+4x+1)+(2x-3)(2x+4)$

$\quad=2x^2+8x+2+4x^2+2x-12$

$\quad=6x^2+10x-10$

(2) $y'=(x+4)'(4x-1)(2x+5)+(x+4)(4x-1)'(2x+5)$

$\qquad\qquad\qquad\qquad\quad +(x+4)(4x-1)(2x+5)'$

$\quad=1\times(4x-1)(2x+5)+(x+4)\times4\times(2x+5)$

$\qquad\qquad\qquad\qquad\quad +(x+4)(4x-1)\times2$

$\quad=8x^2+18x-5+8x^2+52x+80+8x^2+30x-8$

$\quad=24x^2+100x+67$

(3) $y'=3(x^3-2x)^2(x^3-2x)'$

$\quad=3(3x^2-2)(x^3-2x)^2$

(4) $y'=\{(3x-1)^4\}'(x^2+7)+(3x-1)^4(x^2+7)'$

$\quad=4(3x-1)^3\times3\times(x^2+7)+(3x-1)^4\times2x$

$\quad=12(3x-1)^3(x^2+7)+2x(3x-1)^4$

$\quad=2(3x-1)^3(6x^2+42+3x^2-x)$

$\quad=2(3x-1)^3(9x^2-x+42)$

답 (1) $y'=6x^2+10x-10$

(2) $y'=24x^2+100x+67$

(3) $y'=3(3x^2-2)(x^3-2x)^2$

(4) $y'=2(3x-1)^3(9x^2-x+42)$

유제 9-2
$\displaystyle\lim_{x\to1}\dfrac{f(x)-f(1)}{x-1}=f'(1)$

이때 $f(x)=(x^2-3x+4)(5x+2)$이므로

$f'(x)=(x^2-3x+4)'(5x+2)+(x^2-3x+4)(5x+2)'$

$\quad=(2x-3)(5x+2)+(x^2-3x+4)\times5$

$\quad=10x^2-11x-6+5x^2-15x+20$

$\quad=15x^2-26x+14$

$\therefore \displaystyle\lim_{x\to1}\dfrac{f(x)-f(1)}{x-1}=f'(1)=15-26+14=3$ 답 3

대표예제 ⑩
(1) 다항식 x^5+ax+b를 $(x-1)^2$으로 나누었을 때의 몫을 $Q(x)$라 하면

$x^5+ax+b=(x-1)^2Q(x)$ ······ ㉠

양변에 $x=1$을 대입하면

$1+a+b=0$ $\therefore a+b=-1$ ······ ㉡

㉠의 양변을 x에 대하여 미분하면

$5x^4+a=2(x-1)Q(x)+(x-1)^2Q'(x)$

양변에 $x=1$을 대입하면

$5+a=0$ $\therefore a=-5$

$a=-5$를 ㉡에 대입하면

$-5+b=-1$ $\therefore b=4$

$\therefore ab=-20$

(2) 다항식 $x^{10}+6$을 $(x+1)^2$으로 나누었을 때의 몫을 $Q(x)$라 하면

$x^{10}+6=(x+1)^2Q(x)+px+q$ ······ ㉠

양변에 $x=-1$을 대입하면

$-p+q=7$ ······ ㉡

㉠의 양변을 x에 대하여 미분하면

$10x^9=2(x+1)Q(x)+(x+1)^2Q'(x)+p$

양변에 $x=-1$을 대입하면 $p=-10$

$p=-10$을 ㉡에 대입하면

$10+q=7$ $\therefore q=-3$

$\therefore p+q=-13$

답 (1) -20 (2) -13

다항식의 나눗셈에서 미분법의 활용

다항식 $f(x)$를 $(x-a)^2$으로 나누었을 때의 몫을 $Q(x)$, 나머지를 $R(x)$라 하면

$f(x)=(x-a)^2Q(x)+R(x)$,
$f'(x)=2(x-a)Q(x)+(x-a)^2Q'(x)+R'(x)$
$\therefore f(a)=R(a),\ f'(a)=R'(a)$

유제 10-1

(1) 다항식 x^6-6x+a를 $(x+b)^2$으로 나누었을 때의 몫을 $Q(x)$라 하면

$x^6-6x+a=(x+b)^2Q(x)$ ······ ㉠

양변에 $x=-b$를 대입하면

$b^6+6b+a=0$ ······ ㉡

㉠의 양변을 x에 대하여 미분하면

$6x^5-6=2(x+b)Q(x)+(x+b)^2Q'(x)$

양변에 $x=-b$를 대입하면

$-6b^5-6=0,\ b^5=-1$ ∴ $b=-1$

$b=-1$을 ㉡에 대입하면

$1-6+a=0$ ∴ $a=5$

$\therefore a+b=4$

(2) 다항식 x^7-x^5+1을 $(x-1)^2$으로 나누었을 때의 몫을 $Q(x)$, 나머지를 $R(x)=px+q\ (p,\ q$는 상수$)$라 하면

$x^7-x^5+1=(x-1)^2Q(x)+px+q$ ······ ㉠

양변에 $x=1$을 대입하면

$p+q=1$ ······ ㉡

㉠의 양변을 x에 대하여 미분하면

$7x^6-5x^4=2(x-1)Q(x)+(x-1)^2Q'(x)+p$

양변에 $x=1$을 대입하면

$p=2$

$p=2$를 ㉡에 대입하면

$2+q=1$ ∴ $q=-1$

따라서 $R(x)=2x-1$이므로

$R(2)=2\times2-1=3$

답 (1) 4 (2) 3

핵심 개념 & 공식 리뷰

본문 ☞ 26쪽

01 (1) ○ (2) ○ (3) ○ (4) × (5) × (6) ○ (7) × (8) ×

02 (1) 3 (2) 60 (3) 24

03 (1) 0 (2) $-1,\ 1$ (3) 1 (4) 1

04 (1) $y'=x^3-2x$ (2) $y'=2x-3$ (3) $y'=-36x^2+18x+32$
(4) $y'=3x^2-6x+2$ (5) $y'=8(2x-1)^3$
(6) $y'=2(x-3)(2x+5)^2(5x-4)$

02 (1) $\displaystyle\lim_{x\to2}\frac{f(x)-f(2)}{x^2-4}=\lim_{x\to2}\left\{\frac{f(x)-f(2)}{x-2}\times\frac{1}{x+2}\right\}$
$=f'(2)\times\dfrac{1}{4}=12\times\dfrac{1}{4}=3$

(2) $\displaystyle\lim_{h\to0}\frac{f(2+5h)-f(2)}{h}=\lim_{h\to0}\left\{\frac{f(2+5h)-f(2)}{5h}\times5\right\}$
$=f'(2)\times5$
$=12\times5=60$

(3) $\displaystyle\lim_{h\to0}\frac{f(2+h)-f(2-h)}{h}$
$=\displaystyle\lim_{h\to0}\frac{f(2+h)-f(2)+f(2)-f(2-h)}{h}$
$=\displaystyle\lim_{h\to0}\frac{f(2+h)-f(2)}{h}-\lim_{h\to0}\frac{f(2-h)-f(2)}{h}$
$=\displaystyle\lim_{h\to0}\frac{f(2+h)-f(2)}{h}+\lim_{h\to0}\frac{f(2-h)-f(2)}{-h}$
$=f'(2)+f'(2)$
$=2f'(2)=2\times12=24$

04 (3) $y'=-6x(4x-3)+(-3x^2+8)\times4$
$=-24x^2+18x-12x^2+32$
$=-36x^2+18x+32$

(4) $y'=(x-1)(x-2)+x(x-2)+x(x-1)$
$=x^2-3x+2+x^2-2x+x^2-x$
$=3x^2-6x+2$

(5) $y'=4(2x-1)^3\times2=8(2x-1)^3$

(6) $y'=2(x-3)(2x+5)^3+(x-3)^2\times3(2x+5)^2\times2$
$=2(x-3)(2x+5)^2(2x+5+3x-9)$
$=2(x-3)(2x+5)^2(5x-4)$

빈출 문제로 실전 연습

본문 ☞ 27~28쪽

01 3	**02** 5	**03** ②	**04** ①	**05** 16	**06** ⑤
07 ②	**08** ④	**09** 6	**10** ②	**11** 5	**12** 13
13 2					

01 x의 값이 1에서 5까지 변할 때의 함수 $f(x)$의 평균변화율은

$\dfrac{f(5)-f(1)}{5-1}=\dfrac{10-(-2)}{5-1}=3$

또, 함수 $f(x)$의 $x=c$에서의 미분계수는

$f'(c)=\displaystyle\lim_{h\to0}\frac{f(c+h)-f(c)}{h}$
$=\displaystyle\lim_{h\to0}\frac{\{(c+h)^2-3(c+h)\}-(c^2-3c)}{h}$
$=\displaystyle\lim_{h\to0}\frac{2ch+h^2-3h}{h}$
$=\displaystyle\lim_{h\to0}(2c+h-3)$
$=2c-3$

따라서 $2c-3=3$이므로

$2c=6$ ∴ $c=3$ **답** 3

다른 풀이 미분법의 공식을 이용하면 $f'(x)=2x-3$이므로

$f'(c)=2c-3$

02 점 $(-1, 3)$이 곡선 $y=f(x)$ 위의 점이므로

$f(-1)=3$

점 $(-1, 3)$에서의 접선의 기울기가 2이므로

$f'(-1)=2$

$\therefore \lim\limits_{x\to -1}\dfrac{xf(-1)+f(x)}{x+1}$

$=\lim\limits_{x\to -1}\dfrac{xf(-1)+f(-1)-f(-1)+f(x)}{x+1}$

$=\lim\limits_{x\to -1}\dfrac{(x+1)f(-1)}{x+1}+\lim\limits_{x\to -1}\dfrac{f(x)-f(-1)}{x-(-1)}$

$=f(-1)+f'(-1)$

$=3+2=5$

답 5

03 ① (ⅰ) $\lim\limits_{x\to 0}f(x)=f(0)=0$

즉, 함수 $f(x)$는 $x=0$에서 연속이다.

(ⅱ) $f'(0)=\lim\limits_{h\to 0}\dfrac{f(h)-f(0)}{h}=\lim\limits_{h\to 0}\dfrac{h|h|}{h}$

$=\lim\limits_{h\to 0}|h|=0$

즉, 함수 $f(x)$는 $x=0$에서 미분가능하다.

② $f(x)=\sqrt{x^2}=|x|$

(ⅰ) $\lim\limits_{x\to 0}f(x)=f(0)=0$

즉, 함수 $f(x)$는 $x=0$에서 연속이다.

(ⅱ) $f'(0)=\lim\limits_{h\to 0}\dfrac{f(h)-f(0)}{h}=\lim\limits_{h\to 0}\dfrac{|h|}{h}$

그런데 $\lim\limits_{h\to 0+}\dfrac{|h|}{h}=\lim\limits_{h\to 0+}\dfrac{h}{h}=1$,

$\lim\limits_{h\to 0-}\dfrac{|h|}{h}=\lim\limits_{h\to 0-}\dfrac{-h}{h}=-1$이므로 $f'(0)$이 존재하지

않는다.

즉, 함수 $f(x)$는 $x=0$에서 미분가능하지 않다.

③ (ⅰ) $\lim\limits_{x\to 0}f(x)=f(0)=0$

즉, 함수 $f(x)$는 $x=0$에서 연속이다.

(ⅱ) $f'(0)=\lim\limits_{h\to 0}\dfrac{f(h)-f(0)}{h}$

$=\lim\limits_{h\to 0}\dfrac{|h|^3}{h}=\lim\limits_{h\to 0}\dfrac{h^2|h|}{h}$

$=\lim\limits_{h\to 0}h|h|=0$

즉, 함수 $f(x)$는 $x=0$에서 미분가능하다.

④ $f(0)$이 정의되어 있지 않으므로 함수 $f(x)$는 $x=0$에서 불연속이고 미분가능하지 않다.

⑤ (ⅰ) $\lim\limits_{x\to 0}f(x)=f(0)=1$

즉, 함수 $f(x)$는 $x=0$에서 연속이다.

(ⅱ) $f'(0)=\lim\limits_{h\to 0}\dfrac{f(h)-f(0)}{h}$

$=\lim\limits_{h\to 0}\dfrac{(2h^2+1)-1}{h}$

$=\lim\limits_{h\to 0}2h=0$

즉, 함수 $f(x)$는 $x=0$에서 미분가능하다.

따라서 $x=0$에서 연속이지만 미분가능하지 않은 함수는 ②이다.

답 ②

참고 함수 $f(x)=\sqrt{x^2}=|x|$의 그래프는 오른쪽 그림과 같이 $x=0$인 점에서 이어져 있지만 꺾여 있다. 따라서 $f(x)=\sqrt{x^2}$은 $x=0$에서 연속이지만 미분가능하지는 않음을 알 수 있다.

04 함수 $f(x)$가 $x=-1$에서 미분가능하므로 $x=-1$에서 연속이다.

즉, $\lim\limits_{x\to -1}f(x)=f(-1)$에서 $-a+b=4$ ......㉠

또, $f'(-1)$이 존재하므로

$\lim\limits_{h\to 0+}\dfrac{f(-1+h)-f(-1)}{h}=\lim\limits_{h\to 0+}\dfrac{\{(-1+h)^2+3\}-4}{h}$

$=\lim\limits_{h\to 0+}\dfrac{h^2-2h}{h}$

$=\lim\limits_{h\to 0+}(h-2)=-2$

$\lim\limits_{h\to 0-}\dfrac{f(-1+h)-f(-1)}{h}$

$=\lim\limits_{h\to 0-}\dfrac{\{a(-1+h)+b\}-(-a+b)}{h}$

$=\lim\limits_{h\to 0-}\dfrac{ah}{h}=a$

에서 $a=-2$

$a=-2$를 ㉠에 대입하면

$2+b=4$ $\therefore b=2$

$\therefore ab=-4$

답 ①

05 $\dfrac{1}{n}=h$로 놓으면 $n\to\infty$일 때 $h\to 0$이므로

$\lim\limits_{n\to\infty}n\left\{f\left(4+\dfrac{2}{n}\right)-f\left(4-\dfrac{2}{n}\right)\right\}$

$=\lim\limits_{h\to 0}\dfrac{1}{h}\{f(4+2h)-f(4-2h)\}$

$=\lim\limits_{h\to 0}\dfrac{f(4+2h)-f(4)+f(4)-f(4-2h)}{h}$

$=\lim\limits_{h\to 0}\dfrac{f(4+2h)-f(4)}{h}-\lim\limits_{h\to 0}\dfrac{f(4-2h)-f(4)}{h}$

$=\lim\limits_{h\to 0}\left\{\dfrac{f(4+2h)-f(4)}{2h}\times 2\right\}$

$\qquad\qquad -\lim\limits_{h\to 0}\left\{\dfrac{f(4-2h)-f(4)}{-2h}\times(-2)\right\}$

$=2f'(4)+2f'(4)=4f'(4)$

이때 $f(x)=-\dfrac{1}{3}x^3+2x^2+4x$에서

$f'(x)=-x^2+4x+4$

이므로 구하는 극한값은

$4f'(4)=4\times(-16+16+4)=16$

답 16

06 조건 ㈎에서 $f(x)$의 최고차항은 $2x^3$이므로

$f(x)=2x^3+ax^2+bx+c$ $(a, b, c$는 상수)

로 놓을 수 있다.

$\therefore f'(x)=6x^2+2ax+b$ ......㉠

또, 조건 (나)에서 $x \to 1$일 때 (분모) $\to 0$이고 극한값이 존재하므로 (분자) $\to 0$이어야 한다.

즉, $\lim_{x \to 1} f'(x) = 0$이므로 $f'(1) = 0$

$x = 1$을 ㉠에 대입하면

$6 + 2a + b = 0$ ∴ $b = -2a - 6$ ······ ㉡

㉡을 ㉠에 대입하면

$f'(x) = 6x^2 + 2ax - 2a - 6$

$\quad = 6(x+1)(x-1) + 2a(x-1)$

$\quad = 2(x-1)(3x+a+3)$ ······ ㉢

㉢을 조건 (나)의 식에 대입하면

$\lim_{x \to 1} \dfrac{2(x-1)(3x+a+3)}{x-1} = \lim_{x \to 1} 2(3x+a+3) = 2a+12$

즉, $2a + 12 = 4$이므로

$2a = -8$ ∴ $a = -4$

$a = -4$를 ㉡에 대입하면 $b = 2$

따라서 $f'(x) = 6x^2 - 8x + 2$이므로

$f'(-2) = 24 + 16 + 2 = 42$ 🄰 ⑤

07 $f(x) = x^n - x^3 + 8x$로 놓으면 $f(1) = 8$이므로

$\lim_{x \to 1} \dfrac{x^n - x^3 + 8x - 8}{x-1} = \lim_{x \to 1} \dfrac{f(x) - f(1)}{x-1} = f'(1)$

이때 $f'(x) = nx^{n-1} - 3x^2 + 8$이므로

$f'(1) = n - 3 + 8 = 10$

∴ $n = 5$ 🄰 ②

08 $\lim_{h \to 0} \dfrac{f(2+h)+4}{h} = 5$에서 $h \to 0$일 때 (분모) $\to 0$이고 극한값이 존재하므로 (분자) $\to 0$이어야 한다.

즉, $\lim_{h \to 0} \{f(2+h)+4\} = 0$이므로 $f(2) = -4$

∴ $\lim_{h \to 0} \dfrac{f(2+h)+4}{h} = \lim_{h \to 0} \dfrac{f(2+h)-f(2)}{h} = f'(2) = 5$

한편, $g'(x) = 2xf(x) + (x^2+3)f'(x)$이므로

$g'(2) = 4f(2) + 7f'(2) = 4 \times (-4) + 7 \times 5 = 19$ 🄰 ④

09 $f(1) = f(3) = f(4) = k$라 하면

$f(1) - k = f(3) - k = f(4) - k = 0$

이때 $f(x)$는 최고차항의 계수가 1인 삼차함수이므로

$f(x) - k = (x-1)(x-3)(x-4)$

양변을 x에 대하여 미분하면

$f'(x) = (x-3)(x-4) + (x-1)(x-4) + (x-1)(x-3)$

∴ $f'(1) = (1-3) \times (1-4) = 6$ 🄰 6

10 다항식 $f(x)$를 $(x+1)^2$으로 나누었을 때의 몫을 $Q_1(x)$라 하면

$x^{10} - 3ax + 2b = (x+1)^2 Q_1(x) - x + 5$ ······ ㉠

양변에 $x = -1$을 대입하면

$1 + 3a + 2b = 6$ ∴ $3a + 2b = 5$ ······ ㉡

㉠의 양변을 x에 대하여 미분하면

$10x^9 - 3a = 2(x+1)Q_1(x) + (x+1)^2 Q_1'(x) - 1$

양변에 $x = -1$을 대입하면

$-10 - 3a = -1$, $3a = -9$ ∴ $a = -3$

$a = -3$을 ㉡에 대입하면

$-9 + 2b = 5$, $2b = 14$ ∴ $b = 7$

∴ $f(x) = x^{10} + 9x + 14$

한편, $f(x)$를 $(x-1)^2$으로 나누었을 때의 몫을 $Q_2(x)$, 나머지를 $px+q$ (p, q는 상수)라 하면

$x^{10} + 9x + 14 = (x-1)^2 Q_2(x) + px + q$ ······ ㉢

양변에 $x = 1$을 대입하면

$p + q = 24$ ······ ㉣

㉢의 양변을 x에 대하여 미분하면

$10x^9 + 9 = 2(x-1)Q_2(x) + (x-1)^2 Q_2'(x) + p$

양변에 $x = 1$을 대입하면

$p = 19$

$p = 19$를 ㉣에 대입하면

$19 + q = 24$ ∴ $q = 5$

따라서 구하는 나머지는 $19x + 5$이다. 🄰 ②

11 $f(x+y) = f(x) + f(y) + 2xy$ ······ ㉠

$x = 0$, $y = 0$을 ㉠에 대입하면

$f(0) = f(0) + f(0) + 0$

∴ $f(0) = 0$

∴ $f'(1) = \lim_{h \to 0} \dfrac{f(1+h) - f(1)}{h}$

$\quad = \lim_{h \to 0} \dfrac{f(1) + f(h) + 2h - f(1)}{h}$ (∵ ㉠)

$\quad = \lim_{h \to 0} \dfrac{f(h) + 2h}{h}$

$\quad = \lim_{h \to 0} \dfrac{f(h)}{h} + 2$

$\quad = \lim_{h \to 0} \dfrac{f(h) - f(0)}{h} + 2$ (∵ $f(0) = 0$)

$\quad = f'(0) + 2$

$\quad = 3 + 2 = 5$ 🄰 5

12 $\lim_{x \to -1} \dfrac{f(x-1)-2}{x^2-1} = 3$에서 $x \to -1$일 때 (분모) $\to 0$이고 극한값이 존재하므로 (분자) $\to 0$이어야 한다.

즉, $\lim_{x \to -1} \{f(x-1) - 2\} = 0$이므로 $f(-2) = 2$

$x - 1 = t$로 놓으면 $x \to -1$일 때 $t \to -2$이므로

$\lim_{x \to -1} \dfrac{f(x-1)-2}{x^2-1} = \lim_{t \to -2} \dfrac{f(t)-2}{(t+1)^2-1}$

$\quad = \lim_{t \to -2} \dfrac{f(t)-f(-2)}{t^2+2t}$ (∵ $f(-2) = 2$)

$\quad = \lim_{t \to -2} \left\{ \dfrac{f(t)-f(-2)}{t-(-2)} \times \dfrac{1}{t} \right\}$

$\quad = -\dfrac{1}{2} f'(-2)$

즉, $-\dfrac{1}{2} f'(-2) = 3$이므로 $f'(-2) = -6$

한편, $f(x)=x^4+ax+b$에서 $f'(x)=4x^3+a$이므로

$f(-2)=16-2a+b=2$에서

$2a-b=14$ ····· ㉠

$f'(-2)=-32+a=-6$에서 $a=26$

$a=26$을 ㉠에 대입하면

$52-b=14$ ∴ $b=38$

따라서 $f(x)=x^4+26x+38$이므로

$f(-1)=1-26+38=13$ **답** 13

13 $\{f'(x)\}^2=8f(x)+20$ ····· ㉠

$f(x)$가 상수함수이면 $f'(x)=0$이므로 ㉠에서

$f(x)=-\dfrac{5}{2}$

그런데 $f(-1)=-2$이므로 모순이다.

또, 자연수 n에 대하여 $f(x)$를 n차 함수라 하면 $f'(x)$는

$(n-1)$차 함수이다.

이때 ㉠에서 $n=1$이면 좌변은 상수이고 우변은 일차식이므로

모순이다.

∴ $n \geq 2$

㉠의 좌변의 차수는 $2(n-1)$, 우변의 차수는 n이므로

$2n-2=n$ ∴ $n=2$

즉, $f(x)=ax^2+bx+c\ (a,\ b,\ c$는 양수$)$라 하면

$f'(x)=2ax+b$

이것을 ㉠에 대입하면

$(2ax+b)^2=8(ax^2+bx+c)+20$

$4a^2x^2+4abx+b^2=8ax^2+8bx+8c+20$

위의 등식이 모든 실수 x에 대하여 성립하므로

$4a^2=8a$, $4ab=8b$, $b^2=8c+20$

∴ $a=2$, $b^2=8c+20\ (\because a>0,\ b>0)$

한편, $f(-1)=-2$이므로

$2-b+c=-2$

∴ $c=b-4$ ····· ㉡

㉡을 $b^2=8c+20$에 대입하면

$b^2=8(b-4)+20$, $b^2-8b+12=0$

$(b-2)(b-6)=0$

∴ $b=2$ 또는 $b=6$

(ⅰ) $b=2$일 때, ㉡에서 $c=-2$

　이것은 c가 양수라는 조건에 모순이다.

(ⅱ) $b=6$일 때, ㉡에서 $c=2$

(ⅰ), (ⅱ)에서 $b=6$, $c=2$

따라서 $f(x)=2x^2+6x+2$이므로

$f(-3)=18-18+2=2$ **답** 2

Core 특강

항등식의 성질

① $ax^2+bx+x=0$이 x에 대한 항등식 $\Longleftrightarrow$ $a=0$, $b=0$, $c=0$

② $ax^2+bx+c=a'x^2+b'x+c'$이 x에 대한 항등식

　$\Longleftrightarrow$ $a=a'$, $b=b'$, $c=c'$

Ⅱ. 미분

04강 도함수의 활용(1)

교과서 필수 개념 ① 접선의 방정식　　본문 ☞ 29쪽

대표예제 ① $f(x)=\dfrac{1}{2}x^2+ax+b$로 놓으면

$f'(x)=x+a$

곡선 $y=f(x)$가 점 $(-2,\ 5)$를 지나므로

$f(-2)=5$

즉, $2-2a+b=5$에서 $2a-b=-3$ ····· ㉠

또, 점 $(-2,\ 5)$에서의 접선의 기울기가 -3이므로

$f'(-2)=-3$

즉, $-2+a=-3$에서 $a=-1$

$a=-1$을 ㉠에 대입하면

$-2-b=-3$ ∴ $b=1$ **답** $a=-1$, $b=1$

유제 1-1 $f(x)=x^3+ax^2-1$에서

$f'(x)=3x^2+2ax$

x의 좌표가 -3, 1인 점에서의 접선의 기울기는 각각

$f'(-3)=27-6a$, $f'(1)=3+2a$

이때 두 접선이 평행하므로

$f'(-3)=f'(1)$

즉, $27-6a=3+2a$에서 $-8a=-24$

∴ $a=3$ **답** 3

유제 1-2 $f(x)=x^3-ax+b$로 놓으면

$f'(x)=3x^2-a$

곡선 $y=f(x)$가 점 $(1,\ 3)$을 지나므로

$f(1)=3$

즉, $1-a+b=3$에서 $a-b=-2$ ····· ㉠

또, 점 $(1,\ 3)$에서의 접선의 기울기가 -2이므로

$f'(1)=-2$

즉, $3-a=-2$에서 $a=5$

$a=5$를 ㉠에 대입하면

$5-b=-2$ ∴ $b=7$ **답** $a=5$, $b=7$

대표예제 ② $f(x)=x^3+3x^2-2x+1$로 놓으면

$f'(x)=3x^2+6x-2=3(x+1)^2-5$

이므로 $f'(x)$는 $x=-1$에서 최솟값 -5를 갖는다.

따라서 접선의 기울기 m의 최솟값은 -5이다. **답** -5

유제 2-1 $f(x)=-x^3+6x^2-11x+8$로 놓으면

$f'(x)=-3x^2+12x-11=-3(x-2)^2+1$

이므로 $f'(x)$는 $x=2$에서 최댓값 1을 갖는다.

∴ $a=2$, $k=1$

점 $(2, b)$는 곡선 $y=f(x)$ 위의 점이므로
$b=-8+24-22+8=2$
$\therefore a+b+k=5$
답 5

 교과서 필수 개념 ▶ ❷ **접선의 방정식 구하기(1)** 본문 ☞ 30쪽

대표
예제
❸
(1) $f(x)=2x^2-1$로 놓으면 $f'(x)=4x$
점 $(1, 1)$에서의 접선의 기울기는 $f'(1)=4$
따라서 구하는 접선의 방정식은
$y-1=4(x-1)$ $\therefore y=4x-3$
(2) $f(x)=x^3-2x^2+3$으로 놓으면
$f'(x)=3x^2-4x$
점 $(-1, 0)$에서의 접선의 기울기 $f'(-1)=3+4=7$이
므로 이 점에서의 접선에 수직인 직선의 기울기는 $-\dfrac{1}{7}$이다.
따라서 구하는 직선의 방정식은
$y=-\dfrac{1}{7}\{x-(-1)\}$ $\therefore y=-\dfrac{1}{7}x-\dfrac{1}{7}$

답 (1) $y=4x-3$ (2) $y=-\dfrac{1}{7}x-\dfrac{1}{7}$

유제
3-1
(1) $f(x)=-x^2+x$로 놓으면
$f'(x)=-2x+1$
점 $(-1, -2)$에서의 접선의 기울기는
$f'(-1)=2+1=3$
따라서 구하는 접선의 방정식은
$y-(-2)=3\{x-(-1)\}$ $\therefore y=3x+1$
(2) $f(x)=2x^3-4x+3$으로 놓으면
$f'(x)=6x^2-4$
점 $(-2, -5)$에서의 접선의 기울기는
$f'(-2)=24-4=20$
따라서 구하는 접선의 방정식은
$y-(-5)=20\{x-(-2)\}$ $\therefore y=20x+35$

답 (1) $y=3x+1$ (2) $y=20x+35$

유제
3-2
(1) $f(x)=-3x^3+ax+1$로 놓으면 점 $(1, 1)$이 곡선 $y=f(x)$
위의 점이므로 $f(1)=1$
$-3+a+1=1$ $\therefore a=3$
즉, $f(x)=-3x^3+3x+1$이므로 $f'(x)=-9x^2+3$
점 $(1, 1)$에서 접선의 기울기는
$f'(1)=-9+3=-6$
따라서 구하는 접선의 방성식은
$y-1=-6(x-1)$ $\therefore y=-6x+7$
(2) $f(x)=3x^2-4x+3$으로 놓으면
$f'(x)=6x-4$
점 $(1, 2)$에서의 접선의 기울기가 $f'(1)=6-4=2$이므로
이 점에서의 접선에 수직인 직선의 기울기는 $-\dfrac{1}{2}$이다.

따라서 구하는 직선의 방정식은
$y-2=-\dfrac{1}{2}(x-1)$ $\therefore y=-\dfrac{1}{2}x+\dfrac{5}{2}$

답 (1) $y=-6x+7$ (2) $y=-\dfrac{1}{2}x+\dfrac{5}{2}$

교과서 필수 개념 ▶ ❸ **접선의 방정식 구하기(2)** 본문 ☞ 30쪽

대표
예제
❹
$f(x)=-x^3+6x+2$로 놓으면 $f'(x)=-3x^2+6$
접점의 좌표를 $(t, -t^3+6t+2)$라 하면 직선 $6x+y+1=0$,
즉 $y=-6x-1$에 평행한 직선의 기울기는 -6이므로
$-3t^2+6=-6$, $3t^2=12$, $t^2=4$
$\therefore t=-2$ 또는 $t=2$
따라서 접점의 좌표가 $(-2, -2)$, $(2, 6)$이므로 구하는 직선
의 방정식은
$y-(-2)=-6\{x-(-2)\}$ 또는 $y-6=-6(x-2)$
$\therefore y=-6x-14$ 또는 $y=-6x+18$

답 $y=-6x-14$ 또는 $y=-6x+18$

유제
4-1
(1) $f(x)=-x^2-x$로 놓으면 $f'(x)=-2x-1$
접점의 좌표를 $(t, -t^2-t)$라 하면 접선의 기울기가 7이므로
$-2t-1=7$, $2t=-8$ $\therefore t=-4$
따라서 접점의 좌표가 $(-4, -12)$이므로 구하는 직선의
방정식은
$y-(-12)=7\{x-(-4)\}$
$\therefore y=7x+16$
(2) $f(x)=x^3-5x-1$로 놓으면 $f'(x)=3x^2-5$
접점의 좌표를 (t, t^3-5t-1)이라 하면 접선의 기울기가 7
이므로
$3t^2-5=7$, $3t^2=12$, $t^2=4$
$\therefore t=-2$ 또는 $t=2$
따라서 접점의 좌표가 $(-2, 1)$, $(2, -3)$이므로 구하는 직
선의 방정식은
$y-1=7\{x-(-2)\}$ 또는 $y-(-3)=7(x-2)$
$\therefore y=7x+15$ 또는 $y=7x-17$

답 (1) $y=7x+16$ (2) $y=7x+15$ 또는 $y=7x-17$

유제
4-2
$f(x)=x^3-3x^2+1$로 놓으면 $f'(x)=3x^2-6x$
접점의 좌표를 (t, t^3-3t^2+1)이라 하면 직선 $x-3y=0$,
즉 $y=\dfrac{1}{3}x$에 수직인 직선의 기울기는 -3이므로
$3t^2-6t=-3$, $3(t-1)^2=0$ $\therefore t=1$
따라서 접점의 좌표가 $(1, -1)$이므로 구하는 직선의 방정식은
$y-(-1)=-3(x-1)$
$\therefore y=-3x+2$

답 $y=-3x+2$

대표예제 5
$f(x)=-x^2+3x+1$로 놓으면 $f'(x)=-2x+3$

접점의 좌표를 $(t, -t^2+3t+1)$이라 하면 이 점에서의 접선의 기울기는 $f'(t)=-2t+3$이므로 접선의 방정식은

$y-(-t^2+3t+1)=(-2t+3)(x-t)$

$\therefore y=(-2t+3)x+t^2+1$ ...... ㉠

이 직선이 점 $(2, 4)$를 지나므로

$4=2(-2t+3)+t^2+1$

$t^2-4t+3=0,\ (t-1)(t-3)=0$

$\therefore t=1$ 또는 $t=3$

이것을 ㉠에 각각 대입하면 구하는 접선의 방정식은

$y=x+2$ 또는 $y=-3x+10$

따라서 기울기가 양수인 접선의 방정식은 $y=x+2$

답 $y=x+2$

유제 5-1
(1) $f(x)=x^2+x$로 놓으면 $f'(x)=2x+1$

접점의 좌표를 (t, t^2+t)라 하면 이 점에서의 접선의 기울기는 $f'(t)=2t+1$이므로 접선의 방정식은

$y-(t^2+t)=(2t+1)(x-t)$

$\therefore y=(2t+1)x-t^2$ ...... ㉠

이 직선이 점 $(0, -4)$를 지나므로

$-4=-t^2$

$\therefore t=-2$ 또는 $t=2$

이것을 ㉠에 각각 대입하면 구하는 접선의 방정식은

$y=-3x-4$ 또는 $y=5x-4$

(2) $f(x)=-x^3+x$로 놓으면 $f'(x)=-3x^2+1$

접점의 좌표를 $(t, -t^3+t)$라 하면 이 점에서의 접선의 기울기는 $f'(t)=-3t^2+1$이므로 접선의 방정식은

$y-(-t^3+t)=(-3t^2+1)(x-t)$

$\therefore y=(-3t^2+1)x+2t^3$ ...... ㉠

이 직선이 점 $(0, 2)$를 지나므로

$2=2t^3,\ t^3-1=0$

$(t-1)(t^2+t+1)=0$

$\therefore t=1\ (\because t$는 실수$)$

$t=1$을 ㉠에 대입하면 구하는 접선의 방정식은

$y=-2x+2$

답 (1) $y=-3x-4$ 또는 $y=5x-4$ (2) $y=-2x+2$

유제 5-2
$f(x)=2x^2-4x+3$으로 놓으면 $f'(x)=4x-4$

접점의 좌표를 $(t, 2t^2-4t+3)$이라 하면 이 점에서의 접선의 기울기는 $f'(t)=4t-4$이므로 접선의 방정식은

$y-(2t^2-4t+3)=(4t-4)(x-t)$

$\therefore y=(4t-4)x-2t^2+3$ ...... ㉠

이 직선이 점 $(1, -7)$을 지나므로

$-7=4t-4-2t^2+3$

$2t^2-4t-6=0,\ 2(t+1)(t-3)=0$

$\therefore t=-1$ 또는 $t=3$

이것을 ㉠에 각각 대입하면 구하는 접선의 방정식은

$y=-8x+1$ 또는 $y=8x-15$

따라서 두 접선의 y절편의 합은

$1+(-15)=-14$

답 -14

유제 5-3
$f(x)=x^3+1$로 놓으면 $f'(x)=3x^2$

접점의 좌표를 (t, t^3+1)이라 하면 이 점에서의 접선의 기울기는 $f'(t)=3t^2$이므로 접선의 방정식은

$y-(t^3+1)=3t^2(x-t)$

$\therefore y=3t^2x-2t^3+1$ ...... ㉠

이 직선이 점 $(0, -1)$을 지나므로

$-1=-2t^3+1,\ t^3-1=0$

$(t-1)(t^2+t+1)=0$

$\therefore t=1\ (\because t$는 실수$)$

이것을 ㉠에 대입하면 접선의 방정식은

$y=3x-1$

따라서 이 접선이 점 $(5, a)$를 지나므로

$a=3\times5-1=14$

답 14

대표예제 6
$f(x)=-x^2+2x$로 놓으면 $f'(x)=-2x+2$

접점의 좌표를 $(t, -t^2+2t)$라 하면 이 점에서 접선의 기울기는 $f'(t)=-2t+2$이므로 접선의 방정식은

$y-(-t^2+2t)=(-2t+2)(x-t)$

$\therefore y=(-2t+2)x+t^2$

이 직선이 점 $(1, 2)$를 지나므로

$2=-2t+2+t^2,\ t^2-2t=0$

$t(t-2)=0$

$\therefore t=0$ 또는 $t=2$

따라서 두 접점 B, C의 좌표는 $(0, 0)$, $(2, 0)$이므로 삼각형 ABC의 넓이는

$\dfrac{1}{2}\times2\times2=2$

답 2

유제 6-1
$f(x)=x^4+48$로 놓으면 $f'(x)=4x^3$

접점의 좌표를 (t, t^4+48)이라 하면 이 점에서의 접선의 기울기는 $f'(t)=4t^3$이므로 접선의 방정식은

$y-(t^4+48)=4t^3(x-t)$

$\therefore y=4t^3x-3t^4+48$

이 직선이 원점을 지나므로

$0=-3t^4+48,\ t^4-16=0$

$(t+2)(t-2)(t^2+4)=0$

$\therefore t=-2$ 또는 $t=2\ (\because t$는 실수$)$

따라서 두 접점 A, B의 좌표는 $(-2, 64)$, $(2, 64)$이므로 선분 AB의 길이는

$2-(-2)=4$

답 4

대표예제 ⑦

(1) 함수 $f(x)=2x^2-4x+1$은 닫힌구간 $[0, 2]$에서 연속이고 열린구간 $(0, 2)$에서 미분가능하며 $f(0)=f(2)=1$이므로 롤의 정리에 의하여 $f'(c)=0$인 c가 열린구간 $(0, 2)$에 적어도 하나 존재한다.

이때 $f'(x)=4x-4$에서

$$f'(c)=4c-4=0$$

$$\therefore c=1$$

(2) 함수 $f(x)=x^3-5x^2+7x$는 닫힌구간 $[1, 3]$에서 연속이고 열린구간 $(1, 3)$에서 미분가능하며 $f(1)=f(3)=3$이므로 롤의 정리에 의하여 $f'(c)=0$인 c가 열린구간 $(1, 3)$에 적어도 하나 존재한다.

이때 $f'(x)=3x^2-10x+7$에서

$$f'(c)=3c^2-10c+7=0$$

$$(c-1)(3c-7)=0$$

$$\therefore c=\frac{7}{3} \ (\because 1<c<3)$$

답 (1) 1   (2) $\frac{7}{3}$

유제 7-1

(1) 함수 $f(x)=(x+5)(x-3)=x^2+2x-15$는 닫힌구간 $[-2, 0]$에서 연속이고 열린구간 $(-2, 0)$에서 미분가능하며 $f(-2)=f(0)=-15$이므로 롤의 정리에 의하여 $f'(c)=0$인 c가 열린구간 $(-2, 0)$에 적어도 하나 존재한다.

이때 $f'(x)=2x+2$에서

$$f'(c)=2c+2=0$$

$$\therefore c=-1$$

(2) 함수 $f(x)=x^4-10x^2+12$는 닫힌구간 $[-3, 1]$에서 연속이고 열린구간 $(-3, 1)$에서 미분가능하며 $f(-3)=f(1)=3$이므로 롤의 정리에 의하여 $f'(c)=0$인 c가 열린구간 $(-3, 1)$에 적어도 하나 존재한다.

이때 $f'(x)=4x^3-20x$에서

$$f'(c)=4c^3-20c=0$$

$$c(c^2-5)=0$$

$$\therefore c=-\sqrt{5} \ 또는 \ c=0 \ (\because -3<c<1)$$

답 (1) -1 (2) $-\sqrt{5}$, 0

대표예제 ⑧

(1) 함수 $f(x)=-x^2+8x$는 닫힌구간 $[-1, 2]$에서 연속이고 열린구간 $(-1, 2)$에서 미분가능하므로 평균값 정리에 의하여

$$\frac{f(2)-f(-1)}{2-(-1)}=f'(c)$$

인 c가 열린구간 $(-1, 2)$에 적어도 하나 존재한다.

이때 $\dfrac{f(2)-f(-1)}{2-(-1)}=\dfrac{12-(-9)}{3}=7$이고

$f'(x)=-2x+8$에서 $f'(c)=-2c+8$이므로

$$-2c+8=7, \ 2c=1$$

$$\therefore c=\frac{1}{2}$$

(2) 함수 $f(x)=\frac{1}{3}x^3+4$는 닫힌구간 $[-3, 0]$에서 연속이고 열린구간 $(-3, 0)$에서 미분가능하므로 평균값 정리에 의하여

$$\frac{f(0)-f(-3)}{0-(-3)}=f'(c)$$

인 c가 열린구간 $(-3, 0)$에 적어도 하나 존재한다.

이때 $\dfrac{f(0)-f(-3)}{0-(-3)}=\dfrac{4-(-5)}{3}=3$이고

$f'(x)=x^2$에서 $f'(c)=c^2$이므로 $c^2=3$

$$\therefore c=-\sqrt{3} \ (\because -3<c<0)$$

답 (1) $\frac{1}{2}$ (2) $-\sqrt{3}$

유제 8-1

(1) 함수 $f(x)=(x-3)(x-1)=x^2-4x+3$은 닫힌구간 $[1, 4]$에서 연속이고 열린구간 $(1, 4)$에서 미분가능하므로 평균값 정리에 의하여

$$\frac{f(4)-f(1)}{4-1}=f'(c)$$

인 c가 열린구간 $(1, 4)$에 적어도 하나 존재한다.

이때 $\dfrac{f(4)-f(1)}{4-1}=\dfrac{3-0}{3}=1$이고

$f'(x)=2x-4$에서 $f'(c)=2c-4$이므로

$$2c-4=1, \ 2c=5$$

$$\therefore c=\frac{5}{2}$$

(2) 함수 $f(x)=-x^3+3x$는 닫힌구간 $[0, 3]$에서 연속이고 열린구간 $(0, 3)$에서 미분가능하므로 평균값 정리에 의하여

$$\frac{f(3)-f(0)}{3-0}=f'(c)$$

인 c가 열린구간 $(0, 3)$에 적어도 하나 존재한다.

이때 $\dfrac{f(3)-f(0)}{3-0}=\dfrac{-18-0}{3}=-6$이고

$f'(x)=-3x^2+3$에서 $f'(c)=-3c^2+3$이므로

$$-3c^2+3=-6, \ c^2=3$$

$$\therefore c=\sqrt{3} \ (\because 0<c<3)$$

답 (1) $\frac{5}{2}$ (2) $\sqrt{3}$

유제 8-2

함수 $f(x)=x^2-6x-2$에 대하여 닫힌구간 $[-2, k]$에서 평균값 정리를 만족시키는 상수 -1이 존재하므로

$$\frac{f(k)-f(-2)}{k-(-2)}=f'(-1)$$

이때 $f'(x)=2x-6$이므로

$$\frac{(k^2-6k-2)-14}{k+2}=-8, \ k^2+2k=0$$

$$k(k+2)=0 \qquad \therefore k=0 \ (\because k>-2)$$

답 0

01 (1) ◯   (2) ◯   (3) ×   (4) ◯   (5) ×   (6) ×   (7) ×

02 (1) $y=-5x-1$ (2) $y=-3x+10$ (3) $y=x+3$

    (4) $y=-8x+18$

03 (1) $y=-8x-15$ (2) $y=4x+5$ 또는 $y=4x-3$

    (3) $y=x-8$ (4) $y=4x$ 또는 $y=4x-4$

04 (1) $y=4$ 또는 $y=4x+16$ (2) $y=-3x-3$ 또는 $y=5x-3$

    (3) $y=3x+2$ (4) $y=-x-2$

---

02 (1) $f(x)=x^2-3x$로 놓으면 $f'(x)=2x-3$

점 $(-1, 4)$에서의 접선의 기울기는

$f'(-1)=-2-3=-5$

따라서 구하는 접선의 방정식은

$y-4=-5\{x-(-1)\}$ $\therefore y=-5x-1$

(2) $f(x)=-x^2+3x+1$로 놓으면 $f'(x)=-2x+3$

점 $(3, 1)$에서의 접선의 기울기는

$f'(3)=-6+3=-3$

따라서 구하는 접선의 방정식은

$y-1=-3(x-3)$ $\therefore y=-3x+10$

(3) $f(x)=2x^2-3x+5$로 놓으면 $f'(x)=4x-3$

점 $(1, 4)$에서의 접선의 기울기는

$f'(1)=4-3=1$

따라서 구하는 접선의 방정식은

$y-4=x-1$ $\therefore y=x+3$

(4) $f(x)=-x^3+4x+2$로 놓으면 $f'(x)=-3x^2+4$

점 $(2, 2)$에서의 접선의 기울기는

$f'(2)=-12+4=-8$

따라서 구하는 접선의 방정식은

$y-2=-8(x-2)$ $\therefore y=-8x+18$

03 (1) $f(x)=x^2+1$로 놓으면 $f'(x)=2x$

접점의 좌표를 (t, t^2+1)이라 하면 접선의 기울기가 -8이므로

$2t=-8$ $\therefore t=-4$

따라서 접점의 좌표가 $(-4, 17)$이므로 구하는 직선의 방정식은

$y-17=-8\{x-(-4)\}$ $\therefore y=-8x-15$

(2) $f(x)=2x^3-2x+1$로 놓으면 $f'(x)=6x^2-2$

접점의 좌표를 $(t, 2t^3-2t+1)$이라 하면 접선의 기울기가 4이므로

$6t^2-2=4$, $t^2=1$ $\therefore t=-1$ 또는 $t=1$

따라서 접점의 좌표가 $(-1, 1)$, $(1, 1)$이므로 구하는 직선의 방정식은

$y-1=4\{x-(-1)\}$ 또는 $y-1=4(x-1)$

$\therefore y=4x+5$ 또는 $y=4x-3$

(3) $f(x)=x^2-3x-4$로 놓으면 $f'(x)=2x-3$

접점의 좌표를 (t, t^2-3t-4)라 하면 직선 $y=-x+1$에 수직인 직선의 기울기는 1이므로

$2t-3=1$, $2t=4$ $\therefore t=2$

따라서 접점의 좌표가 $(2, -6)$이므로 구하는 직선의 방정식은

$y-(-6)=x-2$ $\therefore y=x-8$

(4) $f(x)=x^3+x-2$로 놓으면 $f'(x)=3x^2+1$

접점의 좌표를 (t, t^3+t-2)라 하면 직선 $y=4x+3$에 평행한 직선의 기울기는 4이므로

$3t^2+1=4$, $t^2=1$ $\therefore t=-1$ 또는 $t=1$

따라서 접점의 좌표가 $(-1, -4)$, $(1, 0)$이므로 구하는 직선의 방정식은

$y-(-4)=4\{x-(-1)\}$ 또는 $y=4(x-1)$

$\therefore y=4x$ 또는 $y=4x-4$

04 (1) $f(x)=-x^2-4x$로 놓으면 $f'(x)=-2x-4$

접점의 좌표를 $(t, -t^2-4t)$라 하면 이 점에서의 접선의 기울기는 $f'(t)=-2t-4$이므로 접선의 방정식은

$y-(-t^2-4t)=(-2t-4)(x-t)$

$\therefore y=(-2t-4)x+t^2$ $\cdots\cdots$ ㉠

이 직선이 점 $(-3, 4)$를 지나므로

$4=6t+12+t^2$

$t^2+6t+8=0$, $(t+2)(t+4)=0$

$\therefore t=-2$ 또는 $t=-4$

이것을 ㉠에 각각 대입하면 구하는 접선의 방정식은

$y=4$ 또는 $y=4x+16$

(2) $f(x)=2x^2+x-1$로 놓으면 $f'(x)=4x+1$

접점의 좌표를 $(t, 2t^2+t-1)$이라 하면 이 점에서의 접선의 기울기는 $f'(t)=4t+1$이므로 접선의 방정식은

$y-(2t^2+t-1)=(4t+1)(x-t)$

$\therefore y=(4t+1)x-2t^2-1$ $\cdots\cdots$ ㉠

이 직선이 점 $(0, -3)$을 지나므로

$-3=-2t^2-1$, $t^2=1$ $\therefore t=-1$ 또는 $t=1$

이것을 ㉠에 각각 대입하면 구하는 접선의 방정식은

$y=-3x-3$ 또는 $y=5x-3$

(3) $f(x)=x^3$으로 놓으면 $f'(x)=3x^2$

접점의 좌표를 (t, t^3)이라 하면 이 점에서의 접선의 기울기는 $f'(t)=3t^2$이므로 접선의 방정식은

$y-t^3=3t^2(x-t)$

$\therefore y=3t^2x-2t^3$ $\cdots\cdots$ ㉠

이 직선이 점 $(1, 5)$를 지나므로

$5=3t^2-2t^3$, $2t^3-3t^2+5=0$

$(t+1)(2t^2-5t+5)=0$

$\therefore t=-1$ ($\because t$는 실수)

이것을 ㉠에 대입하면 구하는 접선의 방정식은

$y=3x+2$

(4) $f(x)=-x^3+2x$로 놓으면 $f'(x)=-3x^2+2$

접점의 좌표를 $(t, -t^3+2t)$라 하면 이 점에서의 접선의 기울기는 $f'(t)=-3t^2+2$이므로 접선의 방정식은

$y-(-t^3+2t)=(-3t^2+2)(x-t)$

$\therefore y=(-3t^2+2)x+2t^3$ ...... ㉠

이 직선이 점 $(0, -2)$를 지나므로

$-2=2t^3$, $t^3+1=0$

$(t+1)(t^2-t+1)=0$ $\therefore t=-1$ ($\because t$는 실수)

이것을 ㉠에 대입하면 구하는 접선의 방정식은

$y=-x-2$

빈출 문제로 **실전 연습**

본문 ✿ 34~35쪽

01 ③	**02** 5	**03** ⑤	**04** 2	**05** 7	**06** ④
07 4	**08** −4	**09** ④	**10** 20	**11** 2	**12** ②
13 47					

01 $f(x)=-x^3+ax+b$로 놓으면 $f'(x)=-3x^2+a$

점 $(2, 5)$가 곡선 $y=f(x)$ 위의 점이므로 $f(2)=5$

즉, $-8+2a+b=5$에서

$2a+b=13$ ...... ㉠

점 $(2, 5)$에서의 접선의 기울기는 $f'(2)=-12+a$이고 이 점에서의 접선에 수직인 직선의 기울기가 $\frac{1}{2}$이므로

$(-12+a)\times\frac{1}{2}=-1$에서

$-12+a=-2$ $\therefore a=10$

$a=10$을 ㉠에 대입하면

$20+b=13$ $\therefore b=-7$

$\therefore a+b=3$

답 ③

02 $f(x)=x^3-5x$로 놓으면 $f'(x)=3x^2-5$

곡선 $y=f(x)$ 위의 점 $A(1, -4)$에서의 접선의 기울기는 $f'(1)=3-5=-2$이므로 접선의 방정식은

$y-(-4)=-2(x-1)$

$\therefore y=-2x-2$

곡선 $y=x^3-5x$와 직선 $y=-2x-2$의 교점의 x좌표는

$x^3-5x=-2x-2$에서

$x^3-3x+2=0$, $(x+2)(x-1)^2=0$

$\therefore x=-2$ 또는 $x=1$

이때 점 A의 x좌표가 1이므로 $B(-2, 2)$

따라서 선분 AB의 중점의 좌표는

$\left(\dfrac{1+(-2)}{2}, \dfrac{(-4)+2}{2}\right)$, 즉 $\left(-\dfrac{1}{2}, -1\right)$

따라서 $a=-\dfrac{1}{2}$, $b=-1$이므로

$10ab=10\times\left(-\dfrac{1}{2}\right)\times(-1)=5$

답 5

03 $f(x)=\dfrac{1}{3}x^3-8x+5$로 놓으면 $f'(x)=x^2-8$

x축의 양의 방향과 이루는 각의 크기가 $45°$인 직선의 기울기는 $\tan 45°=1$이므로 접점의 좌표를 $\left(t, \dfrac{1}{3}t^3-8t+5\right)$라 하면

$t^2-8=1$, $t^2=9$

$\therefore t=-3$ 또는 $t=3$

즉, 접점의 좌표는 $(-3, 20)$, $(3, -10)$이므로 접선의 방정식은

$y-20=x-(-3)$ 또는 $y-(-10)=x-3$

$\therefore y=x+23$ 또는 $y=x-13$

따라서 $a=1$, $b=23$, $c=-13$ 또는 $a=1$, $b=-13$, $c=23$이므로

$a+b+c=11$

답 ⑤

04 곡선 $y=f(x)$ 위의 점 P에서의 접선의 기울기가 직선 $y=2x-3$의 기울기 2와 같을 때 점 P와 직선 사이의 거리가 최소가 된다.

$f(x)=x^2+1$로 놓으면 $f'(x)=2x$

점 P의 좌표를 $P(t, t^2+1)$이라 하면 접선의 기울기가 2이므로

$2t=2$ $\therefore t=1$

따라서 $P(1, 2)$이므로

$a=1$, $b=2$ $\therefore ab=2$

답 2

05 $f(x)=x^2-5x+a$로 놓으면 $f'(x)=2x-5$

접점의 좌표를 (t, t^2-5t+a)라 하면 이 점에서의 접선의 기울기는 $f'(t)=2t-5$이므로 접선의 방정식은

$y-(t^2-5t+a)=(2t-5)(x-t)$

$y=(2t-5)x-t^2+a$

이 직선이 직선 $y=-x+1$과 일치하므로

$2t-5=-1$에서 $t=2$

$-t^2+a=1$에서 $a=5$

$\therefore a+t=7$

답 7

다른 풀이 $y=-x+1$을 $y=x^2-5x+a$에 대입하면

$-x+1=x^2-5x+a$ $\therefore x^2-4x+a-1=0$ ...... ㉠

이 이차방정식의 판별식을 D라 하면

$\dfrac{D}{4}=(-2)^2-(a-1)=0$ $\therefore a=5$

이것을 ㉠에 대입하면 $x^2-4x+4=0$

$(x-2)^2=0$ $\therefore x=2$, 즉 $t=2$

$\therefore a+t=7$

06 $f(x)=4x^2+a$로 놓으면 $f'(x)=8x$

접점의 좌표를 $(t, 4t^2+a)$라 하면 이 점에서의 접선의 기울기는 $f'(t)=8t$이므로 접선의 방정식은

$y-(4t^2+a)=8t(x-t)$

$\therefore y=8tx-4t^2+a$

이 직선이 점 $(-2, 0)$을 지나므로

$0=-16t-4t^2+a$ $\therefore 4t^2+16t-a=0$ ...... ㉠

두 접점의 x좌표를 t_1, t_2라 하면 두 접선의 기울기는 각각 $8t_1$, $8t_2$이고 두 접선이 서로 수직이므로 $8t_1 \times 8t_2 = -1$에서

$64t_1 t_2 = -1$

이때 t_1, t_2는 이차방정식 ㉠의 두 근이므로 근과 계수의 관계에 의하여

$t_1 t_2 = -\dfrac{a}{4}$

따라서 $64 \times \left(-\dfrac{a}{4}\right) = -1$이므로 $a = \dfrac{1}{16}$　　　 📋 ④

Core 특강

이차방정식의 근과 계수의 관계

이차방정식 $ax^2 + bx + c = 0$의 두 근을 α, β라 하면

$$\alpha + \beta = -\dfrac{b}{a}, \ \alpha\beta = \dfrac{c}{a}$$

07 $f(x) = x^4 + 3x^2 + 2$로 놓으면 $f'(x) = 4x^3 + 6x$

접점의 좌표를 $(t, t^4 + 3t^2 + 2)$라 하면 이 점에서의 접선의 기울기는 $f'(t) = 4t^3 + 6t$이므로 접선의 방정식은

$y - (t^4 + 3t^2 + 2) = (4t^3 + 6t)(x - t)$

$\therefore y = (4t^3 + 6t)x - 3t^4 - 3t^2 + 2$

이 직선이 점 $(0, -4)$를 지나므로

$-4 = -3t^4 - 3t^2 + 2, \ 3t^4 + 3t^2 - 6 = 0$

$3(t^2 + 2)(t + 1)(t - 1) = 0$

$\therefore t = -1$ 또는 $t = 1 \ (\because t^2 + 2 > 0)$

두 접점의 좌표는 $(-1, 6)$, $(1, 6)$이므로 두 접점과 원점을 세 꼭짓점으로 하는 삼각형의 무게중심의 좌표는

$\left(\dfrac{-1 + 1 + 0}{3}, \dfrac{6 + 6 + 0}{3}\right)$, 즉 $(0, 4)$

따라서 $a = 0$, $b = 4$이므로

$a + b = 4$　　　 📋 4

08 $f(x) = x^3 + 2x + 4$, $g(x) = -2x^2 + x + 4$로 놓으면

$f'(x) = 3x^2 + 2$, $g'(x) = -4x + 1$

두 곡선이 $x = t$인 점에서 공통인 접선 l을 갖는다고 하면

(i) $f(t) = g(t)$에서

$t^3 + 2t + 4 = -2t^2 + t + 4$

$t^3 + 2t^2 + t = 0, \ t(t + 1)^2 = 0$

$\therefore t = -1$ 또는 $t = 0$

(ii) $f'(t) = g'(t)$에서

$3t^2 + 2 = -4t + 1$

$3t^2 + 4t + 1 = 0, \ (3t + 1)(t + 1) = 0$

$\therefore t = -1$ 또는 $t = -\dfrac{1}{3}$

(i), (ii)에서 $t = -1$

이때 접점의 좌표는 $(-1, 1)$이고, 접선 l의 기울기가 $f'(-1) = 5$이므로 직선 l과 수직인 직선의 기울기는 $-\dfrac{1}{5}$이다.

즉, 점 $(-1, 1)$을 지나고 직선 l과 수직인 직선의 방정식은

$y - 1 = -\dfrac{1}{5}\{x - (-1)\}$

$\therefore y = -\dfrac{1}{5}x + \dfrac{4}{5}$

따라서 $m = -\dfrac{1}{5}$, $n = \dfrac{4}{5}$이므로

$\dfrac{n}{m} = \dfrac{4}{5} \times (-5) = -4$　　　 📋 -4

Core 특강

공통인 접선

두 곡선 $y = f(x)$, $y = g(x)$가 $x = t$인 점에서 공통인 접선을 가지면

(i) $x = t$인 점에서 두 곡선이 만난다. ➡ $f(t) = g(t)$

(ii) $x = t$인 점에서의 두 곡선의 접선의 기울기가 같다. ➡ $f'(t) = g'(t)$

09 함수 $f(x) = (x + k)(x - 1)^2$은 닫힌구간 $[-1, 2]$에서 연속이고 열린구간 $(-1, 2)$에서 미분가능하다.

이때 롤의 정리를 만족시키려면 $f(-1) = f(2)$이어야 하므로

$4(-1 + k) = 2 + k, \ 3k = 6$

$\therefore k = 2$

따라서 $f(x) = (x + 2)(x - 1)^2$이므로

$f'(x) = (x - 1)^2 + 2(x + 2)(x - 1)$

$\qquad = 3(x + 1)(x - 1)$

한편, 롤의 정리에 의하여 $f'(c) = 0$인 c가 열린구간 $(-1, 2)$에 적어도 하나 존재하므로

$3(c + 1)(c - 1) = 0$

$\therefore c = 1 \ (\because -1 < c < 2)$　　　 📋 ④

10 함수 $f(x)$가 닫힌구간 $[x - 5, x + 5]$에서 연속이고 열린구간 $(x - 5, x + 5)$에서 미분가능하므로 평균값 정리에 의하여

$\dfrac{f(x + 5) - f(x - 5)}{(x + 5) - (x - 5)} = f'(c)$

인 c가 열린구간 $(x - 5, x + 5)$에 적어도 하나 존재한다.

이때 $x \to \infty$일 때 $c \to \infty$이므로

$\displaystyle \lim_{x \to \infty} \{f(x + 5) - f(x - 5)\} = 10 \lim_{x \to \infty} \dfrac{f(x + 5) - f(x - 5)}{(x + 5) - (x - 5)}$

$\qquad\qquad = 10 \displaystyle\lim_{c \to \infty} f'(c)$

$\qquad\qquad = 10 \times 2 = 20$　　　 📋 20

11 $f(x) = (x - a)(x - b)(x - c)$로 놓으면

$f'(x) = (x - b)(x - c) + (x - a)(x - c) + (x - a)(x - b)$

$f(3) = 4$에서

$(3 - a)(3 - b)(3 - c) = 4$　　　 ⋯⋯ ㉠

$f'(3) = 8$에서

$(3 - b)(3 - c) + (3 - a)(3 - c) + (3 - a)(3 - b) = 8$ ⋯⋯ ㉡

㉠, ㉡에서

$\dfrac{1}{3 - a} + \dfrac{1}{3 - b} + \dfrac{1}{3 - c}$

$= \dfrac{(3 - b)(3 - c) + (3 - a)(3 - c) + (3 - a)(3 - b)}{(3 - a)(3 - b)(3 - c)}$

$= \dfrac{8}{4} = 2$　　　 📋 2

12 $f(x)=x^2+2x-3$으로 놓으면 $f'(x)=2x+2$

두 점 $A(2, -4)$, $B(4, 0)$을 지나는 직선의 방정식은

$$y-(-4)=\frac{0-(-4)}{4-2}(x-2)$$

$$\therefore y=2x-8$$

삼각형 PAB의 넓이가 최소가 되려면 점 P에서의 접선의 기울기가 직선 AB의 기울기 2와 같아야 한다.

$P(t, t^2+2t-3)$이라 하면

$f'(t)=2t+2=2$ $\therefore t=0$

이때 점 $P(0, -3)$과 직선 $y=2x-8$, 즉 $2x-y-8=0$ 사이의 거리는

$$\frac{|0-(-3)-8|}{\sqrt{2^2+(-1)^2}}=\sqrt{5}$$

또, $\overline{AB}=\sqrt{(4-2)^2+\{0-(-4)\}^2}=2\sqrt{5}$이므로 삼각형 PAB의 넓이의 최솟값은

$$\frac{1}{2}\times 2\sqrt{5}\times\sqrt{5}=5$$

답 ②

점과 직선 사이의 거리

점 (x_1, y_1)과 직선 $ax+by+c=0$ 사이의 거리는

$$\frac{|ax_1+by_1+c|}{\sqrt{a^2+b^2}}$$

13 함수 $f(x)$는 닫힌구간 $[0, 5]$에서 연속이고 열린구간 $(0, 5)$에서 미분가능하므로 평균값 정리에 의하여

$$\frac{f(5)-f(0)}{5-0}=f'(c)$$

인 c가 열린구간 $(0, 5)$에 적어도 하나 존재한다.

$$\therefore f(5)=f(0)+5f'(c)\le -3+5\times 10=47$$

답 47

05강 Ⅱ. 미분

도함수의 활용 (2)

본문 ☞ 36쪽

교과서 필수 개념 ① 함수의 증가와 감소

대표예제 ① $1\le x_1<x_2$인 임의의 두 실수 x_1, x_2에 대하여

$$f(x_1)-f(x_2)=(-2x_1^2+4x_1+1)-(-2x_2^2+4x_2+1)$$
$$=-2(x_1^2-x_2^2)+4(x_1-x_2)$$
$$=-2(x_1-x_2)(x_1+x_2)+4(x_1-x_2)$$
$$=-2(x_1-x_2)(x_1+x_2-2)$$

이때 $x_1-x_2<0$, $x_1+x_2-2>0$이므로

$f(x_1)-f(x_2)>0$ $\therefore f(x_1)>f(x_2)$

따라서 $x_1<x_2$일 때 $f(x_1)>f(x_2)$이므로 함수 $f(x)=-2x^2+4x+1$은 구간 $[1, \infty)$에서 감소한다.

답 풀이 참조

유제 1-1 (1) $x_1<x_2$인 임의의 두 실수 x_1, x_2에 대하여

$$f(x_1)-f(x_2)=(x_1^3-1)-(x_2^3-1)=x_1^3-x_2^3$$
$$=(x_1-x_2)(x_1^2+x_1x_2+x_2^2)$$

이때 $x_1-x_2<0$이고

$$x_1^2+x_1x_2+x_2^2=\left(x_1+\frac{x_2}{2}\right)^2+\frac{3}{4}x_2^2>0$$이므로

$f(x_1)-f(x_2)<0$

$\therefore f(x_1)<f(x_2)$

따라서 $x_1<x_2$일 때 $f(x_1)<f(x_2)$이므로 함수 $f(x)=x^3-1$은 구간 $(-\infty, \infty)$에서 증가한다.

(2) $x_1<x_2<-2$인 임의의 두 실수 x_1, x_2에 대하여

$$f(x_1)-f(x_2)=\frac{1}{x_1+2}-\frac{1}{x_2+2}=\frac{x_2-x_1}{(x_1+2)(x_2+2)}$$

이때 $x_2-x_1>0$, $x_1+2<0$, $x_2+2<0$이므로

$f(x_1)-f(x_2)>0$

$\therefore f(x_1)>f(x_2)$

따라서 $x_1<x_2$일 때 $f(x_1)>f(x_2)$이므로 함수 $f(x)=\frac{1}{x+2}$은 구간 $(-\infty, -2)$에서 감소한다.

답 (1) 증가 (2) 감소

대표예제 ② $f'(x)=3x^2-6x-24=3(x+2)(x-4)$

$f'(x)=0$에서 $x=-2$ 또는 $x=4$

함수 $f(x)$의 증가와 감소를 표로 나타내면 다음과 같다.

x	$\cdots$	-2	$\cdots$	4	$\cdots$
$f'(x)$	$+$	0	$-$	0	$+$
$f(x)$	↗	38	↘	-70	↗

따라서 함수 $f(x)$는 구간 $(-\infty, -2]$, $[4, \infty)$에서 증가하고, 구간 $[-2, 4]$에서 감소한다.

답 풀이 참조

참고 $f'(x)=0$을 만족시키는 x의 값은 증가하는 구간과 감소하는 구간에 모두 포함될 수 있다.

유제 2-1 (1) $f'(x)=6x^2-12x-18=6(x+1)(x-3)$

$f'(x)=0$에서 $x=-1$ 또는 $x=3$

함수 $f(x)$의 증가와 감소를 표로 나타내면 다음과 같다.

x	$\cdots$	-1	$\cdots$	3	$\cdots$
$f'(x)$	$+$	0	$-$	0	$+$
$f(x)$	↗	14	↘	-50	↗

따라서 함수 $f(x)$는 구간 $(-\infty, -1]$, $[3, \infty)$에서 증가하고, 구간 $[-1, 3]$에서 감소한다.

(2) $f'(x)=-3x^2+12=-3(x+2)(x-2)$

$f'(x)=0$에서 $x=-2$ 또는 $x=2$

함수 $f(x)$의 증가와 감소를 표로 나타내면 다음과 같다.

x	$\cdots$	-2	$\cdots$	2	$\cdots$
$f'(x)$	$-$	0	$+$	0	$-$
$f(x)$	↘	-7	↗	25	↘

따라서 함수 $f(x)$는 구간 $[-2, 2]$에서 증가하고, 구간 $(-\infty, -2]$, $[2, \infty)$에서 감소한다.

답 풀이 참조

유제 2-2 $f'(x)=3x^2-18x+k$이고, 함수 $f(x)$가 실수 전체의 집합에서 증가하려면 모든 실수 x에 대하여 $f'(x) \ge 0$이어야 하므로 이차방정식 $f'(x)=0$의 판별식을 D라 하면

$$\frac{D}{4}=81-3k \le 0, \ 3k \ge 81$$

$$\therefore k \ge 27 \qquad \qquad \blacksquare \ k \ge 27$$

Core 특강

이차부등식이 항상 성립할 조건

이차방정식 $ax^2+bx+c=0$의 판별식을 D라 할 때, 모든 실수 x에 대하여
① $ax^2+bx+c \ge 0 \ \Rightarrow \ a>0, \ D \le 0$
② $ax^2+bx+c \le 0 \ \Rightarrow \ a<0, \ D \le 0$

 교과서 필수 개념 ② 함수의 극대와 극소 본문 ☞ 37쪽

대표예제 ③ 함수 $f(x)$는 $x=1$의 좌우에서 증가하다가 감소하므로 $x=1$에서 극대이며 극댓값은

$f(1)=1-6+9-3=1$

또, $x=3$의 좌우에서 감소하다가 증가하므로 $x=3$에서 극소이며 극솟값은

$f(3)=27-54+27-3=-3$ $\quad \blacksquare$ 극댓값: 1, 극솟값: -3

유제 3-1 (1) 함수 $f(x)$는 $x=x_3$의 좌우에서 증가하다가 감소하므로 $x=x_3$에서 극댓값을 갖는다.

(2) 함수 $f(x)$는 $x=x_1$, $x=x_4$의 좌우에서 감소하다가 증가하므로 $x=x_1$, $x=x_4$에서 극솟값을 갖는다.

$\blacksquare$ (1) x_3 (2) x_1, x_4

 교과서 필수 개념 ③ 함수의 극대와 극소의 판정 본문 ☞ 37쪽

대표예제 ④ (1) $f'(x)=6x^2-6x=6x(x-1)$

$f'(x)=0$에서 $x=0$ 또는 $x=1$

함수 $f(x)$의 증가와 감소를 표로 나타내면 다음과 같다.

x	$\cdots$	0	$\cdots$	1	$\cdots$
$f'(x)$	$+$	0	$-$	0	$+$
$f(x)$	$\nearrow$	4	$\searrow$	3	$\nearrow$

따라서 함수 $f(x)$는 $x=0$에서 극댓값 4, $x=1$에서 극솟값 3을 갖는다.

(2) $f'(x)=4x^3-16x=4x(x+2)(x-2)$

$f'(x)=0$에서 $x=-2$ 또는 $x=0$ 또는 $x=2$

함수 $f(x)$의 증가와 감소를 표로 나타내면 다음과 같다.

x	$\cdots$	-2	$\cdots$	0	$\cdots$	2	$\cdots$
$f'(x)$	$-$	0	$+$	0	$-$	0	$+$
$f(x)$	$\searrow$	-9	$\nearrow$	7	$\searrow$	-9	$\nearrow$

따라서 함수 $f(x)$는 $x=0$에서 극댓값 7, $x=-2$, $x=2$에서 극솟값 -9를 갖는다.

$\blacksquare$ (1) 극댓값: 4, 극솟값: 3 (2) 극댓값: 7, 극솟값: -9

 유제 4-1 (1) $f'(x)=-3x^2+3=-3(x+1)(x-1)$

$f'(x)=0$에서 $x=-1$ 또는 $x=1$

함수 $f(x)$의 증가와 감소를 표로 나타내면 다음과 같다.

x	$\cdots$	-1	$\cdots$	1	$\cdots$
$f'(x)$	$-$	0	$+$	0	$-$
$f(x)$	$\searrow$	-1	$\nearrow$	3	$\searrow$

따라서 함수 $f(x)$는 $x=1$에서 극댓값 3, $x=-1$에서 극솟값 -1을 갖는다.

(2) $f'(x)=4x^3+12x^2+8x=4x(x+2)(x+1)$

$f'(x)=0$에서 $x=-2$ 또는 $x=-1$ 또는 $x=0$

함수 $f(x)$의 증가와 감소를 표로 나타내면 다음과 같다.

x	$\cdots$	-2	$\cdots$	-1	$\cdots$	0	$\cdots$
$f'(x)$	$-$	0	$+$	0	$-$	0	$+$
$f(x)$	$\searrow$	-3	$\nearrow$	-2	$\searrow$	-3	$\nearrow$

따라서 함수 $f(x)$는 $x=-1$에서 극댓값 -2, $x=-2$, $x=0$에서 극솟값 -3을 갖는다.

$\blacksquare$ (1) 극댓값: 3, 극솟값: -1
(2) 극댓값: -2, 극솟값: -3

유제 4-2 $f'(x)=6x^2-6x-12=6(x+1)(x-2)$

$f'(x)=0$에서 $x=-1$ 또는 $x=2$

함수 $f(x)$의 증가와 감소를 표로 나타내면 다음과 같다.

x	$\cdots$	-1	$\cdots$	2	$\cdots$
$f'(x)$	$+$	0	$-$	0	$+$
$f(x)$	$\nearrow$	$a+7$	$\searrow$	$a-20$	$\nearrow$

즉, 함수 $f(x)$는 $x=-1$일 때 극댓값 $a+7$, $x=2$일 때 극솟값 $a-20$을 갖는다.

이때 함수 $f(x)$의 극솟값이 -10이므로

$a-20=-10$ $\quad \therefore a=10$

$\blacksquare$ 10

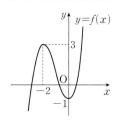 **교과서 필수 개념 ④ 함수의 그래프** 본문 ☞ 38쪽

대표예제 ⑤ (1) $f'(x)=3x^2+6x=3x(x+2)$

$f'(x)=0$에서 $x=-2$ 또는 $x=0$

함수 $f(x)$의 증가와 감소를 표로 나타내면 다음과 같다.

x	$\cdots$	-2	$\cdots$	0	$\cdots$
$f'(x)$	$+$	0	$-$	0	$+$
$f(x)$	$\nearrow$	3	$\searrow$	-1	$\nearrow$

따라서 함수 $f(x)$는 $x=-2$에서 극댓값 3, $x=0$에서 극솟값 -1을 가지므로 $y=f(x)$의 그래프는 오른쪽 그림과 같다.

(2) $f'(x)=-12x^3+12x^2=-12x^2(x-1)$

$f'(x)=0$에서 $x=0$ 또는 $x=1$

함수 $f(x)$의 증가와 감소를 표로 나타내면 다음과 같다.

x	$\cdots$	0	$\cdots$	1	$\cdots$
$f'(x)$		$+$	0	$+$	0	$-$
$f(x)$		$\nearrow$	2	$\nearrow$	3	$\searrow$

따라서 함수 $f(x)$는 $x=1$에서 극댓값 3을 갖고, $f(0)=2$이므로 $y=f(x)$의 그래프는 오른쪽 그림과 같다.

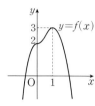

답 풀이 참조

유제 5-1

(1) $f'(x)=-3x^2+3=-3(x+1)(x-1)$

$f'(x)=0$에서 $x=-1$ 또는 $x=1$

함수 $f(x)$의 증가와 감소를 표로 나타내면 다음과 같다.

x	$\cdots$	-1	$\cdots$	1	$\cdots$
$f'(x)$		$-$	0	$+$	0	$-$
$f(x)$		$\searrow$	0	$\nearrow$	4	$\searrow$

따라서 함수 $f(x)$는 $x=1$에서 극댓값 4, $x=-1$에서 극솟값 0을 갖고, $f(0)=2$이므로 $y=f(x)$의 그래프는 오른쪽 그림과 같다.

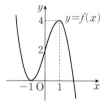

(2) $f'(x)=4x^3-4x=4x(x+1)(x-1)$

$f'(x)=0$에서 $x=-1$ 또는 $x=0$ 또는 $x=1$

함수 $f(x)$의 증가와 감소를 표로 나타내면 다음과 같다.

x	$\cdots$	-1	$\cdots$	0	$\cdots$	1	$\cdots$
$f'(x)$		$-$	0	$+$	0	$-$	0	$+$
$f(x)$		$\searrow$	-2	$\nearrow$	-1	$\searrow$	-2	$\nearrow$

따라서 함수 $f(x)$는 $x=0$에서 극댓값 -1, $x=-1$, $x=1$에서 극솟값 -2를 가지므로 $y=f(x)$의 그래프는 오른쪽 그림과 같다.

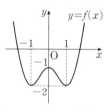

답 풀이 참조

교과서 필수 개념 ⑤ **삼차함수가 극값을 가질 조건**

본문 ☞ 38쪽

대표예제 ⑥ $f'(x)=3x^2+2ax+a$

(1) 삼차함수 $f(x)$가 극값을 가지려면 이차방정식 $f'(x)=0$이 서로 다른 두 실근을 가져야 하므로 방정식 $f'(x)=0$의 판별식을 D라 하면

$\dfrac{D}{4}=a^2-3a>0$

$a(a-3)>0$ ∴ $a<0$ 또는 $a>3$

(2) 삼차함수 $f(x)$가 극값을 갖지 않으려면 이차방정식 $f'(x)=0$이 중근을 갖거나 서로 다른 두 허근을 가져야 하므로 방정식 $f'(x)=0$의 판별식을 D라 하면

$\dfrac{D}{4}=a^2-3a\le0$

$a(a-3)\le0$ ∴ $0\le a\le3$

답 (1) $a<0$ 또는 $a>3$ (2) $0\le a\le3$

유제 6-1 $f'(x)=-3x^2+2(a+2)x-3a$

(1) 삼차함수 $f(x)$가 극값을 가지려면 이차방정식 $f'(x)=0$이 서로 다른 두 실근을 가져야 하므로 방정식 $f'(x)=0$의 판별식을 D라 하면

$\dfrac{D}{4}=(a+2)^2-9a>0$

$a^2-5a+4>0$, $(a-1)(a-4)>0$

∴ $a<1$ 또는 $a>4$

(2) 삼차함수 $f(x)$가 극값을 갖지 않으려면 이차방정식 $f'(x)=0$이 중근을 갖거나 서로 다른 두 허근을 가져야 하므로 방정식 $f'(x)=0$의 판별식을 D라 하면

$\dfrac{D}{4}=(a+2)^2-9a\le0$

$a^2-5a+4\le0$, $(a-1)(a-4)\le0$

∴ $1\le a\le4$

따라서 자연수 a는 1, 2, 3, 4의 4개이다.

답 (1) $a<1$ 또는 $a>4$ (2) 4

교과서 필수 개념 ⑥ **함수의 최대와 최소**

본문 ☞ 39쪽

대표예제 ⑦

(1) $f'(x)=6x^2-18x+12=6(x-1)(x-2)$

$f'(x)=0$에서 $x=1$ 또는 $x=2$

$0\le x\le3$에서 함수 $f(x)$의 증가와 감소를 표로 나타내면 다음과 같다.

x	0	$\cdots$	1	$\cdots$	2	$\cdots$	3
$f'(x)$		$+$	0	$-$	0	$+$	
$f(x)$	-4	$\nearrow$	1	$\searrow$	0	$\nearrow$	5

따라서 함수 $f(x)$는 $x=3$일 때 최댓값 5, $x=0$일 때 최솟값 -4를 갖는다.

(2) $f'(x)=4x^3-12x^2-16x=4x(x+1)(x-4)$

$f'(x)=0$에서 $x=-1$ 또는 $x=0$ ($\because -1\le x\le2$)

$-1\le x\le2$에서 함수 $f(x)$의 증가와 감소를 표로 나타내면 다음과 같다.

x	-1	$\cdots$	0	$\cdots$	2
$f'(x)$	0	$+$	0	$-$	
$f(x)$	21	$\nearrow$	24	$\searrow$	-24

따라서 함수 $f(x)$는 $x=0$일 때 최댓값 24, $x=2$일 때 최솟값 -24를 갖는다.

답 (1) 최댓값: 5, 최솟값: -4
(2) 최댓값: 24, 최솟값: -24

유제 7-1

(1) $f'(x)=3x^2-12=3(x+2)(x-2)$

　　$f'(x)=0$에서 $x=-2$ 또는 $x=2$

　　$-3 \le x \le 2$에서 함수 $f(x)$의 증가와 감소를 표로 나타내면 다음과 같다.

x	-3	$\cdots$	-2	$\cdots$	2
$f'(x)$		$+$	0	$-$	0
$f(x)$	13	↗	20	↘	-12

따라서 함수 $f(x)$는 $x=-2$일 때 최댓값 20, $x=2$일 때 최솟값 -12를 갖는다.

(2) $f'(x)=-x^3-x+2=-(x-1)(x^2+x+2)$

　　$f'(x)=0$에서 $x=1$ $(\because x^2+x+2>0)$

　　$-2 \le x \le 2$에서 함수 $f(x)$의 증가와 감소를 표로 나타내면 다음과 같다.

x	-2	$\cdots$	1	$\cdots$	2
$f'(x)$		$+$	0	$-$	
$f(x)$	-9	↗	$\dfrac{9}{4}$	↘	-1

따라서 함수 $f(x)$는 $x=1$일 때 최댓값 $\dfrac{9}{4}$, $x=-2$일 때 최솟값 -9를 갖는다.

답 (1) 최댓값: 20, 최솟값: -12

　　(2) 최댓값: $\dfrac{9}{4}$, 최솟값: -9

교과서 필수 개념 ⑦ 함수의 최대·최소의 활용 <small>본문 ☞ 39쪽</small>

대표 예제 ⑧

$12-x^2=0$에서 $x^2=12$

$\therefore x=-2\sqrt{3}$ 또는 $x=2\sqrt{3}$

오른쪽 그림과 같이 직사각형 ABCD의 한 꼭짓점 D의 x좌표를 a $(0<a<2\sqrt{3})$로 놓으면

$D(a, 12-a^2)$

이때

$\overline{AD}=2a$, $\overline{DC}=12-a^2$

이므로 직사각형 ABCD의 넓이를 $S(a)$라 하면

$S(a)=2a(12-a^2)=-2a^3+24a$

$\therefore S'(a)=-6a^2+24=-6(a+2)(a-2)$

$S'(a)=0$에서 $a=2$ $(\because 0<a<2\sqrt{3})$

$0<a<2\sqrt{3}$에서 함수 $S(a)$의 증가와 감소를 표로 나타내면 다음과 같다.

a	(0)	$\cdots$	2	$\cdots$	$(2\sqrt{3})$
$S'(a)$		$+$	0	$-$	
$S(a)$		↗	32	↘	

즉, 함수 $S(a)$는 $a=2$일 때 최댓값 32를 갖는다.

따라서 직사각형의 넓이의 최댓값은 32이다. **답** 32

유제 8-1

오른쪽 그림과 같이 원뿔에 내접하는 원기둥의 밑면의 반지름의 길이를 x cm $(0<x<3)$, 높이를 y cm라 하면 $\triangle ABC \backsim \triangle ADE$이므로

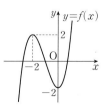

$3:x=6:(6-y)$

즉, $3(6-y)=6x$이므로

$y=-2x+6$

원기둥의 부피를 $V(x)$ cm³라 하면

$V(x)=\pi x^2(-2x+6)=-2\pi(x^3-3x^2)$

$\therefore V'(x)=-2\pi(3x^2-6x)=-6\pi x(x-2)$

$V'(x)=0$에서 $x=2$ $(\because 0<x<3)$

$0<x<3$에서 함수 $V(x)$의 증가와 감소를 표로 나타내면 다음과 같다.

x	(0)	$\cdots$	2	$\cdots$	(3)
$V'(x)$		$+$	0	$-$	
$V(x)$		↗	8π	↘	

즉, 함수 $V(x)$는 $x=2$일 때 최댓값 8π를 갖는다.

따라서 부피가 최대일 때 원기둥의 밑면의 반지름의 길이는 2 cm이다. **답** 2 cm

핵심 개념 & 공식 리뷰 <small>본문 ☞ 40쪽</small>

01 (1) ◯ (2) × (3) × (4) ◯ (5) × (6) × (7) × (8) ◯

02 (1) ① b, d ② a, c ③ c, d (2) ① a, d ② b, e ③ b

03 (1) $x=a$에서 극대 (2) $x=a$에서 극소, $x=b$에서 극대

　　(3) $x=a$에서 극값을 갖지 않고, $x=b$에서 극대

04 풀이 참조

04 (1) $f'(x)=3x^2+6x=3x(x+2)$

　　$f'(x)=0$에서 $x=-2$ 또는 $x=0$

　　함수 $f(x)$의 증가와 감소를 표로 나타내면 다음과 같다.

x	$\cdots$	-2	$\cdots$	0	$\cdots$
$f'(x)$	$+$	0	$-$	0	$+$
$f(x)$	↗	2	↘	-2	↗

따라서 함수 $f(x)$는 $x=-2$에서 극댓값 2, $x=0$에서 극솟값 -2를 가지므로 $y=f(x)$의 그래프는 오른쪽 그림과 같다.

또, $f(-3)=-2$, $f(1)=2$이므로

$-3 \le x \le 1$에서 함수 $f(x)$는 $x=-2$, $x=1$일 때 최댓값 2, $x=-3$, $x=0$일 때 최솟값 -2를 갖는다.

(2) $f'(x)=3x^2-12x+9=3(x-1)(x-3)$

　　$f'(x)=0$에서 $x=1$ 또는 $x=3$

　　함수 $f(x)$의 증가와 감소를 표로 나타내면 다음과 같다.

x	$\cdots$	1	$\cdots$	3	$\cdots$
$f'(x)$	+	0	−	0	+
$f(x)$	↗	3	↘	−1	↗

따라서 함수 $f(x)$는 $x=1$에서 극댓값 3, $x=3$에서 극솟값 -1을 가지므로 $y=f(x)$의 그래프는 오른쪽 그림과 같다.

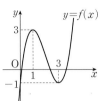

또, $f(-1)=-17$, $f(2)=1$이므로 $-1\le x\le 2$에서 함수 $f(x)$는 $x=1$일 때 최댓값 3, $x=-1$일 때 최솟값 -17을 갖는다.

(3) $f'(x)=4x^3-16x=4x(x+2)(x-2)$
$f'(x)=0$에서 $x=-2$ 또는 $x=0$ 또는 $x=2$
함수 $f(x)$의 증가와 감소를 표로 나타내면 다음과 같다.

x	$\cdots$	−2	$\cdots$	0	$\cdots$	2	$\cdots$
$f'(x)$	−	0	+	0	−	0	+
$f(x)$	↘	−11	↗	5	↘	−11	↗

따라서 함수 $f(x)$는 $x=0$에서 극댓값 5, $x=-2$, $x=2$에서 극솟값 -11을 가지므로 $y=f(x)$의 그래프는 오른쪽 그림과 같다.

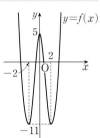

또, $f(3)=14$이므로 $0\le x\le 3$에서 함수 $f(x)$는 $x=3$일 때 최댓값 14, $x=2$일 때 최솟값 -11을 갖는다.

(4) $f'(x)=-4x^3+4x=-4x(x+1)(x-1)$
$f'(x)=0$에서 $x=-1$ 또는 $x=0$ 또는 $x=1$
함수 $f(x)$의 증가와 감소를 표로 나타내면 다음과 같다.

x	$\cdots$	−1	$\cdots$	0	$\cdots$	1	$\cdots$
$f'(x)$	+	0	−	0	+	0	−
$f(x)$	↗	0	↘	−1	↗	0	↘

따라서 함수 $f(x)$는 $x=-1$, $x=1$에서 극댓값 0, $x=0$에서 극솟값 -1을 가지므로 $y=f(x)$의 그래프는 오른쪽 그림과 같다.

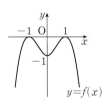

또, $-1\le x\le 1$에서 함수 $f(x)$는 $x=-1$, $x=1$일 때 최댓값 0, $x=0$일 때 최솟값 -1을 갖는다.

빈출 문제로 실전 연습

본문 ☞ 41~42쪽

01 ③	02 3	03 ②	04 3	05 25	06 ②
07 1	08 49	09 ②	10 ⑤	11 4	12 2
13 ①					

01 $f'(x)=-3x^2+27=-3(x+3)(x-3)$이고, 함수 $f(x)$는 $f'(x)\ge 0$인 구간에서 증가하므로
$-3(x+3)(x-3)\ge 0$, $(x+3)(x-3)\le 0$
$\therefore -3\le x\le 3$
따라서 $a=-3$, $b=3$이므로
$b-a=3-(-3)=6$ 답 ③

02 함수 $f(x)$가 $1<x<2$에서 감소하려면 오른쪽 그림과 같이 $1<x<2$에서 $f'(x)\le 0$이어야 하므로
$f'(1)\le 0$, $f'(2)\le 0$
$f'(x)=3x^2-4ax+3a$이므로
$f'(1)=3-4a+3a\le 0$
$\therefore a\ge 3$ $\cdots\cdots$ ㉠
$f'(2)=12-8a+3a\le 0$, $5a\ge 12$
$\therefore a\ge \dfrac{12}{5}$ $\cdots\cdots$ ㉡
㉠, ㉡을 동시에 만족시키는 a의 값의 범위는 $a\ge 3$
따라서 실수 a의 최솟값은 3이다.   답 3

Core 특강

주어진 구간에서 함수 $f(x)$가 증가 또는 감소하도록 하는 미정계수의 결정
$y=f'(x)$의 그래프를 그린 후 주어진 구간에서 함수 $f(x)$가
증가 → $f'(x)\ge 0$,   감소 → $f'(x)\le 0$
이 됨을 이용하여 미지수의 값의 범위를 구한다.

03 함수 $f(x)$의 역함수가 존재하려면 $f(x)$가 일대일대응이어야 하므로 실수 전체의 집합에서 $f(x)$는 증가하거나 감소해야 한다. 그런데 $f(x)$의 최고차항의 계수가 양수이므로 $f(x)$는 증가해야 한다.
이때 $f'(x)=3x^2-6kx+10k$이고, 함수 $f(x)$가 실수 전체의 집합에서 증가하려면 모든 실수 x에 대하여 $f'(x)\ge 0$이어야 하므로 이차방정식 $f'(x)=0$의 판별식을 D라 하면
$\dfrac{D}{4}=9k^2-30k\le 0$
$3k(3k-10)\le 0$ $\therefore 0\le k\le \dfrac{10}{3}$
따라서 정수 k는 0, 1, 2, 3이므로 그 합은
$0+1+2+3=6$ 답 ②

Core 특강

삼차함수의 역함수가 존재할 조건
삼차함수 $f(x)=ax^3+bx^2+cx+d$ ($a>0$, b, c, d는 상수)의 역함수가 존재하기 위한 필요충분조건은 다음과 같다.
① 함수 $y-f(x)$는 일대일대응이다.
② 실수 전체의 집합에서 함수 $f(x)$는 증가한다.
③ 모든 실수 x에 대하여 $f'(x)\ge 0$을 만족시킨다.
④ 이차방정식 $f'(x)=3ax^2+2bx+c=0$이 중근 또는 허근을 갖는다.

04 $f'(x)=6x^2-18x+12=6(x-1)(x-2)$
$f'(x)=0$에서 $x=1$ 또는 $x=2$

함수 $f(x)$의 증가와 감소를 표로 나타내면 다음과 같다.

x	$\cdots$	1	$\cdots$	2	$\cdots$
$f'(x)$	+	0	−	0	+
$f(x)$	↗	2	↘	1	↗

따라서 함수 $f(x)$는 $x=1$에서 극댓값 2, $x=2$에서 극솟값 1을
가지므로 그 합은 $2+1=3$ 　　　🖪 3

05 $y=f'(x)$의 그래프가 x축과 만나는 점의 x좌표가 -3, 1이므
로 $f'(x)=0$에서 $x=-3$ 또는 $x=1$
함수 $f(x)$의 증가와 감소를 표로 나타내면 다음과 같다.

x	$\cdots$	-3	$\cdots$	1	$\cdots$
$f'(x)$	+	0	−	0	+
$f(x)$	↗	극대	↘	극소	↗

$f(x)=x^3+ax^2+bx+c$에서 $f'(x)=3x^2+2ax+b$
이때 $f'(-3)=0$, $f'(1)=0$이므로
$f'(-3)=27-6a+b=0$ 　$\therefore 6a-b=27$ 　$\cdots\cdots$ ㉠
$f'(1)=3+2a+b=0$ 　$\therefore 2a+b=-3$ 　$\cdots\cdots$ ㉡
㉠, ㉡을 연립하여 풀면 $a=3$, $b=-9$
즉, $f(x)=x^3+3x^2-9x+c$이고, 함수 $f(x)$의 극솟값이 -7
이므로 $f(1)=-7$에서
$f(1)=1+3-9+c=-7$
$\therefore c=-2$
따라서 $f(x)=x^3+3x^2-9x-2$이므로 구하는 극댓값은
$f(-3)=-27+27+27-2=25$ 　　🖪 25

06 함수 $y=f'(x)$의 그래프가 x축과 만나는 점의 x좌표가 -2, 1,
3이므로 $f'(x)=0$에서 $x=-2$ 또는 $x=1$ 또는 $x=3$
함수 $f(x)$의 증가와 감소를 표로 나타내면 다음과 같다.

x	$\cdots$	-2	$\cdots$	1	$\cdots$	3	$\cdots$
$f'(x)$	+	0	−	0	+	0	+
$f(x)$	↗	극대	↘	극소	↗		↗

ㄱ. 구간 $(-2, -1)$에서 $f'(x)<0$이므로 함수 $f(x)$는 감소
　한다. (참)
ㄴ. 구간 $(-1, 1)$에서 $f'(x)<0$이므로 $f(x)$는 감소한다.
　　　　　　　　　　　　　　　　　　　　　　(거짓)
ㄷ. $f'(3)=0$이므로 함수 $f(x)$는 $x=3$에서 미분가능하다. (참)
ㄹ. 함수 $f(x)$는 $x=1$에서 극소이고 $x=-2$이고 극대이다.
　　　　　　　　　　　　　　　　　　　　　　(거짓)
따라서 옳은 것은 ㄱ, ㄷ이다. 　　🖪 ②

07 $f'(x)=-3x^2+2ax-3$이고, 함수 $f(x)$
가 구간 $(-1, 3)$에서 극댓값과 극솟값을
모두 가지려면 이차방정식 $f'(x)=0$이
구간 $(-1, 3)$에서 서로 다른 두 실근을
가져야 한다.

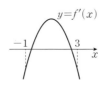

(i) 이차방정식 $f'(x)=0$의 판별식을 D라 하면
$$\frac{D}{4}=a^2-9>0,\ (a+3)(a-3)>0$$
$\therefore a<-3$ 또는 $a>3$
(ii) $f'(-1)<0$이어야 하므로
$-3-2a-3<0$
$\therefore a>-3$
(iii) $f'(3)<0$이어야 하므로
$-27+6a-3<0$
$\therefore a<5$
(iv) 함수 $y=f'(x)$의 그래프의 축의 방정식은 $x=\dfrac{a}{3}$이므로
$-1<\dfrac{a}{3}<3$
$\therefore -3<a<9$
(i)~(iv)를 동시에 만족시키는 a의 값의 범위는
$3<a<5$
따라서 정수 a는 4의 1개이다. 　　🖪 1

08 $f'(x)=4x^3+6x^2+10(a-1)x-10a$
　　　$=2(x-1)(2x^2+5x+5a)$
사차함수 $f(x)$가 극댓값을 갖지 않으려면 삼차방정식
$f'(x)=0$이 한 실근과 두 허근을 갖거나 한 실근과 중근을 갖
거나 삼중근을 가져야 한다.
이때 이차방정식 $2x^2+5x+5a=0$ 　$\cdots\cdots$ ㉠의 판별식을 D
라 하자.
(i) $f'(x)=0$이 한 실근과 두 허근을 갖는 경우
$2(x-1)(2x^2+5x+5a)=0$의 한 근이 $x=1$이므로 이차방
정식 ㉠이 허근을 가져야 한다.
$D=25-40a<0$ 　$\therefore a>\dfrac{5}{8}$
(ii) $f'(x)=0$이 한 실근과 중근을 갖는 경우
$2(x-1)(2x^2+5x+5a)=0$의 한 근이 $x=1$이므로 이차방
정식 ㉠이 $x=1$을 근으로 갖거나 $x\neq1$인 중근을 가져야 한
다.
이때 ㉠이 $x=1$을 근으로 가지면
$7+5a=0$ 　$\therefore a=-\dfrac{7}{5}$
㉠이 $x\neq1$인 중근을 가지면
$D=25-40a=0$ 　$\therefore a=\dfrac{5}{8}$
(i), (ii)에서 $a=-\dfrac{7}{5}$ 또는 $a\geq\dfrac{5}{8}$
따라서 실수 a의 최솟값은 $-\dfrac{7}{5}$이므로
$m=-\dfrac{7}{5}$ 　$\therefore 25m^2=49$ 　　🖪 49

참고 이차방정식 ㉠이 $x=1$을 중근으로 가지면 모든 실수 x에 대하여
$2x^2+5x+5a=2(x-1)^2$이 성립해야 하는데 성립하지 않는다. 따라서
㉠이 $x=1$을 중근으로 가질 수 없으므로 삼차방정식 $f'(x)=0$은 삼중
근을 가질 수 없다.

사차함수가 극값을 갖거나 갖지 않을 조건
사차함수 $f(x)$에 대하여
① $f(x)$가 극댓값과 극솟값을 모두 갖는다.
 → 삼차방정식 $f'(x)=0$이 서로 다른 세 실근을 갖는다.
② $f(x)$가 극댓값 또는 극솟값을 갖지 않는다.
 → 삼차방정식 $f'(x)=0$이 한 실근과 두 허근 또는 한 실근과 중근 또는는 삼중근을 갖는다.

09 $f'(x)=-6x^2+12x=-6x(x-2)$
$f'(x)=0$에서 $x=2$ $(\because 1\le x\le 3)$
$1\le x\le 3$에서 함수 $f(x)$의 증가와 감소를 표로 나타내면 다음과 같다.

x	1	$\cdots$	2	$\cdots$	3
$f'(x)$		$+$	0	$-$	
$f(x)$	$k+4$	$\nearrow$	$k+8$	$\searrow$	k

즉, 함수 $f(x)$는 $x=2$일 때 최댓값 $k+8$, $x=3$일 때 최솟값 k를 갖는다.
이때 함수 $f(x)$의 최댓값과 최솟값의 합이 12이므로
$(k+8)+k=12,\ 2k=4$
$\therefore k=2$
 답 ②

10 $f(x)=2x(x-3)(x-a)$
$\qquad =2\{x^3-(a+3)x^2+3ax\}$
로 놓으면
$f'(x)=2\{3x^2-2(a+3)x+3a\}$
$f(0)=0$이므로 원점은 곡선 $y=f(x)$
위의 점이다. 즉, 원점에서의 접선의 기울기는
$f'(0)=6a$
원점이 아닌 점 $(t,\ f(t))$에서의 접선의 방정식은
$y-f(t)=f'(t)(x-t)$
이 직선이 원점을 지나므로
$0-f(t)=f'(t)(0-t),\ tf'(t)-f(t)=0$
$2t\{3t^2-2(a+3)t+3a\}-2\{t^3-(a+3)t^2+3at\}=0$
$2t^3-(a+3)t^2=0,\ t^2\{2t-(a+3)\}=0$
$\therefore t=\dfrac{a+3}{2}\ (\because t\ne 0)$
즉, 점 $(t,\ f(t))$에서의 접선의 기울기는
$f'\!\left(\dfrac{a+3}{2}\right)=2\left\{3\times\left(\dfrac{a+3}{2}\right)^2-2\times\dfrac{(a+3)^2}{2}+3a\right\}$
$\qquad\qquad\quad =-\dfrac{1}{2}(a^2-6a+9)$
누 접선의 기울기의 곱을 $g(a)$라 하면
$g(a)=f'(0)\times f'\!\left(\dfrac{a+3}{2}\right)=-3(a^3-6a^2+9a)$
$\therefore g'(a)=-3(3a^2-12a+9)=-9(a-1)(a-3)$
$g'(a)=0$에서 $a=1\ (\because 0<a<3)$
$0<a<3$에서 함수 $g(a)$의 증가와 감소를 표로 나타내면 다음과 같다.

a	(0)	$\cdots$	1	$\cdots$	(3)
$g'(a)$		$-$	0	$+$	
$g(a)$		$\searrow$	-12	$\nearrow$	

즉, 함수 $g(a)$는 $a=1$일 때 최솟값 -12를 갖는다.
따라서 두 접선의 기울기의 곱의 최솟값은 -12이다.

 답 ⑤

11 삼차함수 $f(x)$는 최고차항의 계수가 1이므로
$f(x)=x^3+ax^2+bx+c$ $(a,\ b,\ c$는 상수$)$로 놓으면
$f'(x)=3x^2+2ax+b$
조건 ㈎에 의하여 $f'(1)=0$이므로
$f'(1)=3+2a+b=0$ $\therefore 2a+b=-3$ $\cdots\cdots$ ㉠
조건 ㈏에서 $f'(2-x)=f'(2+x)$의 양변에 $x=1$을 대입하면
$f'(1)=f'(3)=0$이므로
$f'(3)=27+6a+b=0$ $\therefore 6a+b=-27$ $\cdots\cdots$ ㉡
㉠, ㉡을 연립하여 풀면 $a=-6,\ b=9$이므로
$f(x)=x^3-6x^2+9x+c,$
$f'(x)=3x^2-12x+9=3(x-1)(x-3)$
$f'(x)=0$에서 $x=1$ 또는 $x=3$이므로 $f(x)$는 $x=3$에서 극솟값 $f(3)$을 갖는다.
따라서 함수 $f(x)$의 극댓값과 극솟값의 차는
$|f(1)-f(3)|=|(1-6+9+c)-(27-54+27+c)|$
$\qquad\qquad\qquad =4$

 답 4

12 $f'(x)=4x^3+3ax^2+2bx+c$
함수 $f(x)$가 $x=\alpha,\ x=\beta,\ x=\gamma$
$(\alpha<\beta<\gamma)$에서 극값을 갖는다고 하면 삼차방정식 $f'(x)=0$의 세 실근이 $\alpha,\ \beta,\ \gamma$이다.
이때 $\alpha,\ \beta,\ \gamma$는 서로 다른 세 음수이므로 삼차방정식의 근과 계수의 관계에 의하여

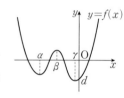

(i) $\alpha+\beta+\gamma<0$, 즉 $-\dfrac{3a}{4}<0$에서 $a>0$
(ii) $\alpha\beta+\beta\gamma+\gamma\alpha>0$, 즉 $\dfrac{b}{2}>0$에서 $b>0$
(iii) $\alpha\beta\gamma<0$, 즉 $-\dfrac{c}{4}<0$에서 $c>0$
한편, 함수 $y=f(x)$의 그래프의 y절편이 0보다 작으므로
$d<0$
$\therefore \dfrac{|a|}{a}+\dfrac{|b|}{b}+\dfrac{|c|}{c}+\dfrac{|d|}{d}=\dfrac{a}{a}+\dfrac{b}{b}+\dfrac{c}{c}+\dfrac{-d}{d}$
$\qquad\qquad\qquad\qquad\quad =1+1+1+(-1)$
$\qquad\qquad\qquad\qquad\quad =2$

 답 2

삼차방정식의 근과 계수의 관계
삼차방정식 $ax^3+bx^2+cx+d=0$의 세 근을 $\alpha,\ \beta,\ \gamma$라 하면
$\alpha+\beta+\gamma=-\dfrac{b}{a},\ \alpha\beta+\beta\gamma+\gamma\alpha=\dfrac{c}{a},\ \alpha\beta\gamma=-\dfrac{d}{a}$

13 오른쪽 그림과 같이 구에 내접하는 원뿔의 밑면의 반지름의 길이를 r, 높이를 h라 하면

$0 < h < 18$

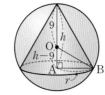

직각삼각형 OAB에서

$(h-9)^2 + r^2 = 9^2$

$\therefore r^2 = -h^2 + 18h$

이때 원뿔의 부피를 $V(h)$라 하면

$V(h) = \frac{1}{3}\pi r^2 h = \frac{1}{3}\pi h(-h^2 + 18h)$

$\qquad = -\frac{1}{3}\pi h^3 + 6\pi h^2$

$\therefore V'(h) = -\pi h^2 + 12\pi h = -\pi h(h-12)$

$V'(h) = 0$에서 $h = 12$ ($\because 0 < h < 18$)

$0 < h < 18$에서 함수 $V(h)$의 증가와 감소를 표로 나타내면 다음과 같다.

h	(0)	$\cdots$	12	$\cdots$	(18)
$V'(h)$		$+$	0	$-$	
$V(h)$		$\nearrow$	288π	$\searrow$	

즉, $V(h)$는 $h = 12$일 때 최댓값 288π를 갖는다.

따라서 원뿔의 부피의 최댓값은 288π이다. **답** ①

06강 도함수의 활용 (3)

Ⅱ. 미분

교과서 필수 개념 1 방정식의 실근의 개수   본문 ☞ 43쪽

 (1) $f(x) = x^3 + 3x^2 - 1$로 놓으면

$f'(x) = 3x^2 + 6x = 3x(x+2)$

$f'(x) = 0$에서 $x = -2$ 또는 $x = 0$

함수 $f(x)$의 증가와 감소를 표로 나타내면 다음과 같다.

x	$\cdots$	-2	$\cdots$	0	$\cdots$
$f'(x)$	$+$	0	$-$	0	$+$
$f(x)$	$\nearrow$	3	$\searrow$	-1	$\nearrow$

따라서 함수 $y = f(x)$의 그래프는 오른쪽 그림과 같이 x축과 서로 다른 세 점에서 만나므로 주어진 방정식은 서로 다른 세 실근을 갖는다.

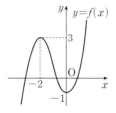

(2) $f(x) = x^4 + 4x^2 - 3$으로 놓으면

$f'(x) = 4x^3 + 8x = 4x(x^2 + 2)$

$f'(x) = 0$에서 $x = 0$ ($\because x^2 + 2 > 0$)

함수 $f(x)$의 증가와 감소를 표로 나타내면 다음과 같다.

x	$\cdots$	0	$\cdots$
$f'(x)$	$-$	0	$+$
$f(x)$	$\searrow$	-3	$\nearrow$

따라서 함수 $y = f(x)$의 그래프는 오른쪽 그림과 같이 x축과 서로 다른 두 점에서 만나므로 주어진 방정식은 서로 다른 두 실근을 갖는다.

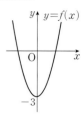

답 (1) 3 (2) 2

유제 1-1 (1) $f(x) = x^3 - 3x^2 + 3x + 2$로 놓으면

$f'(x) = 3x^2 - 6x + 3 = 3(x-1)^2$

$f'(x) = 0$에서 $x = 1$

함수 $f(x)$의 증가와 감소를 표로 나타내면 다음과 같다.

x	$\cdots$	1	$\cdots$
$f'(x)$	$+$	0	$+$
$f(x)$	$\nearrow$	3	$\nearrow$

따라서 함수 $y = f(x)$의 그래프는 오른쪽 그림과 같이 x축과 한 점에서 만나므로 주어진 방정식은 한 개의 실근을 갖는다.

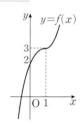

(2) $f(x) = x^4 - 8x^2 + 8$로 놓으면

$f'(x) = 4x^3 - 16x = 4x(x+2)(x-2)$

$f'(x) = 0$에서 $x = -2$ 또는 $x = 0$ 또는 $x = 2$

함수 $f(x)$의 증가와 감소를 표로 나타내면 다음과 같다.

x	$\cdots$	-2	$\cdots$	0	$\cdots$	2	$\cdots$
$f'(x)$	$-$	0	$+$	0	$-$	0	$+$
$f(x)$	$\searrow$	-8	$\nearrow$	8	$\searrow$	-8	$\nearrow$

따라서 함수 $y = f(x)$의 그래프는 오른쪽 그림과 같이 x축과 서로 다른 네 점에서 만나므로 주어진 방정식은 서로 다른 네 실근을 갖는다.

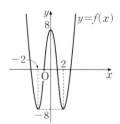

답 (1) 1 (2) 4

대표예제 2 $x^3 + 6x^2 + 9x - a = 0$에서 $x^3 + 6x^2 + 9x = a$이므로 이 방정식의 실근은 함수 $y = x^3 + 6x^2 + 9x$의 그래프와 직선 $y = a$의 교점의 x좌표와 같다.

$f(x) = x^3 + 6x^2 + 9x$로 놓으면

$f'(x) = 3x^2 + 12x + 9 = 3(x+3)(x+1)$

$f'(x) = 0$에서 $x = -3$ 또는 $x = -1$

함수 $f(x)$의 증가와 감소를 표로 나타내면 다음과 같다.

x	$\cdots$	-3	$\cdots$	-1	$\cdots$
$f'(x)$	$+$	0	$-$	0	$+$
$f(x)$	↗	0	↘	-4	↗

따라서 함수 $y=f(x)$의 그래프는 오른쪽 그림과 같다.

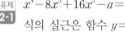

(1) 서로 다른 세 개의 음수인 근을 가지려면
$$-4<a<0$$

(2) 한 개의 양수인 근을 가지려면
$$a>0$$

🅐 (1) $-4<a<0$ (2) $a>0$

유제 2-1 $x^4-8x^3+16x^2-a=0$에서 $x^4-8x^3+16x^2=a$이므로 이 방정식의 실근은 함수 $y=x^4-8x^3+16x^2$의 그래프와 직선 $y=a$의 교점의 x좌표와 같다.

$f(x)=x^4-8x^3+16x^2$으로 놓으면
$$f'(x)=4x^3-24x^2+32x=4x(x-2)(x-4)$$
$f'(x)=0$에서 $x=0$ 또는 $x=2$ 또는 $x=4$

함수 $f(x)$의 증가와 감소를 표로 나타내면 다음과 같다.

x	$\cdots$	0	$\cdots$	2	$\cdots$	4	$\cdots$
$f'(x)$	$-$	0	$+$	0	$-$	0	$+$
$f(x)$	↘	0	↗	16	↘	0	↗

따라서 함수 $y=f(x)$의 그래프는 오른쪽 그림과 같다.

(1) 한 개의 음수인 근과 한 개의 양수인 근을 가지려면
$$a>16$$

(2) 서로 다른 세 개의 양수인 근과 한 개의 음수인 근을 가지려면
$$0<a<16$$

🅐 (1) $a>16$ (2) $0<a<16$

✓ 교과서 필수 개념 **2** 삼차방정식의 근의 판별 본문 ☞ 44쪽

대표예제 ③ (1) $f(x)=x^3-12x+8$로 놓으면
$$f'(x)=3x^2-12=3(x+2)(x-2)$$
$f'(x)=0$에서 $x=-2$ 또는 $x=2$

함수 $f(x)$의 증가와 감소를 표로 나타내면 다음과 같다.

x	$\cdots$	-2	$\cdots$	2	$\cdots$
$f'(x)$	$+$	0	$-$	0	$+$
$f(x)$	↗	24	↘	-8	↗

함수 $f(x)$는 $x=-2$에서 극댓값 24, $x=2$에서 극솟값 -8을 갖는다.

따라서 (극댓값)$\times$(극솟값)<0이므로 주어진 방정식은 서로 다른 세 실근을 갖는다.

(2) $f(x)=x^3-3x^2+4$로 놓으면
$$f'(x)=3x^2-6x=3x(x-2)$$
$f'(x)=0$에서 $x=0$ 또는 $x=2$

함수 $f(x)$의 증가와 감소를 표로 나타내면 다음과 같다.

x	$\cdots$	0	$\cdots$	2	$\cdots$
$f'(x)$	$+$	0	$-$	0	$+$
$f(x)$	↗	4	↘	0	↗

함수 $f(x)$는 $x=0$에서 극댓값 4, $x=2$에서 극솟값 0을 갖는다.

따라서 (극댓값)$\times$(극솟값)$=0$이므로 주어진 방정식은 한 실근과 중근(서로 다른 두 실근)을 갖는다.

🅐 (1) 서로 다른 세 실근
 (2) 한 실근과 중근(서로 다른 두 실근)

유제 3-1 (1) $f(x)=x^3-3x-1$로 놓으면
$$f'(x)=3x^2-3=3(x+1)(x-1)$$
$f'(x)=0$에서 $x=-1$ 또는 $x=1$

함수 $f(x)$의 증가와 감소를 표로 나타내면 다음과 같다.

x	$\cdots$	-1	$\cdots$	1	$\cdots$
$f'(x)$	$+$	0	$-$	0	$+$
$f(x)$	↗	1	↘	-3	↗

함수 $f(x)$는 $x=-1$에서 극댓값 1, $x=1$에서 극솟값 -3을 갖는다.

따라서 (극댓값)$\times$(극솟값)<0이므로 주어진 방정식은 서로 다른 세 실근을 갖는다.

(2) $f(x)=x^3-6x^2+9x+1$로 놓으면
$$f'(x)=3x^2-12x+9=3(x-1)(x-3)$$
$f'(x)=0$에서 $x=1$ 또는 $x=3$

함수 $f(x)$의 증가와 감소를 표로 나타내면 다음과 같다.

x	$\cdots$	1	$\cdots$	3	$\cdots$
$f'(x)$	$+$	0	$-$	0	$+$
$f(x)$	↗	5	↘	1	↗

함수 $f(x)$는 $x=1$에서 극댓값 5, $x=3$에서 극솟값 1을 갖는다.

따라서 (극댓값)$\times$(극솟값)>0이므로 주어진 방정식은 한 실근과 두 허근을 갖는다.

🅐 (1) 서로 다른 세 실근 (2) 한 실근과 두 허근

대표예제 ④ $f(x)=x^3-27x-a$로 놓으면
$$f'(x)=3x^2-27=3(x+3)(x-3)$$
$f'(x)=0$에서 $x=-3$ 또는 $x=3$

함수 $f(x)$의 증가와 감소를 표로 나타내면 다음과 같다.

x	$\cdots$	-3	$\cdots$	3	$\cdots$
$f'(x)$	$+$	0	$-$	0	$+$
$f(x)$	↗	$54-a$	↘	$-54-a$	↗

함수 $f(x)$는 $x=-3$에서 극댓값 $54-a$, $x=3$에서 극솟값 $-54-a$를 갖는다.

(1) 주어진 방정식이 서로 다른 세 실근을 가지려면

(극댓값)×(극솟값)<0이어야 하므로

$(54-a)(-54-a)<0$, $(a+54)(a-54)<0$

∴ $-54<a<54$

(2) 주어진 방정식이 한 실근과 중근을 가지려면

(극댓값)×(극솟값)=0이어야 하므로

$(54-a)(-54-a)=0$, $(a+54)(a-54)=0$

∴ $a=-54$ 또는 $a=54$

(3) 주어진 방정식이 한 실근과 두 허근을 가지려면

(극댓값)×(극솟값)>0이어야 하므로

$(54-a)(-54-a)>0$, $(a+54)(a-54)>0$

∴ $a<-54$ 또는 $a>54$

🅐 (1) $-54<a<54$ (2) $a=-54$ 또는 $a=54$
(3) $a<-54$ 또는 $a>54$

유제 4-1 $f(x)=x^3-9x^2+15x-a$로 놓으면

$f'(x)=3x^2-18x+15=3(x-1)(x-5)$

$f'(x)=0$에서 $x=1$ 또는 $x=5$

함수 $f(x)$의 증가와 감소를 표로 나타내면 다음과 같다.

x	⋯	1	⋯	5	⋯
$f'(x)$	+	0	−	0	+
$f(x)$	↗	$7-a$	↘	$-25-a$	↗

함수 $f(x)$는 $x=1$에서 극댓값 $7-a$, $x=5$에서 극솟값 $-25-a$를 갖는다.

따라서 주어진 방정식이 서로 다른 두 실근을 가지려면

(극댓값)×(극솟값)=0이어야 하므로

$(7-a)(-25-a)=0$, $(a+25)(a-7)=0$

∴ $a=-25$ 또는 $a=7$ 🅐 $a=-25$ 또는 $a=7$

유제 4-2 $f(x)=x^3-3x^2-9x+a$로 놓으면

$f'(x)=3x^2-6x-9=3(x+1)(x-3)$

$f'(x)=0$에서 $x=-1$ 또는 $x=3$

함수 $f(x)$의 증가와 감소를 표를 나타내면 다음과 같다.

x	⋯	-1	⋯	3	⋯
$f'(x)$	+	0	−	0	+
$f(x)$	↗	$a+5$	↘	$a-27$	↗

함수 $f(x)$는 $x=-1$에서 극댓값 $a+5$, $x=3$에서 극솟값 $a-27$을 갖는다.

따라서 주어진 방정식이 오직 한 실근만 가지려면

(극댓값)×(극솟값)>0이어야 하므로

$(a+5)(a-27)>0$

∴ $a<-5$ 또는 $a>27$ 🅐 $a<-5$ 또는 $a>27$

🔵 교과서 필수 개념 3 **부등식에의 활용**   본문 ☞ 45쪽

대표예제 5 (1) $f(x)=x^4-4x+3$으로 놓으면

$f'(x)=4x^3-4=4(x-1)(x^2+x+1)$

$f'(x)=0$에서 $x=1$ ($∵ x^2+x+1>0$)

함수 $f(x)$의 증가와 감소를 표로 나타내면 다음과 같다.

x	⋯	1	⋯
$f'(x)$	−	0	+
$f(x)$	↘	0	↗

즉, 함수 $f(x)$는 $x=1$에서 극소이면서 최소이고 최솟값은 0이므로

$f(x)\geq0$ ∴ $x^4-4x+3\geq0$

따라서 모든 실수 x에 대하여 주어진 부등식은 성립한다.

(2) $f(x)=2x^3-3x^2+3$으로 놓으면

$f'(x)=6x^2-6x=6x(x-1)$

$f'(x)=0$에서 $x=0$ 또는 $x=1$

$x\geq0$에서 함수 $f(x)$의 증가와 감소를 표로 나타내면 다음과 같다.

x	0	⋯	1	⋯
$f'(x)$	0	−	0	+
$f(x)$	3	↘	2	↗

$x\geq0$일 때, 함수 $f(x)$는 $x=1$에서 극소이면서 최소이고 최솟값은 2이므로

$f(x)>0$ ∴ $2x^3-3x^2+3>0$

따라서 $x\geq0$일 때 주어진 부등식은 성립한다.

🅐 풀이 참조

유제 5-1 (1) $x^4+8\geq8(x^2-1)$에서 $x^4+8-8(x^2-1)\geq0$, 즉
$x^4-8x^2+16\geq0$임을 보이면 된다.

$f(x)=x^4-8x^2+16$으로 놓으면

$f'(x)=4x^3-16x=4x(x+2)(x-2)$

$f'(x)=0$에서 $x=-2$ 또는 $x=0$ 또는 $x=2$

함수 $f(x)$의 증가와 김소를 표로 나타내면 다음과 같다.

x	⋯	-2	⋯	0	⋯	2	⋯
$f'(x)$	−	0	+	0	−	0	+
$f(x)$	↘	0	↗	16	↘	0	↗

함수 $f(x)$는 $x=-2$, $x=2$에서 극소이면서 최소이고 최솟값은 0이므로

$f(x)\geq0$ ∴ $x^4+8\geq8(x^2-1)$

따라서 모든 실수 x에 대하여 주어진 부등식은 성립한다.

(2) $x^3+5x>3x^2-2$에서 $x^3-3x^2+5x+2>0$임을 보이면 된다.

$f(x)=x^3-3x^2+5x+2$로 놓으면

$f'(x)=3x^2-6x+5=3(x-1)^2+2>0$

$x>1$일 때, $f'(x)>0$이므로 $x>1$에서 함수 $f(x)$는 증가한다.

이때 $f(1)=5$이므로 $f(x)>0$

$\therefore x^3+5x>3x^2-2$

따라서 $x>1$일 때 주어진 부등식은 성립한다.

답 풀이 참조

 (1) $3x^4-4x^3\geq k$에서 $3x^4-4x^3-k\geq 0$

$f(x)=3x^4-4x^3-k$로 놓으면

$f'(x)=12x^3-12x^2=12x^2(x-1)$

$f'(x)=0$에서 $x=0$ 또는 $x=1$

함수 $f(x)$의 증가와 감소를 표로 나타내면 다음과 같다.

x	$\cdots$	0	$\cdots$	1	$\cdots$
$f'(x)$	$-$	0	$-$	0	$+$
$f(x)$	$\searrow$	$-k$	$\searrow$	$-1-k$	$\nearrow$

함수 $f(x)$는 $x=1$에서 극소이면서 최소이고 최솟값은 $-1-k$이다.

이때 모든 실수 x에 대하여 $f(x)\geq 0$이 성립하려면

$-1-k\geq 0$

$\therefore k\leq -1$

(2) $f(x)=2x^3-9x^2+k$로 놓으면

$f'(x)=6x^2-18x=6x(x-3)$

$f'(x)=0$에서 $x=3$ $(\because x>0)$

$x>0$에서 함수 $f(x)$의 증가와 감소를 표로 나타내면 다음과 같다.

x	(0)	$\cdots$	3	$\cdots$
$f'(x)$		$-$	0	$+$
$f(x)$		$\searrow$	$k-27$	$\nearrow$

$x>0$일 때, 함수 $f(x)$는 $x=3$에서 극소이면서 최소이고 최솟값은 $k-27$이다.

이때 $x>0$에서 $f(x)>0$이 성립하려면

$k-27>0$

$\therefore k>27$

답 (1) $k\leq -1$ (2) $k>27$

 (1) $3x^4-6x^2+4\geq a$에서 $3x^4-6x^2+4-a\geq 0$

$f(x)=3x^4-6x^2+4-a$로 놓으면

$f'(x)=12x^3-12x=12x(x+1)(x-1)$

$f'(x)=0$에서 $x=-1$ 또는 $x=0$ 또는 $x=1$

함수 $f(x)$의 증가와 감소를 표로 나타내면 다음과 같다.

x	$\cdots$	-1	$\cdots$	0	$\cdots$	1	$\cdots$
$f'(x)$	$-$	0	$+$	0	$-$	0	$+$
$f(x)$	$\searrow$	$1-a$	$\nearrow$	$4-a$	$\searrow$	$1-a$	$\nearrow$

함수 $f(x)$는 $x=-1$, $x=1$에서 극소이면서 최소이고 최솟값은 $1-a$이다.

이때 모든 실수 x에 대하여 $f(x)\geq 0$이 성립하려면

$1-a\geq 0$

$\therefore a\leq 1$

(2) $f(x)=x^3+6x^2-15x+a$로 놓으면

$f'(x)=3x^2+12x-15=3(x+5)(x-1)$

$f'(x)=0$에서 $x=-5$ $(\because x<0)$

$x<0$에서 함수 $f(x)$의 증가와 감소를 표로 나타내면 다음과 같다.

x	$\cdots$	-5	$\cdots$	(0)
$f'(x)$	$+$	0	$-$	
$f(x)$	$\nearrow$	$a+100$	$\searrow$	

$x<0$일 때, 함수 $f(x)$는 $x=-5$에서 극대이면서 최대이고 최댓값은 $a+100$이다.

이때 $x<0$에서 $f(x)\leq 0$이 성립하려면

$a+100\leq 0$ $\therefore a\leq -100$

따라서 a의 최댓값은 -100이다.

답 (1) $a\leq 1$ (2) -100

교과서 필수 개념 ④ 속도와 가속도 본문 46쪽

 시각 t에서의 점 P의 속도를 v, 가속도를 a라 하면

$v=\dfrac{dx}{dt}=6t^2-12t$

$a=\dfrac{dv}{dt}=12t-12$

(1) $t=3$에서의 점 P의 속도와 가속도는

$v=6\times 3^2-12\times 3=18$, $a=12\times 3-12=24$

(2) 점 P가 운동 방향을 바꿀 때의 속도는 0이므로 $v=0$에서

$6t^2-12t=0$, $6t(t-2)=0$

$\therefore t=2$ $(\because t>0)$

답 (1) 속도: 18, 가속도: 24 (2) 2

 시각 t에서의 점 P의 속도를 v, 가속도를 a라 하면

$v=\dfrac{dx}{dt}=3t^2-18t+18$

$a=\dfrac{dv}{dt}=6t-18$

(1) 점 P가 원점을 통과할 때의 위치는 0이므로

$t^3-9t^2+18t=0$에서

$t(t-3)(t-6)=0$

$\therefore t=0$ 또는 $t=3$ 또는 $t=6$

따라서 마지막으로 원점을 지나는 것은 $t=6$일 때이므로 이때의 점 P의 속도는

$v=3\times 6^2-18\times 6+18=18$

(2) 점 P의 속도가 39이므로 $3t^2-18t+18=39$에서

$3t^2-18t-21=0$, $3(t+1)(t-7)=0$

$\therefore t=7$ $(\because t>0)$

따라서 $t=7$에서의 점 P의 가속도는

$a=6\times 7-18=24$

답 (1) 18 (2) 24

유제 7-2

(1) 공의 t초 후의 속도를 v m/s라 하면

$$v = \frac{dh}{dt} = 20 - 10t$$

위로 던져 올린 공이 최고 높이에 도달할 때의 속도는

0 m/s이므로 $v = 0$에서

$20 - 10t = 0$ ∴ $t = 2$

따라서 $t = 2$일 때 공의 높이는

$20 \times 2 - 5 \times 2^2 = 20(\text{m})$

(2) 공이 지면에 닿는 순간의 높이는 0 m이므로 $h = 0$에서

$20t - 5t^2 = 0$, $-5t(t-4) = 0$

∴ $t = 4$ ($\because t > 0$)

따라서 $t = 4$일 때 공의 속도는

$20 - 10 \times 4 = -20(\text{m/s})$

답 (1) 2초, 20 m (2) -20 m/s

대표 예제 8

학생이 1.2 m/s의 속도로 t초 동안 움직인 거리는 $1.2t$ m/s이고, 그림자의 끝이 가로등 바로 밑에서부터 x m 떨어져 있다고 하면 그림자의 길이는 $(x - 1.2t)$ m이다.

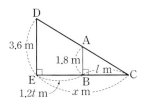

(1) 위의 그림에서 $\triangle\text{ABC} \backsim \triangle\text{DEC}$이므로

$\overline{\text{AB}} : \overline{\text{DE}} = \overline{\text{BC}} : \overline{\text{EC}}$에서

$1.8 : 3.6 = (x - 1.2t) : x$

$1 : 2 = (x - 1.2t) : x$

$x = 2(x - 1.2t)$ ∴ $x = 2.4t$

따라서 그림자의 끝이 움직이는 속도는

$$\frac{dx}{dt} = 2.4(\text{m/s})$$

(2) $x = 2.4t$이므로 그림자의 길이를 l m라 하면

$l = 2.4t - 1.2t = 1.2t$

따라서 그림자의 길이의 변화율은

$$\frac{dl}{dt} = 1.2(\text{m/s})$$

답 (1) 2.4 m/s (2) 1.2 m/s

 유제 8-1

(1) 시각 t에서의 구의 겉넓이를 S라 하면

$S = 4\pi \times (0.5t)^2 = t^2 \pi$

$$\therefore \frac{dS}{dt} = 2\pi t$$

따라서 $t = 4$일 때의 구의 겉넓이의 변화율은

$2\pi \times 4 = 8\pi$

(2) 시각 t에서의 구의 부피를 V라 하면

$V = \frac{4}{3}\pi \times (0.5t)^3 = \frac{1}{6}\pi t^3$

$$\therefore \frac{dV}{dt} = \frac{1}{2}\pi t^2$$

따라서 $t = 4$일 때의 구의 부피의 변화율은

$\frac{1}{2}\pi \times 4^2 = 8\pi$

답 (1) 8π (2) 8π

01 (1) ○ (2) ○ (3) ○ (4) × (5) × (6) × (7) ○ (8) ×

(9) ○

02 (1) 1 (2) 3 (3) 2 (4) 1

03 (1) 3 (2) 3 (3) 2 (4) 1

04 (1) 풀이 참조 (2) $k \le -3$ (3) $a \le -9$

05 (1) $v = 6t^2 - 8t + 2$, $a = 12t - 8$ (2) $\frac{1}{3}$, 1

(3) 속도: 0, 가속도: 4

02 (1) (극댓값)$\times$(극솟값)>0이므로 방정식 $f(x) = 0$은 한 실근과 두 허근을 갖는다.

(2) (극댓값)$\times$(극솟값)<0이므로 방정식 $f(x) = 0$은 서로 다른 세 실근을 갖는다.

(3) (극댓값)$\times$(극솟값)$=0$이므로 방정식 $f(x) = 0$은 한 실근과 중근(서로 다른 두 실근)을 갖는다.

(4) 극값이 존재하지 않으므로 방정식 $f(x) = 0$은 삼중근을 갖거나 한 실근과 두 허근을 갖는다.

03 (1) $f(x) = x^3 - 3x^2 + 1$로 놓으면

$f'(x) = 3x^2 - 6x = 3x(x-2)$

$f'(x) = 0$에서 $x = 0$ 또는 $x = 2$

함수 $f(x)$의 증가와 감소를 표로 나타내면 다음과 같다.

x	$\cdots$	0	$\cdots$	2	$\cdots$
$f'(x)$	$+$	0	$-$	0	$+$
$f(x)$	↗	1	↘	-3	↗

함수 $f(x)$는 $x = 0$에서 극댓값 1, $x = 2$에서 극솟값 -3을 갖는다.

따라서 (극댓값)$\times$(극솟값)<0이므로 주어진 방정식은 서로 다른 세 실근을 갖는다.

(2) $f(x) = 2x^3 + 3x^2 - 12x + 3$으로 놓으면

$f'(x) = 6x^2 + 6x - 12 = 6(x+2)(x-1)$

$f'(x) = 0$에서 $x = -2$ 또는 $x = 1$

함수 $f(x)$의 증가와 감소를 표로 나타내면 다음과 같다.

x	$\cdots$	-2	$\cdots$	1	$\cdots$
$f'(x)$	$+$	0	$-$	0	$+$
$f(x)$	↗	23	↘	-4	↗

함수 $f(x)$는 $x = -2$에서 극댓값 23, $x = 1$에서 극솟값 -4를 갖는다.

따라서 (극댓값)$\times$(극솟값)<0이므로 주어진 방정식은 서로 다른 세 실근을 갖는다.

(3) $f(x) = 4x^3 - 3x + 1$로 놓으면

$f'(x) = 12x^2 - 3 = 3(2x+1)(2x-1)$

$f'(x) = 0$에서 $x = -\frac{1}{2}$ 또는 $x = \frac{1}{2}$

함수 $f(x)$의 증가와 감소를 표로 나타내면 다음과 같다.

x	$\cdots$	$-\dfrac{1}{2}$	$\cdots$	$\dfrac{1}{2}$	$\cdots$
$f'(x)$	$+$	0	$-$	0	$+$
$f(x)$	↗	2	↘	0	↗

함수 $f(x)$는 $x=-\dfrac{1}{2}$에서 극댓값 2, $x=\dfrac{1}{2}$에서 극솟값 0을

갖는다.

따라서 (극댓값)×(극솟값)=0이므로 주어진 방정식은 한 실

근과 중근(서로 다른 두 실근)을 갖는다.

(4) $f(x)=x^3+4x+4$로 놓으면

$f'(x)=3x^2+4$

$f'(x)>0$이므로 함수 $f(x)$는 극값이 존재하지 않는다.

따라서 주어진 방정식은 한 실근과 두 허근을 갖는다.

04 (1) $f(x)=4x^3-3x^2-6x+5$로 놓으면

$f'(x)=12x^2-6x-6=6(2x+1)(x-1)$

$f'(x)=0$에서 $x=1$ ($\because x\geq0$)

$x\geq0$에서 함수 $f(x)$의 증가와 감소를 표로 나타내면 다음

과 같다.

x	0	$\cdots$	1	$\cdots$
$f'(x)$		$-$	0	$+$
$f(x)$	5	↘	0	↗

$x\geq0$일 때, 함수 $f(x)$는 $x=1$에서 극소이면서 최소이고 최

솟값은 0이므로

$f(x)\geq0$ $\therefore 4x^3-3x^2-6x+5\geq0$

따라서 $x\geq0$일 때 주어진 부등식은 성립한다.

(2) $x^3+x^2-5x\geq k$에서 $x^3+x^2-5x-k\geq0$

$f(x)=x^3+x^2-5x-k$로 놓으면

$f'(x)=3x^2+2x-5=(3x+5)(x-1)$

$f'(x)=0$에서 $x=1$ ($\because x\geq0$)

$x\geq0$에서 함수 $f(x)$의 증가와 감소를 표로 나타내면 다음

과 같다.

x	0	$\cdots$	1	$\cdots$
$f'(x)$		$-$	0	$+$
$f(x)$	$-k$	↘	$-3-k$	↗

$x\geq0$일 때, 함수 $f(x)$는 $x=1$에서 극소이면서 최소이고 최

솟값은 $-3-k$이다.

이때 $x\geq0$에서 $f(x)\geq0$이 성립하려면

$-3-k\geq0$ $\therefore k\leq-3$

(3) $x^4+12x\geq4x^3+2x^2+a$에서 $x^4-4x^3-2x^2+12x-a\geq0$

$f(x)=x^4-4x^3-2x^2+12x-a$로 놓으면

$f'(x)=4x^3-12x^2-4x+12=4(x+1)(x-1)(x-3)$

$f'(x)=0$에서 $x=-1$ 또는 $x=1$ 또는 $x=3$

함수 $f(x)$의 증가와 감소를 표로 나타내면 다음과 같다.

x	$\cdots$	-1	$\cdots$	1	$\cdots$	3	$\cdots$
$f'(x)$	$-$	0	$+$	0	$-$	0	$+$
$f(x)$	↘	$-9-a$	↗	$7-a$	↘	$-9-a$	↗

함수 $f(x)$는 $x=-1$, $x=3$에서 극소이면서 최소이고 최솟

값은 $-9-a$이다.

이때 모든 실수 x에 대하여 $f(x)\geq0$이 성립하려면

$-9-a\geq0$ $\therefore a\leq-9$

05 (1) $v=\dfrac{dx}{dt}=6t^2-8t+2$, $a=\dfrac{dv}{dt}=12t-8$

(2) $v=0$에서 $6t^2-8t+2=0$, $2(3t-1)(t-1)=0$

$\therefore t=\dfrac{1}{3}$ 또는 $t=1$

(3) $x=0$에서 $2t^3-4t^2+2t=0$, $2t(t-1)^2=0$

$\therefore t=1$ ($\because t>0$)

따라서 $t=1$에서의 속도와 가속도는 각각

$v=6-8+2=0$, $a=12-8=4$

빈출 문제로 실전 연습   본문 ☞ 48~49쪽

01 ④	**02** ①	**03** 50	**04** ②	**05** ④	**06** -2
07 ④	**08** ②	**09** ⑤	**10** 4	**11** 18	**12** ②, ⑤

01 주어진 방정식의 서로 다른 실근의 개수는 함수

$y=3x^4-4x^3-12x^2$의 그래프와 직선 $y=a$의 교점의 개수와

같다.

$f(x)=3x^4-4x^3-12x^2$으로 놓으면

$f'(x)=12x^3-12x^2-24x=12x(x+1)(x-2)$

$f'(x)=0$에서 $x=-1$ 또는 $x=0$ 또는 $x=2$

함수 $f(x)$의 증가와 감소를 표로 나타내면 다음과 같다.

x	$\cdots$	-1	$\cdots$	0	$\cdots$	2	$\cdots$
$f'(x)$	$-$	0	$+$	0	$-$	0	$+$
$f(x)$	↘	-5	↗	0	↘	-32	↗

따라서 함수 $y=f(x)$의 그래프는 오른
쪽 그림과 같으므로 $y=f(x)$의 그래프
와 직선 $y=a$가 서로 다른 네 점에서 만
나려면
$-5<a<0$
따라서 정수 a는 -4, -3, -2, -1의
4개이다.

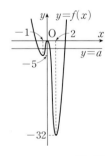

    📄 ④

02 $f(x)=x^3-\dfrac{3}{2}x^2-6x+a-2$로 놓으면

$f'(x)=3x^2-3x-6=3(x+1)(x-2)$

$f'(x)=0$에서 $x=-1$ 또는 $x=2$

함수 $f(x)$의 증가와 감소를 표로 나타내면 다음과 같다.

x	$\cdots$	-1	$\cdots$	2	$\cdots$
$f'(x)$	$+$	0	$-$	0	$+$
$f(x)$	↗	$a+\dfrac{3}{2}$	↘	$a-12$	↗

함수 $f(x)$는 $x=-1$에서 극댓값 $a+\dfrac{3}{2}$, $x=2$에서 극솟값 $a-12$를 갖는다.

이때 주어진 방정식이 한 실근과 두 허근을 가지려면

(극댓값)×(극솟값)>0이어야 하므로

$\left(a+\dfrac{3}{2}\right)(a-12)>0$

$\therefore a<-\dfrac{3}{2}$ 또는 $a>12$

따라서 a의 값이 될 수 있는 것은 ①이다. **답** ①

03 주어진 두 곡선이 서로 다른 두 점에서 만나려면 방정식 $x^3-3x^2-20x+k=4x-1$, 즉 $x^3-3x^2-24x+k+1=0$

이 한 실근과 중근(서로 다른 두 실근)을 가져야 한다.

$f(x)=x^3-3x^2-24x+k+1$로 놓으면

$f'(x)=3x^2-6x-24=3(x+2)(x-4)$

$f'(x)=0$에서 $x=-2$ 또는 $x=4$

함수 $f(x)$의 증가와 감소를 표로 나타내면 다음과 같다.

x	$\cdots$	-2	$\cdots$	4	$\cdots$
$f'(x)$	$+$	0	$-$	0	$+$
$f(x)$	↗	$k+29$	↘	$k-79$	↗

함수 $f(x)$는 $x=-2$에서 극댓값 $k+29$, $x=4$에서 극솟값 $k-79$를 갖는다.

이때 방정식 $f(x)=0$이 한 실근과 중근(서로 다른 두 실근)을 가지려면 (극댓값)×(극솟값)=0이어야 하므로

$(k+29)(k-79)=0$

$\therefore k=-29$ 또는 $k=79$

따라서 모든 실수 k의 값의 합은

$-29+79=50$ **답** 50

04 $h(x)=f(x)-g(x)$로 놓으면

$h(x)=x^4+4x^2-(4x^3+a)=x^4-4x^3+4x^2-a$

$\therefore h'(x)=4x^3-12x^2+8x=4x(x-1)(x-2)$

$h'(x)=0$에서 $x=0$ 또는 $x=1$ 또는 $x=2$

함수 $h(x)$의 증가와 감소를 표로 나타내면 다음과 같다.

x	$\cdots$	0	$\cdots$	1	$\cdots$	2	$\cdots$
$h'(x)$	$-$	0	$+$	0	$-$	0	$+$
$h(x)$	↘	$-a$	↗	$1-a$	↘	$-a$	↗

함수 $h(x)$는 $x=0$, $x=2$에서 극소이면서 최소이므로 최솟값은 $-a$이다.

이때 모든 실수 x에 대하여 $h(x)>0$이 성립하려면

$-a>0$ $\therefore a<0$

따라서 $f(x)>g(x)$가 성립하도록 하는 정수 a의 최댓값은 -1이다. **답** ②

05 $x^3-4x^2-20x\leq2x^2-5x+k$에서 $x^3-6x^2-15x-k\leq0$

$f(x)=x^3-6x^2-15x-k$로 놓으면

$f'(x)=3x^2-12x-15=3(x+1)(x-5)$

$f'(x)=0$에서 $x=-1$ $(\because x<0)$

$x<0$에서 함수 $f(x)$의 증가와 감소를 표로 나타내면 다음과 같다.

x	$\cdots$	-1	$\cdots$	(0)
$f'(x)$	$+$	0	$-$	
$f(x)$	↗	$8-k$	↘	

$x<0$일 때, 함수 $f(x)$는 $x=-1$에서 극대이면서 최대이고 최댓값은 $8-k$이다.

따라서 $x<0$일 때 부등식 $f(x)\leq0$이 성립하려면

$8-k\leq0$ $\therefore k\geq8$ **답** ④

06 $1<x<3$일 때, 함수 $y=-\dfrac{1}{3}x^3-x^2$의 그래프가 직선 $y=-3x-k$보다 항상 아래쪽에 있으려면 부등식

$-\dfrac{1}{3}x^3-x^2<-3x-k$, 즉 $-\dfrac{1}{3}x^3-x^2+3x+k<0$

이 항상 성립해야 한다.

$f(x)=-\dfrac{1}{3}x^3-x^2+3x+k$로 놓으면

$f'(x)=-x^2-2x+3=-(x+3)(x-1)$

$1<x<3$일 때 $f'(x)<0$이므로 함수 $f(x)$는 구간 $(1, 3)$에서 감소한다.

따라서 $1<x<3$에서 $f(x)<0$이려면 $f(1)\leq0$이어야 하므로

$-\dfrac{1}{3}-1+3+k\leq0$

$\therefore k\leq-\dfrac{5}{3}$

즉, 정수 k의 최댓값은 -2이다. **답** -2

07 시각 t에서의 점 P의 속도를 v, 가속도를 a라 하면

$v=\dfrac{dx}{dt}=3t^2+2mt+n$

$a=\dfrac{dv}{dt}=6t+2m$

$t=2$일 때 점 P가 운동 방향을 바꾸면 속도가 0이므로

$12+4m+n=0$ ······ ㉠

$t=2$일 때 점 P의 위치가 5이므로

$8+4m+2n+1=5$

$\therefore 2m+n+2=0$ ······ ㉡

㉠, ㉡을 연립하여 풀면

$m=-5$, $n=8$

$\therefore v=3t^2-10t+8=(3t-4)(t-2)$

$v=0$에서 $t=\dfrac{4}{3}$ 또는 $t=2$이므로 점 P가 $t=2$ 이외에 운동 방향을 바꾸는 시각은 $t=\dfrac{4}{3}$이다.

$a=6t-10$이므로 $t=\dfrac{4}{3}$일 때, 점 P의 가속도는

$6\times\dfrac{4}{3}-10=-2$ **답** ④

08 브레이크를 밟은 후 t초 후의 자동차의 속도를 v m/s라 하면

$$v = \frac{dx}{dt} = 9 - 0.9t$$

자동차가 정지할 때의 속도는 0 m/s이므로 $v=0$에서

$$9 - 0.9t = 0$$

$$\therefore t = 10$$

따라서 이 자동차가 10초 동안 움직인 거리는

$$9 \times 10 - 0.45 \times 10^2 = 45 \, (\text{m})$$ 답 ②

09 t초 후의 풍선의 반지름의 길이는 $\left(3 + \frac{1}{2}t\right)$ cm이므로 풍선의 부피를 V cm^{3}라 하면

$$V = \frac{4}{3}\pi\left(3 + \frac{1}{2}t\right)^3$$

$$\therefore \frac{dV}{dt} = \frac{4}{3}\pi \times 3\left(3 + \frac{1}{2}t\right)^2 \times \frac{1}{2}$$

$$= 2\pi\left(3 + \frac{1}{2}t\right)^2$$

풍선의 반지름의 길이가 6 cm가 되는 시각은

$$3 + \frac{1}{2}t = 6$$

$$\therefore t = 6$$

따라서 $t=6$일 때 풍선의 부피의 변화율은

$$2\pi\left(3 + \frac{1}{2} \times 6\right)^2 = 72\pi \, (\text{cm}^3/\text{s})$$ 답 ⑤

다른 풀이 풍선의 반지름의 길이가 6 cm일 때, $3 + \frac{1}{2}t = 6$이므로 이때의 풍선의 부피의 변화율은

$$2\pi \times 6^2 = 72\pi \, (\text{cm}^3/\text{s})$$

10 최고차항의 계수가 1인 삼차함수 $f(x)$가 모든 실수 x에 대하여 $f(-x) = -f(x)$를 만족시키고, 방정식 $|f(x)| = 4\sqrt{2}$가 서로 다른 네 개의 실근을 가지므로 함수 $y=f(x)$의 그래프는 오른쪽 그림과 같아야 한다.

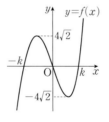

함수 $y=f(x)$의 그래프가 원점이 아닌 점에서 x축과 만나는 점의 x좌표를 각각 $-k$, k $(k>0)$라 하면

$$f(x) = x(x+k)(x-k) = x^3 - k^2 x$$

$$\therefore f'(x) = 3x^2 - k^2 = (\sqrt{3}x + k)(\sqrt{3}x - k)$$

$f'(x) = 0$에서 $x = -\frac{\sqrt{3}}{3}k$ 또는 $x = \frac{\sqrt{3}}{3}k$

이때 함수 $f(x)$는 $x = -\frac{\sqrt{3}}{3}k$에서 극댓값 $4\sqrt{2}$, $x = \frac{\sqrt{3}}{3}k$에서 극솟값 $-4\sqrt{2}$를 갖는다.

$f\left(\frac{\sqrt{3}}{3}k\right) = -4\sqrt{2}$에서

$$\frac{\sqrt{3}}{9}k^3 - \frac{\sqrt{3}}{3}k^3 = -4\sqrt{2}$$

$$k^3 = 6\sqrt{6} \quad \therefore k = \sqrt{6} \; (\because k > 0)$$

따라서 $f(x) = x^3 - 6x$이므로

$$f(-2) = (-2)^3 - 6 \times (-2) = 4$$ 답 4

참고 삼차함수 $f(x)$가 모든 실수 x에 대하여 $f(-x) = -f(x)$를 만족시키므로 $y=f(x)$의 그래프는 원점에 대하여 대칭이다. 이때 삼차함수 $f(x)$의 최고차항의 계수가 1이므로 $y=f(x)$의 그래프의 개형은 다음 그림과 같은 두 가지 경우만 가능하다.

 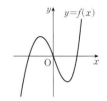

11 주어진 방정식에서 $x^3 + 3x^2 - 9x + 7 = 3k$이므로 이 방정식의 서로 다른 실근의 개수는 함수 $y = x^3 + 3x^2 - 9x + 7$의 그래프와 직선 $y = 3k$의 교점의 개수와 같다.

$g(x) = x^3 + 3x^2 - 9x + 7$로 놓으면

$$g'(x) = 3x^2 + 6x - 9 = 3(x+3)(x-1)$$

$g'(x) = 0$에서 $x = -3$ 또는 $x = 1$

함수 $g(x)$의 증가와 감소를 표로 나타내면 다음과 같다.

x	$\cdots$	-3	$\cdots$	1	$\cdots$
$g'(x)$	$+$	0	$-$	0	$+$
$g(x)$	↗	34	↘	2	↗

함수 $g(x)$는 $x=-3$에서 극댓값 34, $x=1$에서 극솟값 2를 갖고 $g(0)=7$이다.

$k = 1, 2, \cdots, 10$일 때, 함수 $y = g(x)$의 그래프와 직선 $y = 3k$는 오른쪽 그림과 같다.

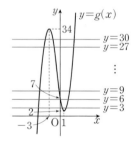

따라서 방정식 $g(x) = 3k$의 음의 실근의 개수 $f(k)$는 $y = g(x)$의 그래프와 직선 $y = 3k$의 제2사분면에서의 교점의 개수와 같으므로

$$f(1) = f(2) = 1,$$

$$f(3) = f(4) = \cdots = f(10) = 2$$

$$\therefore f(1) + f(2) + \cdots + f(10) = 1 \times 2 + 2 \times 8$$

$$= 18$$ 답 18

12 ① 점 P의 시각 t에서의 가속도는 $v'(t)$이고 $a < t < c$일 때, $v'(t) = 0$으로 일정하다.

② $v(b) > 0$이므로 $t=b$일 때 점 P는 양의 방향으로 움직이고 있다.

③ $v'(d) < 0$이므로 $t=d$일 때 점 P의 가속도는 음의 값이다.

④ $t=d$와 $t=h$의 좌우에서 $v(t)$의 부호가 바뀌므로 점 P의 운동 방향이 바뀐다.

즉, $0 < t < i$에서 점 P는 운동 방향을 두 번 바꾼다.

⑤ $v(f) < 0$이므로 $t=f$일 때 점 P는 음의 방향으로 움직인다.

따라서 옳지 않은 것은 ②, ⑤이다. 답 ②, ⑤

Ⅲ. 적분

07강 부정적분과 정적분

교과서 필수 개념 ① 부정적분　　　본문 ☞ 50쪽

대표예제 ①
(1) $f(x)=(x^3+C)'=3x^2$
(2) $f(x)=(3x^2-4x+C)'=6x-4$

답 (1) $f(x)=3x^2$　(2) $f(x)=6x-4$

유제 1-1
(1) $f(x)=(-5x^4+2x^3+C)'=-20x^3+6x^2$
(2) $f(x)=\left(\dfrac{1}{4}x^4+\dfrac{1}{2}x^2+C\right)'=x^3+x$

답 (1) $f(x)=-20x^3+6x^2$　(2) $f(x)=x^3+x$

대표예제 ②
$\dfrac{d}{dx}\left\{\displaystyle\int f(x)dx\right\}=f(x)$이므로
$f(x)=6x^2+x$
$\therefore f(1)=6+1=7$　　　　답 7

유제 2-1
$f(x)=\displaystyle\int\left\{\dfrac{d}{dx}(x^2-2x)\right\}dx=x^2-2x+C$
이때 $f(0)=3$에서 $C=3$
따라서 $f(x)=x^2-2x+3$이므로
$f(1)=1-2+3=2$　　　　답 2

교과서 필수 개념 ② 함수 $y=x^n$ (n은 음이 아닌 정수)의 부정적분
본문 ☞ 51쪽

대표예제 ③
(1) $\displaystyle\int x\,dx=\dfrac{1}{1+1}x^{1+1}+C=\dfrac{1}{2}x^2+C$
(2) $\displaystyle\int x^5\,dx=\dfrac{1}{5+1}x^{5+1}+C=\dfrac{1}{6}x^6+C$
(3) $\displaystyle\int x^{10}\,dx=\dfrac{1}{10+1}x^{10+1}+C=\dfrac{1}{11}x^{11}+C$

답 (1) $\dfrac{1}{2}x^2+C$　(2) $\dfrac{1}{6}x^6+C$　(3) $\dfrac{1}{11}x^{11}+C$

유제 3-1
(1) $\displaystyle\int x^2\,dx=\dfrac{1}{2+1}x^{2+1}+C=\dfrac{1}{3}x^3+C$
(2) $\displaystyle\int x^8\,dx=\dfrac{1}{8+1}x^{8+1}+C=\dfrac{1}{9}x^9+C$
(3) $\displaystyle\int x^{100}\,dx=\dfrac{1}{100+1}x^{100+1}+C=\dfrac{1}{101}x^{101}+C$

답 (1) $\dfrac{1}{3}x^3+C$　(2) $\dfrac{1}{9}x^9+C$　(3) $\dfrac{1}{101}x^{101}+C$

교과서 필수 개념 ③ 함수의 실수배, 합, 차의 부정적분　본문 ☞ 51쪽

대표예제 ④
(1) $\displaystyle\int(3x^2+2x-6)dx=\int 3x^2\,dx+\int 2x\,dx-\int 6\,dx$
$=3\displaystyle\int x^2\,dx+2\int x\,dx-6\int dx$

$=3\times\dfrac{1}{3}x^3+2\times\dfrac{1}{2}x^2-6\times x+C$
$=x^3+x^2-6x+C$

(2) $\displaystyle\int(x-1)(x^2+x+1)dx=\int(x^3-1)dx$
$=\displaystyle\int x^3\,dx-\int dx$
$=\dfrac{1}{4}x^4-x+C$

(3) $\displaystyle\int(x+1)^3\,dx-\int(x-1)^3\,dx$
$=\displaystyle\int\{(x+1)^3-(x-1)^3\}dx=\int(6x^2+2)dx$
$=\displaystyle\int 6x^2\,dx+\int 2\,dx=6\int x^2\,dx+2\int dx$
$=6\times\dfrac{1}{3}x^3+2\times x+C=2x^3+2x+C$

(4) $\displaystyle\int\dfrac{x^3-2x}{x+1}\,dx+\int\dfrac{2x+1}{x+1}\,dx$
$=\displaystyle\int\left(\dfrac{x^3-2x}{x+1}+\dfrac{2x+1}{x+1}\right)dx=\int\dfrac{x^3+1}{x+1}\,dx$
$=\displaystyle\int\dfrac{(x+1)(x^2-x+1)}{x+1}\,dx=\int(x^2-x+1)dx$
$=\displaystyle\int x^2\,dx-\int x\,dx+\int dx$
$=\dfrac{1}{3}x^3-\dfrac{1}{2}x^2+x+C$

답 (1) x^3+x^2-6x+C　(2) $\dfrac{1}{4}x^4-x+C$
(3) $2x^3+2x+C$　(4) $\dfrac{1}{3}x^3-\dfrac{1}{2}x^2+x+C$

유제 4-1
(1) $\displaystyle\int(-5x^4+4x^3-9x^2+2)dx$
$=\displaystyle\int(-5x^4)dx+\int 4x^3\,dx-\int 9x^2\,dx+\int 2\,dx$
$=-5\displaystyle\int x^4\,dx+4\int x^3\,dx-9\int x^2\,dx+2\int dx$
$=-5\times\dfrac{1}{5}x^5+4\times\dfrac{1}{4}x^4-9\times\dfrac{1}{3}x^3+2\times x+C$
$=-x^5+x^4-3x^3+2x+C$

(2) $\displaystyle\int(3x-2)^2\,dx=\int(9x^2-12x+4)dx$
$=\displaystyle\int 9x^2\,dx-\int 12x\,dx+\int 4\,dx$
$=9\displaystyle\int x^2\,dx-12\int x\,dx+4\int dx$
$=9\times\dfrac{1}{3}x^3-12\times\dfrac{1}{2}x^2+4\times x+C$
$=3x^3-6x^2+4x+C$

(3) $\displaystyle\int(x-1)^2\,dx+\int(x+1)^2\,dx$
$=\displaystyle\int\{(x-1)^2+(x+1)^2\}dx=\int(2x^2+2)dx$
$=\displaystyle\int 2x^2\,dx+\int 2\,dx=2\int x^2\,dx+2\int dx$
$=2\times\dfrac{1}{3}x^3+2\times x+C=\dfrac{2}{3}x^3+2x+C$

(4) $\displaystyle\int \frac{x^3}{x-2}\,dx-\int \frac{8}{x-2}\,dx$

$\displaystyle =\int \left(\frac{x^3}{x-2}-\frac{8}{x-2}\right)dx$

$\displaystyle =\int \frac{x^3-8}{x-2}\,dx$

$\displaystyle =\int \frac{(x-2)(x^2+2x+4)}{x-2}\,dx$

$\displaystyle =\int (x^2+2x+4)\,dx$

$\displaystyle =\int x^2\,dx+\int 2x\,dx+\int 4\,dx$

$\displaystyle =\int x^2\,dx+2\int x\,dx+4\int dx$

$\displaystyle =\frac{1}{3}x^3+2\times\frac{1}{2}x^2+4x+C$

$\displaystyle =\frac{1}{3}x^3+x^2+4x+C$

답 (1) $-x^5+x^4-3x^3+2x+C$ (2) $3x^3-6x^2+4x+C$

(3) $\dfrac{2}{3}x^3+2x+C$ (4) $\dfrac{1}{3}x^3+x^2+4x+C$

유제 **4-2** $f(x)=\displaystyle\int (1+2x+3x^2+\cdots+10x^9)\,dx$

$=x+x^2+x^3+\cdots+x^{10}+C$

이때 $f(0)=3$에서 $C=3$

따라서 $f(x)=x+x^2+x^3+\cdots+x^{10}+3$이므로

$f(-1)=-1+1-1+\cdots+1+3$

$=(-1+1)+(-1+1)+\cdots+(-1+1)+3$

$=3$

답 3

교과서 필수 개념 ④ 정적분 본문 ☞ 52쪽

대표예제 **⑤** (1) $\displaystyle\int_{-3}^{1}(t-1)^2\,dt=\int_{-3}^{1}(t^2-2t+1)\,dt$

$\displaystyle =\left[\frac{1}{3}t^3-t^2+t\right]_{-3}^{1}$

$\displaystyle =\left(\frac{1}{3}-1+1\right)-(-9-9-3)=\frac{64}{3}$

(2) $\displaystyle\int_{a}^{a}f(x)\,dx=0$이므로 $\displaystyle\int_{1}^{1}(s^4-s)^2\,ds=0$

(3) $\displaystyle\int_{2}^{1}(4x^3-3x^2-2x)\,dx=\left[x^4-x^3-x^2\right]_{2}^{1}$

$=(1-1-1)-(16-8-4)$

$=-5$

답 (1) $\dfrac{64}{3}$ (2) 0 (3) -5

유제 **5-1** (1) $\displaystyle\int_{-2}^{1}(2s-s^2)\,ds=\left[s^2-\frac{1}{3}s^3\right]_{-2}^{1}=\left(1-\frac{1}{3}\right)-\left(4+\frac{8}{3}\right)=-6$

(2) $\displaystyle\int_{0}^{3}(2x^3-6x^2+6x)\,dx=\left[\frac{1}{2}x^4-2x^3+3x^2\right]_{0}^{3}$

$=\left(\frac{81}{2}-54+27\right)-0=\frac{27}{2}$

(3) $\displaystyle\int_{3}^{-1}(3x^2-4)\,dx=\left[x^3-4x\right]_{3}^{-1}$

$=(-1+4)-(27-12)=-12$

답 (1) -6 (2) $\dfrac{27}{2}$ (3) -12

유제 **5-2** $\displaystyle\int_{0}^{k}(-4x+1)\,dx=\left[-2x^2+x\right]_{0}^{k}=-2k^2+k$

즉, $-2k^2+k=-1$이므로

$2k^2-k-1=0$, $(2k+1)(k-1)=0$

$\therefore k=1\ (\because k>0)$

답 1

대표예제 **⑥** (1) $\dfrac{d}{dx}\displaystyle\int_{1}^{x}(3t^2+1)\,dt=3x^2+1$

(2) $\dfrac{d}{dx}\displaystyle\int_{-2}^{x}(t^3-2t^2+t)\,dt=x^3-2x^2+x$

답 (1) $3x^2+1$ (2) x^3-2x^2+x

유제 **6-1** (1) $\dfrac{d}{dx}\displaystyle\int_{0}^{x}(4t^3-5t)\,dt=4x^3-5x$

(2) $\dfrac{d}{dx}\displaystyle\int_{-1}^{x}(2t+1)(1-t)\,dt=(2x+1)(1-x)$

$=-2x^2+x+1$

답 (1) $4x^3-5x$ (2) $-2x^2+x+1$

교과서 필수 개념 ⑤ 정적분의 성질 본문 ☞ 53쪽

대표예제 **⑦** (1) $\displaystyle\int_{-1}^{2}(x+1)^2\,dx-\int_{-1}^{2}(x-1)^2\,dx$

$\displaystyle =\int_{-1}^{2}\{(x+1)^2-(x-1)^2\}\,dx=\int_{-1}^{2}4x\,dx$

$\displaystyle =\left[2x^2\right]_{-1}^{2}=8-2=6$

(2) $\displaystyle\int_{0}^{1}\frac{x^3}{x+1}\,dx+\int_{0}^{1}\frac{1}{x+1}\,dx$

$\displaystyle =\int_{0}^{1}\left(\frac{x^3}{x+1}+\frac{1}{x+1}\right)dx$

$\displaystyle =\int_{0}^{1}\frac{x^3+1}{x+1}\,dx$

$\displaystyle =\int_{0}^{1}\frac{(x+1)(x^2-x+1)}{x+1}\,dx$

$\displaystyle =\int_{0}^{1}(x^2-x+1)\,dx$

$\displaystyle =\left[\frac{1}{3}x^3-\frac{1}{2}x^2+x\right]_{0}^{1}=\left(\frac{1}{3}-\frac{1}{2}+1\right)-0=\frac{5}{6}$

답 (1) 6 (2) $\dfrac{5}{6}$

유제 **7-1** (1) $\displaystyle\int_{-2}^{1}(-3x^2+2x)\,dx+\int_{-2}^{1}(9x^2-2x)\,dx$

$\displaystyle =\int_{-2}^{1}\{(-3x^2+2x)+(9x^2-2x)\}\,dx$

$\displaystyle =\int_{-2}^{1}6x^2\,dx=\left[2x^3\right]_{-2}^{1}=2-(-16)=18$

(2) $2\int_2^3 \dfrac{x^2}{x-3}dx - \int_2^3 \dfrac{5t+3}{t-3}dt$

$= \int_2^3 \dfrac{2x^2}{x-3}dx - \int_2^3 \dfrac{5x+3}{x-3}dx$

$= \int_2^3 \left(\dfrac{2x^2}{x-3} - \dfrac{5x+3}{x-3}\right)dx = \int_2^3 \dfrac{2x^2-5x-3}{x-3}dx$

$= \int_2^3 \dfrac{(x-3)(2x+1)}{x-3}dx = \int_2^3 (2x+1)dx$

$= \Big[x^2+x\Big]_2^3 = (9+3)-(4+2) = 6$

답 (1) 18 (2) 6

대표예제 8

(1) $\int_0^1 (4x-1)dx + \int_1^2 (4x-1)dx$

$= \int_0^2 (4x-1)dx$

$= \Big[2x^2-x\Big]_0^2$

$= (8-2)-0 = 6$

(2) $\int_1^2 (-x^3+2x+1)dx - \int_3^2 (-x^3+2x+1)dx$

$= \int_1^2 (-x^3+2x+1)dx + \int_2^3 (-x^3+2x+1)dx$

$= \int_1^3 (-x^3+2x+1)dx = \Big[-\dfrac{1}{4}x^4+x^2+x\Big]_1^3$

$= \left(-\dfrac{81}{4}+9+3\right) - \left(-\dfrac{1}{4}+1+1\right) = -10$

답 (1) 6 (2) -10

유제 8-1

(1) $\int_1^4 (4x^3-3x^2)dx + \int_4^3 (4x^3-3x^2)dx$

$= \int_1^3 (4x^3-3x^2)dx = \Big[x^4-x^3\Big]_1^3$

$= (81-27)-(1-1) = 54$

(2) $\int_0^{-1} (3x^2+6x+2)dx - \int_1^{-1} (3x^2+6x+2)dx$

$= \int_0^{-1} (3x^2+6x+2)dx + \int_{-1}^1 (3x^2+6x+2)dx$

$= \int_0^1 (3x^2+6x+2)dx = \Big[x^3+3x^2+2x\Big]_0^1$

$= (1+3+2)-0 = 6$

답 (1) 54 (2) 6

대표예제 9

$f(x)=|x-1|$로 놓으면 닫힌구간 $[0,3]$에서

$f(x) = \begin{cases} -x+1 & (0\le x\le 1) \\ x-1 & (1\le x\le 3) \end{cases}$

$\therefore \int_0^3 |x-1|dx = \int_0^1 (-x+1)dx + \int_1^3 (x-1)dx$

$= \Big[-\dfrac{1}{2}x^2+x\Big]_0^1 + \Big[\dfrac{1}{2}x^2-x\Big]_1^3$

$= \left\{\left(-\dfrac{1}{2}+1\right)-0\right\} + \left\{\left(\dfrac{9}{2}-3\right)-\left(\dfrac{1}{2}-1\right)\right\}$

$= \dfrac{5}{2}$

답 $\dfrac{5}{2}$

유제 9-1

(1) $f(x)=2|x+1|$로 놓으면 닫힌구간 $[-2,2]$에서

$f(x) = \begin{cases} -2(x+1)=-2x-2 & (-2\le x\le -1) \\ 2(x+1)=2x+2 & (-1\le x\le 2) \end{cases}$

$\therefore \int_{-2}^2 2|x+1|dx$

$= \int_{-2}^{-1} (-2x-2)dx + \int_{-1}^2 (2x+2)dx$

$= \Big[-x^2-2x\Big]_{-2}^{-1} + \Big[x^2+2x\Big]_{-1}^2$

$= \{(-1+2)-(-4+4)\} + \{(4+4)-(1-2)\}$

$= 10$

(2) $f(x)=|x(x+2)|$로 놓으면 닫힌구간 $[-1,2]$에서

$f(x) = \begin{cases} -x(x+2)=-x^2-2x & (-1\le x\le 0) \\ x(x+2)=x^2+2x & (0\le x\le 2) \end{cases}$

$\therefore \int_{-1}^2 |x(x+2)|dx$

$= \int_{-1}^0 (-x^2-2x)dx + \int_0^2 (x^2+2x)dx$

$= \Big[-\dfrac{1}{3}x^3-x^2\Big]_{-1}^0 + \Big[\dfrac{1}{3}x^3+x^2\Big]_0^2$

$= \left\{0-\left(\dfrac{1}{3}-1\right)\right\} + \left\{\left(\dfrac{8}{3}+4\right)-0\right\}$

$= \dfrac{22}{3}$

답 (1) 10 (2) $\dfrac{22}{3}$

유제 9-2

$\int_{-1}^1 f(x)dx = \int_{-1}^0 f(x)dx + \int_0^1 f(x)dx$

$= \int_{-1}^0 (x^2+4x+2)dx + \int_0^1 (x+2)dx$

$= \Big[\dfrac{1}{3}x^3+2x^2+2x\Big]_{-1}^0 + \Big[\dfrac{1}{2}x^2+2x\Big]_0^1$

$= \left\{0-\left(-\dfrac{1}{3}+2-2\right)\right\} + \left\{\left(\dfrac{1}{2}+2\right)-0\right\}$

$= \dfrac{17}{6}$

답 $\dfrac{17}{6}$

교과서 필수 개념 6 **정적분을 포함한 등식** 본문 ☞ 54쪽

대표예제 10

$\int_0^1 f(t)dt = k$ (k는 상수) ⋯⋯ ㉠

로 놓으면 $f(x)=2x-k$

이것을 ㉠에 대입하면

$\int_0^1 (2t-k)dt = k$

$\Big[t^2-kt\Big]_0^1 = k$

$1-k = k$ $\therefore k = \dfrac{1}{2}$

$\therefore f(x) = 2x-\dfrac{1}{2}$

답 $f(x)=2x-\dfrac{1}{2}$

유제 10-1

$\int_{-1}^0 f(t)dt = k$ (k는 상수) ⋯⋯ ㉠

로 놓으면 $f(x)=9x^2+2k$

이것을 ㉠에 대입하면

$\int_{-1}^0 (9t^2+2k)dt = k$

$$\Big[3t^3+2kt\Big]_{-1}^{0}=k$$

$3+2k=k \qquad \therefore k=-3$

따라서 $f(x)=9x^2-6$이므로 $f(1)=9-6=3$ 답 3

대표예제 ⑪ 주어진 등식의 양변을 x에 대하여 미분하면 $f(x)=10x-1$

주어진 등식의 양변에 $x=a$를 대입하면 $\displaystyle\int_{a}^{a} f(t)dt=0$에서

$5a^2-a-4=0,\ (5a+4)(a-1)=0$

$\therefore a=-\dfrac{4}{5}$ 또는 $a=1$

답 $f(x)=10x-1,\ a=-\dfrac{4}{5}$ 또는 $a=1$

유제 11·1 주어진 등식의 양변을 x에 대하여 미분하면

$f(x)=3x^2-12x+2$

주어진 등식의 양변에 $x=1$을 대입하면 $\displaystyle\int_{1}^{1} f(t)dt=0$에서

$1-6+2+a=0 \qquad \therefore a=3$

$\therefore f(a)=f(3)=3\times 3^2-12\times 3+2=-7$ 답 -7

 교과서 필수 개념 ❼ **정적분으로 정의된 함수의 극한** 본문 ☞ 54쪽

대표예제 ⑫ (1) $f(x)=x^2+4x+2$로 놓고 $f(x)$의 한 부정적분을 $F(x)$라 하면

$$\lim_{h\to 0}\frac{1}{h}\int_{2}^{2+h}(x^2+4x+2)dx=\lim_{h\to 0}\frac{F(2+h)-F(2)}{h}$$
$$=F'(2)=f(2)=14$$

(2) $f(t)=t^3-3t^2+3$으로 놓고 $f(t)$의 한 부정적분을 $F(t)$라 하면

$$\lim_{x\to 1}\frac{1}{x-1}\int_{1}^{x}(t^3-3t^2+3)dt=\lim_{x\to 1}\frac{F(x)-F(1)}{x-1}$$
$$=F'(1)=f(1)=1$$

답 (1) 14   (2) 1

유제 12·1 (1) $f(x)=x^4-x^3-x^2-x$로 놓고 $f(x)$의 한 부정적분을 $F(x)$라 하면

$$\lim_{h\to 0}\frac{1}{h}\int_{0}^{2h}(x^4-x^3-x^2-x)dx=\lim_{h\to 0}\frac{F(2h)-F(0)}{h}$$
$$=\lim_{h\to 0}\frac{F(2h)-F(0)}{2h}\times 2$$
$$=2F'(0)=2f(0)=0$$

(2) $f(t)=t^5-4t^4$으로 놓고 $f(t)$의 한 부정적분을 $F(t)$라 하면

$$\lim_{x\to 1}\frac{1}{x^2-1}\int_{1}^{x}(t^5-4t^4)dt=\lim_{x\to 1}\frac{F(x)-F(1)}{x^2-1}$$
$$=\lim_{x\to 1}\left\{\frac{F(x)-F(1)}{x-1}\times\frac{1}{x+1}\right\}$$
$$=\frac{1}{2}F'(1)=\frac{1}{2}f(1)=-\frac{3}{2}$$

답 (1) 0   (2) $-\dfrac{3}{2}$

01 (1) ○ (2) × (3) × (4) × (5) ○ (6) ○ (7) × (8) ○

02 (1) $f(x)=x^2+3x+1$ (2) $f(x)=2x^3-2x^2+2x+1$

    (3) $f(x)=2x^4-2x^3+x+2$

03 (1) $\dfrac{98}{3}$ (2) 0   (3) 12   (4) $\dfrac{9}{2}$ (5) $\dfrac{57}{2}$ (6) 42   (7) 64

04 (1) $f(x)=6x-2$ (2) $f(x)=12x^2-10x+8$

    (3) $f(x)=10x^4+20x^3-24x$

02 (1) $f(x)=\displaystyle\int f'(x)dx=\int(2x+3)dx=x^2+3x+C$

    이때 $f(0)=1$에서 $C=1 \qquad \therefore f(x)=x^2+3x+1$

    (2) $f(x)=\displaystyle\int f'(x)dx=\int(6x^2-4x+2)dx$
$$=2x^3-2x^2+2x+C$$

    이때 $f(1)=3$에서 $2-2+2+C=3 \qquad \therefore C=1$

    $\therefore f(x)=2x^3-2x^2+2x+1$

    (3) $f(x)=\displaystyle\int f'(x)dx=\int(8x^3-6x^2+1)dx$
$$=2x^4-2x^3+x+C$$

    이때 $f(-1)=5$에서 $2+2-1+C=5 \qquad \therefore C=2$

    $\therefore f(x)=2x^4-2x^3+x+2$

03 (1) $\displaystyle\int_{1}^{3}(2x+1)(2x-1)dx$
$$=\int_{1}^{3}(4x^2-1)dx=\left[\frac{4}{3}x^3-x\right]_{1}^{3}$$
$$=(36-3)-\left(\frac{4}{3}-1\right)=\frac{98}{3}$$

    (3) $\displaystyle\int_{2}^{4}(x^2-2)dx-\int_{2}^{4}(x-2)^2dx$
$$=\int_{2}^{4}\{(x^2-2)-(x-2)^2\}dx=\int_{2}^{4}(4x-6)dx$$
$$=\left[2x^2-6x\right]_{2}^{4}=(32-24)-(8-12)=12$$

    (4) $\displaystyle\int_{-1}^{2}(3x^2-2x)dx+\int_{-1}^{2}(-2x^2+3x)dx$
$$=\int_{-1}^{2}\{(3x^2-2x)+(-2x^2+3x)\}dx$$
$$=\int_{-1}^{2}(x^2+x)dx=\left[\frac{1}{3}x^3+\frac{1}{2}x^2\right]_{-1}^{2}$$
$$=\left(\frac{8}{3}+2\right)-\left(-\frac{1}{3}+\frac{1}{2}\right)=\frac{9}{2}$$

    (5) $\displaystyle\int_{0}^{2}(5x+2)dx+\int_{2}^{3}(5x+2)dx$
$$=\int_{0}^{3}(5x+2)dx=\left[\frac{5}{2}x^2+2x\right]_{0}^{3}$$
$$=\left(\frac{45}{2}+6\right)-0=\frac{57}{2}$$

    (6) $\displaystyle\int_{1}^{4}(6x^2-5)dx+\int_{4}^{3}(6x^2-5)dx$
$$=\int_{1}^{3}(6x^2-5)dx=\left[2x^3-5x\right]_{1}^{3}$$
$$=(54-15)-(2-5)=42$$

(7) $\int_0^3 (x^3+3x-6)dx - \int_4^3 (x^3+3x-6)dx$

$= \int_0^3 (x^3+3x-6)dx + \int_3^4 (x^3+3x-6)dx$

$= \int_0^4 (x^3+3x-6)dx = \left[\frac{1}{4}x^4 + \frac{3}{2}x^2 - 6x \right]_0^4$

$= (64+24-24)-0 = 64$

빈출 문제로 **실전 연습** 본문 ☞ 56~57쪽

01 ⑤	**02** ④	**03** 26	**04** 2	**05** ④	**06** 15
07 ①	**08** ①	**09** ①	**10** ④	**11** 6	**12** $\frac{8}{3}$

13 $x=\frac{1}{3}$

01 $f(x)=F'(x)=6x^2+2ax+4$이므로

$f'(x)=12x+2a$

$f'(-1)=-2$에서 $-12+2a=-2$

$\therefore a=5$　　　　　　　　　　　답 ⑤

02 $\dfrac{d}{dx}\displaystyle\int \{f(x)+x^3-2x^2+3\}dx = \int \left[\dfrac{d}{dx}\{2f(x)-1\} \right]dx$에서

$f(x)+x^3-2x^2+3 = 2f(x)-1+C$

$\therefore f(x)=x^3-2x^2+4-C$

이때 $f(0)=-2$에서 $4-C=-2$

$\therefore C=6$

따라서 $f(x)=x^3-2x^2-2$이므로

$f(2)=8-8-2=-2$　　　　　　답 ④

03 $f(x)=\displaystyle\int \{(x-1)^2-x^3\}dx + \int \{(x+1)^2+x^3\}dx$

$= \displaystyle\int [\{(x-1)^2-x^3\}+\{(x+1)^2+x^3\}]dx$

$= \displaystyle\int (2x^2+2)dx$

$= \dfrac{2}{3}x^3+2x+C$

이때 $f(0)=2$에서 $C=2$

따라서 $f(x)=\dfrac{2}{3}x^3+2x+2$이므로

$f(3)=\dfrac{2}{3}\times 3^3+2\times 3+2=26$　　답 26

04 $f(x)=\displaystyle\int (3x^2-2x+k)dx=x^3-x^2+kx+C$

이때 $f(0)=2$에서 $C=2$

$\therefore f(x)=x^3-x^2+kx+2$

$f(1)=4$에서 $1-1+k+2=4$

$\therefore k=2$　　　　　　　　　　답 2

05 $F(x)=xf(x)-x^3+3x^2$의 양변을 x에 대하여 미분하면

$F'(x)=f(x)+xf'(x)-3x^2+6x$

$F'(x)=f(x)$이므로

$xf'(x)=3x^2-6x$

$\therefore f'(x)=3x-6$

$f(x)=\displaystyle\int (3x-6)dx=\dfrac{3}{2}x^2-6x+C$

이때 $f(2)=\dfrac{3}{2}$에서 $6-12+C=\dfrac{3}{2}$　　$\therefore C=\dfrac{15}{2}$

따라서 $f(x)=\dfrac{3}{2}x^2-6x+\dfrac{15}{2}$이므로 함수 $y=f(x)$의 그래프의 y절편은 $\dfrac{15}{2}$이다.　　　　답 ④

06 $\displaystyle\int_{-2}^{7} f(x)dx = \int_{-2}^{-1} f(x)dx + \int_{-1}^{3} f(x)dx + \int_{3}^{7} f(x)dx$

이므로

$\displaystyle\int_{-1}^{3} f(x)dx = \int_{-2}^{7} f(x)dx - \int_{-2}^{-1} f(x)dx - \int_{3}^{7} f(x)dx$

$= 16-3-(-2)=15$　　　　답 15

07 $f(x)=x-|x+3|$으로 놓으면 닫힌구간 $[-4, 1]$에서

$f(x) = \begin{cases} x+(x+3)=2x+3 & (-4 \le x \le -3) \\ x-(x+3)=-3 & (-3 \le x \le 1) \end{cases}$

$\therefore \displaystyle\int_{-4}^{1} (x-|x+3|)dx = \int_{-4}^{-3} (2x+3)dx + \int_{-3}^{1} (-3)dx$

$= \left[x^2+3x \right]_{-4}^{-3} + \left[-3x \right]_{-3}^{1}$

$= \{(9-9)-(16-12)\}+(-3-9)$

$= -16$　　　　　　答 ①

08 $\displaystyle\int_0^2 f(t)dt=k$ (k는 상수) ……㉠

로 놓으면 $f(x)=3x^2+2x+k$

이것을 ㉠에 대입하면 $\displaystyle\int_0^2 (3t^2+2t+k)dt=k$

$\left[t^3+t^2+kt \right]_0^2 =k$, $12+2k=k$　　$\therefore k=-12$

따라서 $f(x)=3x^2+2x-12$이므로

$f(1)=3+2-12=-7$　　　　　答 ①

09 $\displaystyle\int_{-1}^{x} f(t)dt=x^3+ax^2+bx+1$의 양변을 x에 대하여 미분하면

$f(x)=3x^2+2ax+b$

이때 $f(1)=6$에서 $3+2a+b=6$이므로

$2a+b=3$ ……㉠

$\displaystyle\int_{-1}^{x} f(t)dt=x^3+ax^2+bx+1$의 양변에 $x=-1$을 대입하면

$0=-1+a-b+1$　　$\therefore a=b$ ……㉡

㉠, ㉡을 연립하여 풀면 $a=1$, $b=1$

따라서 $f(x)=3x^2+2x+1$이므로

$f(2)=3\times 2^2+2\times 2+1=17$　　答 ①

10 $f(t)=3t^2-t+1$로 놓고 $f(t)$의 한 부정적분을 $F(t)$라 하면

$$\lim_{x\to2}\frac{1}{x-2}\int_4^{x^2}(3t^2-t+1)dt$$

$$=\lim_{x\to2}\frac{F(x^2)-F(4)}{x-2}=\lim_{x\to2}\left\{\frac{F(x^2)-F(4)}{x^2-4}\times(x+2)\right\}$$

$$=4F'(4)=4f(4)=4\times45=180 \qquad \text{답} ④$$

11 $x=0,\ y=0$을 $f(x+y)=f(x)+f(y)+2xy$에 대입하면

$$f(0)=f(0)+f(0) \qquad \therefore\ f(0)=0$$

$$f'(0)=\lim_{h\to0}\frac{f(h)-f(0)}{h}=\lim_{h\to0}\frac{f(h)}{h}$$

이므로 $f'(0)=1$에서 $\lim_{h\to0}\dfrac{f(h)}{h}=1$

$$f'(x)=\lim_{h\to0}\frac{f(x+h)-f(x)}{h}$$

$$=\lim_{h\to0}\frac{f(x)+f(h)+2xh-f(x)}{h}$$

$$=\lim_{h\to0}\frac{f(h)}{h}+2x=2x+1$$

$$\therefore\ f(x)=\int f'(x)dx=\int(2x+1)dx=x^2+x+C$$

이때 $f(0)=0$에서 $C=0$

따라서 $f(x)=x^2+x$이므로 $f(2)=2^2+2=6$ \qquad 답 6

12 $f'(x)=-2(x-1)(x-3)=-2x^2+8x-6$이므로

$$f(x)=\int f'(x)dx=\int(-2x^2+8x-6)dx$$

$$=-\frac{2}{3}x^3+4x^2-6x+C$$

$f'(x)=0$에서 $x=1$ 또는 $x=3$

함수 $f(x)$의 증가와 감소를 표로 나타내면 다음과 같다.

x	$\cdots$	1	$\cdots$	3	$\cdots$
$f'(x)$	$-$	0	$+$	0	$-$
$f(x)$	$\searrow$	극소	$\nearrow$	극대	$\searrow$

따라서 함수 $f(x)$는 $x=3$에서 극댓값을, $x=1$에서 극솟값을 가지므로

$$M=f(3)=-18+36-18+C=C$$

$$m=f(1)=-\frac{2}{3}+4-6+C=-\frac{8}{3}+C$$

$$\therefore\ M-m=C-\left(-\frac{8}{3}+C\right)=\frac{8}{3} \qquad \text{답}\ \frac{8}{3}$$

Core 특강

미분가능한 함수의 극대 · 극소 판정

미분가능한 함수 $f(x)$에 대하여 $f'(a)=0$이고 $x=a$의 좌우에서
① $f'(x)$의 부호가 양에서 음으로 바뀌면 ➡ 극댓값 $f(a)$
② $f'(x)$의 부호가 음에서 양으로 바뀌면 ➡ 극솟값 $f(a)$
를 갖는다.

13 $\displaystyle\int_1^x(x-t)f(t)dt=x\int_1^x f(t)dt-\int_1^x tf(t)dt$이므로 주어진 등식에서

$$x\int_1^x f(t)dt-\int_1^x tf(t)dt=x^3-x^2-3x+2$$

앞의 식의 양변을 x에 대하여 미분하면

$$\int_1^x f(t)dt+xf(x)-xf(x)=3x^2-2x-3$$

$$\therefore\ \int_1^x f(t)dt=3x^2-2x-3$$

위의 식의 양변을 x에 대하여 미분하면

$$f(x)=6x-2$$

따라서 방정식 $f(x)=0$의 해는 $x=\dfrac{1}{3}$ \qquad 답 $x=\dfrac{1}{3}$

Core 특강

곱의 미분법

두 함수 $f(x),\ g(x)$가 미분가능할 때
$$y=f(x)g(x)\ \blacktriangleright\ y'=f'(x)g(x)+f(x)g'(x)$$

08 강 III. 적분

정적분의 활용

교과서 필수 개념 ❶ **곡선과 x축 사이의 넓이** 본문 ☞ 58쪽

대표예제 ① 곡선 $y=-x^2+4x-3$과 x축의 교점의 x좌표는

$-x^2+4x-3=0$에서 $(x-1)(x-3)=0$

$\therefore\ x=1$ 또는 $x=3$

이때 닫힌구간 $[1,\ 3]$에서 $y\geq0$이므로 구하는 넓이를 S라 하면

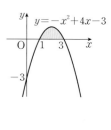

$$S=\int_1^3|-x^2+4x-3|dx$$

$$=\int_1^3(-x^2+4x-3)dx$$

$$=\left[-\frac{1}{3}x^3+2x^2-3x\right]_1^3$$

$$=(-9+18-9)-\left(-\frac{1}{3}+2-3\right)=\frac{4}{3} \qquad \text{답}\ \frac{4}{3}$$

유제 1-1 (1) 곡선 $y=x^2-x-2$와 x축의 교점의 x좌표는

$x^2-x-2=0$에서 $(x+1)(x-2)=0$

$\therefore\ x=-1$ 또는 $x=2$

이때 닫힌구간 $[-1,\ 2]$에서 $y\leq0$ 이므로 구하는 넓이를 S라 하면

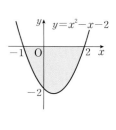

$$S=\int_{-1}^2|x^2-x-2|dx$$

$$=\int_{-1}^2(-x^2+x+2)dx$$

$$=\left[-\frac{1}{3}x^3+\frac{1}{2}x^2+2x\right]_{-1}^2$$

$$=\left(-\frac{8}{3}+2+4\right)-\left(\frac{1}{3}+\frac{1}{2}-2\right)=\frac{9}{2}$$

(2) 곡선 $y=x^3-x$와 x축의 교점의 x좌표는 $x^3-x=0$에서

$$x(x+1)(x-1)=0$$

$$\therefore x=-1 \text{ 또는 } x=0 \text{ 또는 } x=1$$

이때 닫힌구간 $[-1, 0]$에서 $y \geq 0$이고, 닫힌구간 $[0, 1]$에서 $y \leq 0$이므로 구하는 넓이를 S라 하면

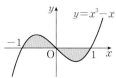

$$S=\int_{-1}^{1}|x^3-x|dx$$

$$=\int_{-1}^{0}(x^3-x)dx+\int_{0}^{1}(-x^3+x)dx$$

$$=\left[\frac{1}{4}x^4-\frac{1}{2}x^2\right]_{-1}^{0}+\left[-\frac{1}{4}x^4+\frac{1}{2}x^2\right]_{0}^{1}$$

$$=\left\{0-\left(\frac{1}{4}-\frac{1}{2}\right)\right\}+\left\{\left(-\frac{1}{4}+\frac{1}{2}\right)-0\right\}=\frac{1}{2}$$

답 (1) $\frac{9}{2}$ (2) $\frac{1}{2}$

유제 1·2 곡선 $y=x(x-4)(x-a)$와 x축의 교점의 좌표는 $x(x-4)(x-a)=0$에서

$$x=0 \text{ 또는 } x=4 \text{ 또는 } x=a$$

이때 주어진 곡선과 x축으로 둘러싸인 두 도형의 넓이가 서로 같으므로

$$\int_{0}^{4}x(x-4)(x-a)dx=0$$

$$\int_{0}^{4}\{x^3-(a+4)x^2+4ax\}dx=0$$

$$\left[\frac{1}{4}x^4-\frac{a+4}{3}x^3+2ax^2\right]_{0}^{4}=0$$

$$64-\frac{64(a+4)}{3}+32a=0$$

$$\frac{32}{3}a-\frac{64}{3}=0 \qquad \therefore a=2$$

답 2

Core 특강

곡선과 x축으로 둘러싸인 두 도형의 넓이가 같은 경우

곡선 $y=f(x)$와 x축으로 둘러싸인 두 도형의 넓이를 각각 S_1, S_2라 할 때,

$$S_1=S_2 \Rightarrow \int_{a}^{c}f(x)dx=0$$

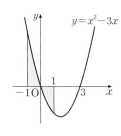

대표예제 ② 곡선 $y=x^2-3x$와 x축의 교점의 x좌표는 $x^2-3x=0$에서 $x(x-3)=0$

$$\therefore x=0 \text{ 또는 } x=3$$

이때 닫힌구간 $[-1, 0]$에서 $y \geq 0$이고, 닫힌구간 $[0, 1]$에서 $y \leq 0$이므로 구하는 넓이를 S라 하면

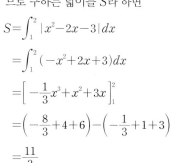

$$S=\int_{-1}^{1}|x^2-3x|dx$$

$$=\int_{-1}^{0}(x^2-3x)dx$$

$$+\int_{0}^{1}(-x^2+3x)dx$$

$$=\left[\frac{1}{3}x^3-\frac{3}{2}x^2\right]_{-1}^{0}+\left[-\frac{1}{3}x^3+\frac{3}{2}x^2\right]_{0}^{1}$$

$$=\left\{0-\left(-\frac{1}{3}-\frac{3}{2}\right)\right\}+\left\{\left(-\frac{1}{3}+\frac{3}{2}\right)-0\right\}$$

$$=3$$

답 3

유제 2·1 (1) 곡선 $y=x^2-2x-3$과 x축의 교점의 x좌표는 $x^2-2x-3=0$에서 $(x+1)(x-3)=0$

$$\therefore x=-1 \text{ 또는 } x=3$$

이때 닫힌구간 $[1, 2]$에서 $y<0$이므로 구하는 넓이를 S라 하면

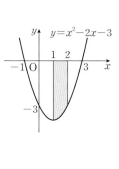

$$S=\int_{1}^{2}|x^2-2x-3|dx$$

$$=\int_{1}^{2}(-x^2+2x+3)dx$$

$$=\left[-\frac{1}{3}x^3+x^2+3x\right]_{1}^{2}$$

$$=\left(-\frac{8}{3}+4+6\right)-\left(-\frac{1}{3}+1+3\right)$$

$$=\frac{11}{3}$$

(2) 곡선 $y=x^3-x^2$과 x축의 교점의 x좌표는 $x^3-x^2=0$에서 $x^2(x-1)=0$

$$\therefore x=0 \text{ 또는 } x=1$$

이때 닫힌구간 $[-1, 1]$에서 $y \leq 0$이고, 닫힌구간 $[1, 2]$에서 $y \geq 0$이므로 구하는 넓이를 S라 하면

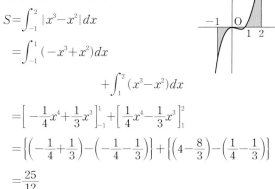

$$S=\int_{-1}^{2}|x^3-x^2|dx$$

$$=\int_{-1}^{1}(-x^3+x^2)dx$$

$$+\int_{1}^{2}(x^3-x^2)dx$$

$$=\left[-\frac{1}{4}x^4+\frac{1}{3}x^3\right]_{-1}^{1}+\left[\frac{1}{4}x^4-\frac{1}{3}x^3\right]_{1}^{2}$$

$$=\left\{\left(-\frac{1}{4}+\frac{1}{3}\right)-\left(-\frac{1}{4}-\frac{1}{3}\right)\right\}+\left\{\left(4-\frac{8}{3}\right)-\left(\frac{1}{4}-\frac{1}{3}\right)\right\}$$

$$=\frac{25}{12}$$

답 (1) $\frac{11}{3}$ (2) $\frac{25}{12}$

교과서 필수 개념 ② 그래프가 대칭인 함수의 정적분 본문 ☞ 59쪽

대표예제 ③

$$\int_{-2}^{2}(6x^5-5x^4+3x^2-12x)dx$$

$$=\int_{-2}^{2}(6x^5-12x)dx+\int_{-2}^{2}(-5x^4+3x^2)dx$$

$$=0+2\int_{0}^{2}(-5x^4+3x^2)dx$$

$$=2\left[-x^5+x^3\right]_{0}^{2}$$

$$=2\{(-32+8)-0\}$$

$$=-48$$

답 -48

유제 3-1

$$\int_{-1}^{1}(x^7-2x^5+10x^4-x^3+2x-1)dx$$

$$=\int_{-1}^{1}(x^7-2x^5-x^3+2x)dx+\int_{-1}^{1}(10x^4-1)dx$$

$$=0+2\int_{0}^{1}(10x^4-1)dx$$

$$=2\Big[2x^5-x\Big]_{0}^{1}=2\{(2-1)-0\}=2$$

답 2

유제 3-2

$f(-x)=f(x)$이므로

$\underbrace{(-x)^3f(-x)=-x^3f(x)}_{x^3f(x)는\ 기함수}$ $\therefore \int_{-3}^{3}x^3f(x)dx=0$

$\underbrace{-xf(-x)=-xf(x)}_{xf(x)는\ 기함수}$ $\therefore \int_{-3}^{3}xf(x)dx=0$

$\therefore \int_{-3}^{3}(x^3-x+1)f(x)dx$

$$=\int_{-3}^{3}x^3f(x)dx-\int_{-3}^{3}xf(x)dx+\int_{-3}^{3}f(x)dx$$

$$=0-0+2\int_{0}^{3}f(x)dx=2\times5=10$$

답 10

Core 특강

우함수, 기함수의 곱

① (우함수)×(우함수) ➡ (우함수)

② (우함수)×(기함수) ➡ (기함수)

③ (기함수)×(기함수) ➡ (우함수)

대표예제 ④

$f(x+1)=f(x)$이므로

$$\int_{0}^{1}f(x)dx=\int_{1}^{2}f(x)dx=\int_{2}^{3}f(x)dx$$

$$\therefore \int_{0}^{3}f(x)dx=3\int_{0}^{1}f(x)dx=3\times2=6$$

답 6

유제 4-1

$f(x+2)=f(x)$이므로 $\int_{0}^{2}f(x)dx=\int_{2}^{4}f(x)dx$

$$\therefore \int_{0}^{4}f(x)dx=2\int_{0}^{2}f(x)dx$$

닫힌구간 $[0,2]$에서

$$\int_{0}^{2}f(x)dx=\int_{0}^{1}f(x)dx+\int_{1}^{2}f(x)dx$$

$$=\int_{0}^{1}(-x^2+1)dx+\int_{1}^{2}(x-1)dx$$

$$=\Big[-\frac{1}{3}x^3+x\Big]_{0}^{1}+\Big[\frac{1}{2}x^2-x\Big]_{1}^{2}$$

$$=\Big\{\Big(-\frac{1}{3}+1\Big)-0\Big\}+\Big\{(2-2)-\Big(\frac{1}{2}-1\Big)\Big\}$$

$$=\frac{7}{6}$$

$$\therefore \int_{0}^{4}f(x)dx=2\int_{0}^{2}f(x)dx=2\times\frac{7}{6}=\frac{7}{3}$$

답 $\frac{7}{3}$

🔵 **교과서 필수 개념 ❸ 두 곡선 사이의 넓이**

대표예제 ⑤

두 곡선 $y=x^2-3$, $y=-x^2+5$의 교점의 x좌표는

$x^2-3=-x^2+5$에서 $2x^2-8=0$

$2(x+2)(x-2)=0$ $\therefore x=-2$ 또는 $x=2$

이때 닫힌구간 $[-2, 2]$에서

$-x^2+5\ge x^2-3$이므로 구하는 넓이를 S라 하면

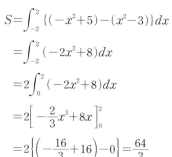

$$S=\int_{-2}^{2}\{(-x^2+5)-(x^2-3)\}dx$$

$$=\int_{-2}^{2}(-2x^2+8)dx$$

$$=2\int_{0}^{2}(-2x^2+8)dx$$

$$=2\Big[-\frac{2}{3}x^3+8x\Big]_{0}^{2}$$

$$=2\Big\{\Big(-\frac{16}{3}+16\Big)-0\Big\}=\frac{64}{3}$$

답 $\frac{64}{3}$

유제 5-1

(1) 곡선 $y=x^2+4x$와 직선 $y=2x+3$의 교점의 x좌표는

$x^2+4x=2x+3$에서

$x^2+2x-3=0$, $(x+3)(x-1)=0$

$\therefore x=-3$ 또는 $x=1$

이때 닫힌구간 $[-3, 1]$에서

$2x+3\ge x^2+4x$이므로 구하는

넓이를 S라 하면

$$S=\int_{-3}^{1}\{(2x+3)-(x^2+4x)\}dx$$

$$=\int_{-3}^{1}(-x^2-2x+3)dx$$

$$=\Big[-\frac{1}{3}x^3-x^2+3x\Big]_{-3}^{1}$$

$$=\Big(-\frac{1}{3}-1+3\Big)-(9-9-9)=\frac{32}{3}$$

(2) 두 곡선 $y=x^2-3x-1$, $y=-x^2+x-1$의 교점의 x좌표는

$x^2-3x-1=-x^2+x-1$에서

$2x^2-4x=0$, $2x(x-2)=0$

$\therefore x=0$ 또는 $x=2$

이때 닫힌구간 $[0, 2]$에서

$-x^2+x-1\ge x^2-3x-1$이므로

구하는 넓이를 S라 하면

$$S=\int_{0}^{2}\{(-x^2+x-1)$$

$$-(x^2-3x-1)\}dx$$

$$=\int_{0}^{2}(-2x^2+4x)dx$$

$$=\Big[-\frac{2}{3}x^3+2x^2\Big]_{0}^{2}$$

$$=\Big(-\frac{16}{3}+8\Big)-0=\frac{8}{3}$$

답 (1) $\frac{32}{3}$ (2) $\frac{8}{3}$

유제 5-2

$f(x)=3x^2$으로 놓으면 $f'(x)=6x$

곡선 위의 점 $(1, 3)$에서의 접선의 기울기는

$f'(1)=6$

즉, 점 $(1, 3)$에서의 접선의 방정식은

$y-3=6(x-1)$ $\therefore y=6x-3$

따라서 구하는 넓이를 S라 하면

$$S = \int_0^1 \{3x^2 - (6x-3)\} dx$$
$$= \int_0^1 (3x^2 - 6x + 3) dx$$
$$= \left[x^3 - 3x^2 + 3x \right]_0^1$$
$$= (1 - 3 + 3) - 0 = 1$$

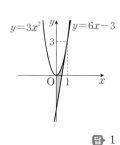

답 1

대표예제 ⑥ 곡선 $y = -x^2 + 2x$와 직선 $y = x$의 교점의 x좌표는

$-x^2 + 2x = x$에서

$x^2 - x = 0$, $x(x-1) = 0$

$\therefore x = 0$ 또는 $x = 1$

이때 닫힌구간 $[0, 1]$에서

$-x^2 + 2x \geq x$이고, 닫힌구간 $[1, 2]$에서 $-x^2 + 2x \leq x$이므로 구하는 넓이를 S라 하면

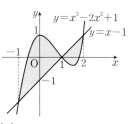

$$S = \int_0^1 \{(-x^2 + 2x) - x\} dx$$
$$\qquad + \int_1^2 \{x - (-x^2 + 2x)\} dx$$
$$= \int_0^1 (-x^2 + x) dx + \int_1^2 (x^2 - x) dx$$
$$= \left[-\frac{1}{3}x^3 + \frac{1}{2}x^2 \right]_0^1 + \left[\frac{1}{3}x^3 - \frac{1}{2}x^2 \right]_1^2$$
$$= \left\{ \left(-\frac{1}{3} + \frac{1}{2} \right) - 0 \right\} + \left\{ \left(\frac{8}{3} - 2 \right) - \left(\frac{1}{3} - \frac{1}{2} \right) \right\}$$
$$= 1$$

답 1

유제 6-1 (1) 곡선 $y = x^3 - 2x^2 + 1$과 직선 $y = x - 1$의 교점의 x좌표는

$x^3 - 2x^2 + 1 = x - 1$에서

$x^3 - 2x^2 - x + 2 = 0$, $(x+1)(x-1)(x-2) = 0$

$\therefore x = -1$ 또는 $x = 1$ 또는 $x = 2$

이때 닫힌구간 $[-1, 1]$에서

$x^3 - 2x^2 + 1 \geq x - 1$이고, 닫힌구간 $[1, 2]$에서

$x^3 - 2x^2 + 1 \leq x - 1$이므로 구하는 넓이를 S라 하면

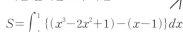

$$S = \int_{-1}^1 \{(x^3 - 2x^2 + 1) - (x-1)\} dx$$
$$\qquad + \int_1^2 \{(x-1) - (x^3 - 2x^2 + 1)\} dx$$
$$= \int_{-1}^1 (x^3 - 2x^2 - x + 2) dx + \int_1^2 (-x^3 + 2x^2 + x - 2) dx$$
$$= 2\int_0^1 (-2x^2 + 2) dx + \int_1^2 (-x^3 + 2x^2 + x - 2) dx$$
$$= 2\left[-\frac{2}{3}x^3 + 2x \right]_0^1 + \left[-\frac{1}{4}x^4 + \frac{2}{3}x^3 + \frac{1}{2}x^2 - 2x \right]_1^2$$
$$= 2\left\{ \left(-\frac{2}{3} + 2 \right) - 0 \right\}$$
$$\qquad + \left\{ \left(-4 + \frac{16}{3} + 2 - 4 \right) - \left(-\frac{1}{4} + \frac{2}{3} + \frac{1}{2} - 2 \right) \right\}$$
$$= \frac{37}{12}$$

(2) 두 곡선 $y = x^3 - 2x^2 + x$, $y = x^2 - x$의 교점의 x좌표는

$x^3 - 2x^2 + x = x^2 - x$에서

$x^3 - 3x^2 + 2x = 0$

$x(x-1)(x-2) = 0$

$\therefore x = 0$ 또는 $x = 1$ 또는 $x = 2$

이때 닫힌구간 $[0, 1]$에서

$x^3 - 2x^2 + x \geq x^2 - x$이고, 닫힌구간 $[1, 2]$에서

$x^3 - 2x^2 + x \leq x^2 - x$이므로 구하는 넓이를 S라 하면

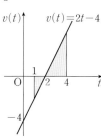

$$S = \int_0^1 \{(x^3 - 2x^2 + x) - (x^2 - x)\} dx$$
$$\qquad + \int_1^2 \{(x^2 - x) - (x^3 - 2x^2 + x)\} dx$$
$$= \int_0^1 (x^3 - 3x^2 + 2x) dx + \int_1^2 (-x^3 + 3x^2 - 2x) dx$$
$$= \left[\frac{1}{4}x^4 - x^3 + x^2 \right]_0^1 + \left[-\frac{1}{4}x^4 + x^3 - x^2 \right]_1^2$$
$$= \left\{ \left(\frac{1}{4} - 1 + 1 \right) - 0 \right\} + \left\{ (-4 + 8 - 4) - \left(-\frac{1}{4} + 1 - 1 \right) \right\}$$
$$= \frac{1}{2}$$

답 (1) $\dfrac{37}{12}$ (2) $\dfrac{1}{2}$

교과서 필수 개념 ④ 직선 위를 움직이는 점의 위치와 움직인 거리

본문 ☞ 61쪽

대표예제 ⑦ (1) 시각 $t=3$에서의 점 P의 위치는

$$2 + \int_0^3 (2t - 4) dt = 2 + \left[t^2 - 4t \right]_0^3$$
$$= 2 + \{(9 - 12) - 0\} = -1$$

(2) 시각 $t=1$에서 $t=4$까지 점 P의 위치의 변화량은

$$\int_1^4 (2t - 4) dt = \left[t^2 - 4t \right]_1^4$$
$$= (16 - 16) - (1 - 4) = 3$$

(3) $v(t) = 2t - 4 = 2(t-2)$이므로 그 그래프는 오른쪽 그림과 같고 닫힌구간 $[1, 2]$에서 $v(t) \leq 0$, 닫힌구간 $[2, 4]$에서 $v(t) \geq 0$이다.

따라서 시각 $t=1$에서 $t=4$까지 점 P가 움직인 거리는

$$\int_1^4 |2t - 4| dt$$
$$= \int_1^2 (-2t + 4) dt + \int_2^4 (2t - 4) dt$$
$$= \left[-t^2 + 4t \right]_1^2 + \left[t^2 - 4t \right]_2^4 = 1 + 4 = 5$$

답 (1) -1 (2) 3 (3) 5

다른 풀이 (3) 시각 $t=1$에서 $t=4$까지 점 P가 움직인 거리는 함수 $v(t)$의 그래프와 t축 및 두 직선 $t=1$, $t=4$로 둘러싸인 도형의 넓이와 같으므로

$$\underset{\underset{v(1)=-2}{\big|}}{\frac{1}{2} \times 1 \times 2} + \underset{\underset{v(4)=4}{\big|}}{\frac{1}{2} \times 2 \times 4} = 5$$

유제
7-1
(1) 시각 $t=4$에서의 점 P의 위치는

$$0+\int_0^4 (t^2-4t)dt=\left[\frac{1}{3}t^3-2t^2\right]_0^4$$
$$=\left(\frac{64}{3}-32\right)-0=-\frac{32}{3}$$

(2) 시각 $t=3$에서 $t=5$까지 점 P의 위치의 변화량은

$$\int_3^5 (t^2-4t)dt=\left[\frac{1}{3}t^3-2t^2\right]_3^5$$
$$=\left(\frac{125}{3}-50\right)-(9-18)=\frac{2}{3}$$

(3) $v(t)=t^2-4t=t(t-4)$이므로 그 그 래프는 오른쪽 그림과 같고 닫힌구간 $[3, 4]$에서 $v(t)\leq 0$, 닫힌구간 $[4, 5]$에서 $v(t)\geq 0$이다.

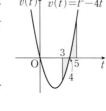

따라서 $t=3$에서 $t=5$까지 점 P가 움 직인 거리는

$$\int_3^5 |t^2-4t|dt=\int_3^4 (-t^2+4t)dt+\int_4^5 (t^2-4t)dt$$
$$=\left[-\frac{1}{3}t^3+2t^2\right]_3^4+\left[\frac{1}{3}t^3-2t^2\right]_4^5=\frac{5}{3}+\frac{7}{3}=4$$

답 (1) $-\frac{32}{3}$ (2) $\frac{2}{3}$ (3) 4

유제
7-2
점 P가 원점을 출발하여 다시 원점으로 되돌아오는 시각을 $t=a$라 하면 시각 $t=a$에서의 점 P의 위치의 변화량은 0이므로

$$\int_0^a (6-3t)dt=0$$
$$\left[6t-\frac{3}{2}t^2\right]_0^a=6a-\frac{3}{2}a^2=0$$
$$\frac{3}{2}a(a-4)=0 \qquad \therefore a=4 \; (\because a>0)$$

$v(t)=6-3t=3(2-t)$이므로 그 그래프 는 오른쪽 그림과 같고 닫힌구간 $[0, 2]$에 서 $v(t)\geq 0$, 닫힌구간 $[2, 4]$에서 $v(t)\leq 0$ 이다.

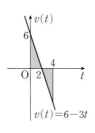

따라서 점 P가 다시 원점으로 되돌아올 때 까지 움직인 거리는

$$\int_0^4 |6-3t|dt=\int_0^2 (6-3t)dt+\int_2^4 (-6+3t)dt$$
$$=\left[6t-\frac{3}{2}t^2\right]_0^2+\left[-6t+\frac{3}{2}t^2\right]_2^4$$
$$=6+6=12$$

답 4, 12

유제
7-3
(1) 물체를 쏘아 올린 순간으로부터 2초 후 물체의 지면으로부 터의 높이는

$$0+\int_0^2 (20-10t)dt=\left[20t-5t^2\right]_0^2=40-20=20\,(\text{m})$$

(2) $v(t)=20-10t=10(2-t)$이므로 그 그래프는 오른쪽 그림과 같고 닫힌구 간 $[0, 2]$에서 $v(t)\geq 0$, 닫힌구간 $[2, 3]$에서 $v(t)\leq 0$이다.

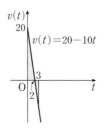

따라서 물체를 쏘아 올린 후 3초 동안 물체가 움직인 거리는

$$\int_0^3 |20-10t|dt$$
$$=\int_0^2 (20-10t)dt+\int_2^3 (-20+10t)dt$$
$$=\left[20t-5t^2\right]_0^2+\left[-20t+5t^2\right]_2^3$$
$$=20+5=25\,(\text{m})$$

답 (1) 20 m (2) 25 m

핵심 개념 & 공식 리뷰
본문 ☞ 62쪽

01 (1) ○ (2) × (3) × (4) ○ (5) × (6) ×

02 (1) $\frac{125}{6}$ (2) 8

03 (1) 36 (2) 9 (3) 8 (4) $\frac{37}{12}$

04 (1) $\frac{7}{3}$ (2) $\frac{20}{3}$ (3) $\frac{20}{3}$

02 (1) 곡선 $y=-x^2+3x+4$와 x축의 교점의 x좌표는
$-x^2+3x+4=0$, 즉 $x^2-3x-4=0$에서
$(x+1)(x-4)=0 \qquad \therefore x=-1$ 또는 $x=4$
이때 닫힌구간 $[-1, 4]$에서 $y\geq 0$이므로 구하는 넓이를 S라 하면

$$S=\int_{-1}^4 |-x^2+3x+4|dx$$
$$=\int_{-1}^4 (-x^2+3x+4)dx$$
$$=\left[-\frac{1}{3}x^3+\frac{3}{2}x^2+4x\right]_{-1}^4$$
$$=\left(-\frac{64}{3}+24+16\right)-\left(\frac{1}{3}+\frac{3}{2}-4\right)$$
$$=\frac{125}{6}$$

(2) 곡선 $y=x^3-4x$와 x축의 교점의 x좌표는
$x^3-4x=0$에서 $x(x+2)(x-2)=0$
$\therefore x=-2$ 또는 $x=0$ 또는 $x=2$
이때 닫힌구간 $[-2, 0]$에서 $y\geq 0$이고, 닫힌구간 $[0, 2]$에 서 $y\leq 0$이므로 구하는 넓이를 S라 하면

$$S=\int_{-2}^2 |x^3-4x|dx$$
$$=\int_{-2}^0 (x^3-4x)dx+\int_0^2 (-x^3+4x)dx$$
$$=\left[\frac{1}{4}x^4-2x^2\right]_{-2}^0+\left[-\frac{1}{4}x^4+2x^2\right]_0^2$$
$$=4+4=8$$

03 (1) 직선 $y=-x$와 곡선 $y=-x^2+x+8$의 교점의 x좌표는
$-x=-x^2+x+8$에서 $x^2-2x-8=0$
$(x+2)(x-4)=0 \qquad \therefore x=-2$ 또는 $x=4$
이때 닫힌구간 $[-2, 4]$에서 $-x^2+x+8\geq -x$이므로 구하 는 넓이를 S라 하면

$$S=\int_{-2}^{4}\{(-x^2+x+8)-(-x)\}dx$$
$$=\int_{-2}^{4}(-x^2+2x+8)dx$$
$$=\left[-\frac{1}{3}x^3+x^2+8x\right]_{-2}^{4}$$
$$=\left(-\frac{64}{3}+16+32\right)-\left(\frac{8}{3}+4-16\right)=36$$

(2) 두 곡선 $y=-x^2-4$와 $y=x^2+2x-8$의 교점의 x좌표는
$-x^2-4=x^2+2x-8$에서 $2x^2+2x-4=0$
$2(x+2)(x-1)=0$ $\therefore x=-2$ 또는 $x=1$
이때 닫힌구간 $[-2,\ 1]$에서 $-x^2-4\geq x^2+2x-8$이므로
구하는 넓이를 S라 하면
$$S=\int_{-2}^{1}\{(-x^2-4)-(x^2+2x-8)\}dx$$
$$=\int_{-2}^{1}(-2x^2-2x+4)dx$$
$$=\left[-\frac{2}{3}x^3-x^2+4x\right]_{-2}^{1}$$
$$=\left(-\frac{2}{3}-1+4\right)-\left(\frac{16}{3}-4-8\right)=9$$

(3) 직선 $y=-1$과 곡선 $y=x^3-3x^2-x+2$의 교점의 x좌표는
$-1=x^3-3x^2-x+2$에서 $x^3-3x^2-x+3=0$
$(x+1)(x-1)(x-3)=0$
$\therefore x=-1$ 또는 $x=1$ 또는 $x=3$
이때 닫힌구간 $[-1,\ 1]$에서 $-1\leq x^3-3x^2-x+2$이고, 닫힌구간 $[1,\ 3]$에서 $-1\geq x^3-3x^2-x+2$이므로 구하는 넓이를 S라 하면
$$S=\int_{-1}^{1}\{(x^3-3x^2-x+2)-(-1)\}dx$$
$$\qquad+\int_{1}^{3}\{(-1)-(x^3-3x^2-x+2)\}dx$$
$$=\int_{-1}^{1}(x^3-3x^2-x+3)dx+\int_{1}^{3}(-x^3+3x^2+x-3)dx$$
$$=2\int_{0}^{1}(-3x^2+3)dx+\int_{1}^{3}(-x^3+3x^2+x-3)dx$$
$$=2\left[-x^3+3x\right]_{0}^{1}+\left[-\frac{1}{4}x^4+x^3+\frac{1}{2}x^2-3x\right]_{1}^{3}=4+4=8$$

(4) 두 곡선 $y=x^2$과 $y=x^3-2x$의 교점의 x좌표는
$x^2=x^3-2x$에서 $x^3-x^2-2x=0$
$x(x+1)(x-2)=0$ $\therefore x=-1$ 또는 $x=0$ 또는 $x=2$
이때 닫힌구간 $[-1,\ 0]$에서 $x^2\leq x^3-2x$이고, 닫힌구간 $[0,\ 2]$에서 $x^2\geq x^3-2x$이므로 구하는 넓이를 S라 하면
$$S=\int_{-1}^{0}\{(x^3-2x)-x^2\}dx+\int_{0}^{2}\{x^2-(x^3-2x)\}dx$$
$$=\int_{-1}^{0}(x^3-x^2-2x)dx+\int_{0}^{2}(-x^3+x^2+2x)dx$$
$$=\left[\frac{1}{4}x^4-\frac{1}{3}x^3-x^2\right]_{-1}^{0}+\left[-\frac{1}{4}x^4+\frac{1}{3}x^3+x^2\right]_{0}^{2}$$
$$=\frac{5}{12}+\frac{8}{3}=\frac{37}{12}$$

04 (1) 시각 $t=1$에서의 점 P의 위치는
$$0+\int_{0}^{1}(-2t^2+6t)dt=\left[-\frac{2}{3}t^3+3t^2\right]_{0}^{1}=\left(-\frac{2}{3}+3\right)-0=\frac{7}{3}$$

(2) 시각 $t=1$에서 $t=3$까지 점 P의 위치의 변화량은
$$\int_{1}^{3}(-2t^2+6t)dt=\left[-\frac{2}{3}t^3+3t^2\right]_{1}^{3}$$
$$=(-18+27)-\left(-\frac{2}{3}+3\right)=\frac{20}{3}$$

(3) $v(t)=-2t^2+6t=-2t(t-3)$이므로 그 그래프는 오른쪽 그림과 같고 닫힌구간 $[1,\ 3]$에서 $v(t)\geq 0$이다.
따라서 $t=1$에서 $t=3$까지 점 P가 움직인 거리는

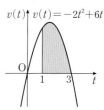

$$\int_{1}^{3}|-2t^2+6t|dt$$
$$=\int_{1}^{3}(-2t^2+6t)dt=\left[-\frac{2}{3}t^3+3t^2\right]_{1}^{3}$$
$$=(-18+27)-\left(-\frac{2}{3}+3\right)$$
$$=\frac{20}{3}$$

빈출 문제로 **실전 연습**
본문 ☞ 63~64쪽

01 ③	02 ②	03 8	04 32	05 6	06 ②
07 ①	08 2	09 ③	10 ④	11 −6	12 12
13 $\frac{35}{2}$					

01 곡선 $y=3x^2+kx\ (k>0)$와 x축의 교점의 x좌표는
$3x^2+kx=0$에서 $x(3x+k)=0$
$\therefore x=0$ 또는 $x=-\frac{k}{3}$
$k>0$이므로 $-\frac{k}{3}<0$이고, 닫힌구간 $\left[-\frac{k}{3},\ 0\right]$에서
$3x^2+kx\leq 0$이다.
따라서 곡선 $y=3x^2+kx$와 x축으로 둘러싸인 도형의 넓이는
$$\int_{-\frac{k}{3}}^{0}(-3x^2-kx)dx=\left[-x^3-\frac{k}{2}x^2\right]_{-\frac{k}{3}}^{0}$$
$$=0-\left(\frac{k^3}{27}-\frac{k^3}{18}\right)=\frac{k^3}{54}$$
즉, $\frac{k^3}{54}=4$이므로 $k^3=216$ $\therefore k=6$　　**답** ③

02 $$\int_{-1}^{1}(x^{2023}+4x^{2021}+x^3+3x^2)dx$$
$$=\int_{-1}^{1}(x^{2023}+4x^{2021}+x^3)dx+\int_{-1}^{1}3x^2dx$$
$$=0+2\int_{0}^{1}3x^2dx=2\left[x^3\right]_{0}^{1}=2(1-0)=2$$　　**답** ②

03 $f(x+2)=f(x)$이므로
$$\int_{1}^{3}f(x)dx=\int_{3}^{5}f(x)dx=\cdots=\int_{23}^{25}f(x)dx \leftarrow 12개$$
$$\therefore \int_{1}^{25}f(x)dx=12\int_{1}^{3}f(x)dx$$

$$\int_1^3 f(x)dx = \int_{-1}^1 f(x)dx = \int_{-1}^1 x^2 dx = 2\int_0^1 x^2 dx$$
$$= 2\left[\frac{1}{3}x^3\right]_0^1 = 2\left(\frac{1}{3}-0\right) = \frac{2}{3}$$

이므로

$$\int_1^{25} f(x)dx = 12\int_1^3 f(x)dx = 12 \times \frac{2}{3} = 8$$

달 8

04 곡선 $y = -x^2 + 4x$와 x축의 교점의 x좌표는

$-x^2 + 4x = 0$에서 $x(x-4) = 0$

$\therefore x = 0$ 또는 $x = 4$

이때 닫힌구간 $[0, 4]$에서 $-x^2 + 4x \geq 0$
이므로 곡선과 x축으로 둘러싸인 도형
의 넓이를 S라 하면

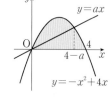

$$S = \int_0^4 (-x^2 + 4x)dx$$
$$= \left[-\frac{1}{3}x^3 + 2x^2\right]_0^4$$
$$= \left(-\frac{64}{3}+32\right) - 0 = \frac{32}{3}$$

또, 곡선 $y = -x^2 + 4x$와 직선 $y = ax$의 교점의 x좌표는

$-x^2 + 4x = ax$에서 $x^2 + (a-4)x = 0$

$x\{x + (a-4)\} = 0$

$\therefore x = 0$ 또는 $x = 4-a$

이때 닫힌구간 $[0, 4-a]$에서 $-x^2 + 4x \geq ax$이므로 곡선
$y = -x^2 + 4x$와 직선 $y = ax$로 둘러싸인 도형의 넓이를 S_1이라
하면

$$S_1 = \int_0^{4-a} \{(-x^2 + 4x) - ax\}dx$$
$$= \int_0^{4-a} \{-x^2 + (4-a)x\}dx$$
$$= \left[-\frac{1}{3}x^3 + \frac{4-a}{2}x^2\right]_0^{4-a}$$
$$= \frac{(4-a)^3}{6}$$

이때 $S = 2S_1$이므로

$$\frac{32}{3} = 2 \times \frac{(4-a)^3}{6}$$

$\therefore (4-a)^3 = 32$

달 32

05 닫힌구간 $[a, b]$에서 $g(x) \geq f(x)$이고 닫힌구간 $[b, c]$에서
$f(x) \geq g(x)$이므로

$$A = \int_a^b \{g(x) - f(x)\}dx = 14$$
$$B = \int_b^c \{f(x) - g(x)\}dx = 20$$

$$\therefore \int_a^c \{f(x) - g(x)\}dx$$
$$= \int_a^b \{f(x) - g(x)\}dx + \int_b^c \{f(x) - g(x)\}dx$$
$$= -\int_a^b \{g(x) - f(x)\}dx + \int_b^c \{f(x) - g(x)\}dx$$
$$= -14 + 20 = 6$$

달 6

06 두 함수 $f(x)$, $g(x)$는 서로 역함수
관계이므로 두 함수의 그래프는 직선
$y = x$에 대하여 대칭이다.

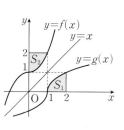

즉, 곡선 $y = g(x)$와 x축 및 직선
$x = 2$로 둘러싸인 도형의 넓이를 S_1,
곡선 $y = f(x)$와 y축 및 직선 $y = 2$로
둘러싸인 도형의 넓이를 S_2라 하면
$S_1 = S_2$

이때 곡선 $y = x^3 + 1$과 직선 $y = 2$의 교점의 x좌표는

$x^3 + 1 = 2$에서 $x^3 = 1$ $\therefore x = 1$

따라서 닫힌구간 $[0, 1]$에서 $2 \geq x^3 + 1$이므로 구하는 넓이는

$$S_1 = S_2 = \int_0^1 \{2 - (x^3 + 1)\}dx$$
$$= \int_0^1 (-x^3 + 1)dx = \left[-\frac{1}{4}x^4 + x\right]_0^1$$
$$= -\frac{1}{4} + 1 = \frac{3}{4}$$

달 ②

참고 $S_1 = S_2 = 2 \times 1 - \int_0^1 f(x)dx$로 구할 수도 있다.

07 속도가 0인 시각은 $v(t) = 0$에서

$t^2 - 2t = 0$, $t(t-2) = 0$ $\therefore t = 2 \; (\because t > 0)$

따라서 시각 $t = 2$에서의 점 P의 위치는

$$0 + \int_0^2 (t^2 - 2t)dt = \left[\frac{1}{3}t^3 - t^2\right]_0^2$$
$$= \left(\frac{8}{3} - 4\right) - 0 = -\frac{4}{3}$$

달 ①

08 시각 t에서의 두 점 P, Q의 위치를 각각 x_P, x_Q라 하면

$$x_P = 0 + \int_0^t (3t^2 - 8t + 2)dt = t^3 - 4t^2 + 2t$$
$$x_Q = 0 + \int_0^t (6 - 8t)dt = 6t - 4t^2$$

두 점 P, Q가 만나는 것은 두 점의 위치가 같을 때, 즉
$x_P = x_Q$일 때이므로 $t^3 - 4t^2 + 2t = 6t - 4t^2$에서

$t^3 - 4t = 0$, $t(t+2)(t-2) = 0$

$\therefore t = 2 \; (\because t > 0)$

따라서 두 점 P, Q가 다시 만나게 되는 시각은 $t = 2$이다.

달 2

09 ㄱ. 출발 후 처음으로 방향을 바꿀 때는 $t = 4$일 때이다. 이때 점
P의 위치는 시각 $t = 0$에서 $t = 4$까지 함수 $v(t)$의 그래프와
t축으로 둘러싸인 도형의 넓이와 같으므로

$$0 + \int_0^4 v(t)dt = \frac{1}{2} \times (2+4) \times 2 = 6 \; (참)$$

ㄴ. 시각 $t = 0$에서 $t = 5$까지 점 P의 위치의 변화량은

$$\int_0^5 v(t)dt = \int_0^4 v(t)dt + \int_4^5 v(t)dt$$
$$= 6 + \frac{1}{2} \times 1 \times (-2) = 5 \; (거짓)$$

ㄷ. 시각 $t = 0$에서 $t = 8$까지 점 P가 움직인 거리는 함수 $v(t)$
의 그래프와 t축으로 둘러싸인 도형의 넓이와 같으므로

$$\int_0^8 |v(t)|\,dt = \int_0^4 v(t)\,dt + \int_4^8 \{-v(t)\}\,dt$$
$$= 6 + \frac{1}{2} \times (4+1) \times 2 = 11 \text{ (참)}$$

따라서 옳은 것은 ㄱ, ㄷ이다.　　　　　　　　　답▶ ③

10 자동차가 정지할 때의 속도는 0 m/s이므로 자동차가 정지할 때까지 걸린 시간은 $v(t)=0$에서
$20-t-t^2=0$, $(t+5)(t-4)=0$　∴ $t=4$ ($\because t>0$)
$0 \le t \le 4$에서 $v(t) \ge 0$이므로 브레이크를 밟은 순간부터 정지할 때까지 자동차가 움직인 거리는
$$\int_0^4 |v(t)|\,dt = \int_0^4 (20-t-t^2)\,dt = \left[20t - \frac{1}{2}t^2 - \frac{1}{3}t^3\right]_0^4$$
$$= \left(80 - 8 - \frac{64}{3}\right) - 0 = \frac{152}{3} \text{ (m)}$$　　답▶ ④

11 $y = -x^2 - 6x + p = -(x+3)^2 + p + 9$
이므로 곡선 $y = -x^2 - 6x + p$는 직선 $x = -3$에 대하여 대칭이다.
따라서 오른쪽 그림과 같이 곡선 $y = -x^2 - 6x + p$와 직선 $x = -3$ 및 x축으로 둘러싸인 도형의 넓이는 $\dfrac{A}{2}$이다.

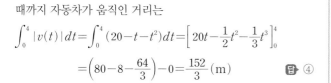

이때 $A : B = 2 : 1$이므로 $\dfrac{A}{2} = B$
즉, $\displaystyle\int_{-3}^0 (-x^2 - 6x + p)\,dx = 0$이므로
$$\left[-\frac{1}{3}x^3 - 3x^2 + px\right]_{-3}^0 = 0 - (9 - 27 - 3p) = 0$$
∴ $p = -6$　　　　　　　　　　　　답▶ -6

12 $f(x) = 5x^2 + 1$로 놓으면 $h>0$일 때 함수 $y = f(x)$의 그래프와 x축 및 두 직선 $x = 1-h$, $x = 1+h$로 둘러싸인 도형은 오른쪽 그림과 같다.

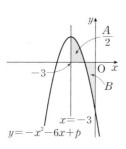

이때 닫힌구간 $[1-h, 1+h]$에서 $f(x) \ge 0$이므로 함수 $f(x)$의 한 부정적분을 $F(x)$라 하면
$$S(h) = \int_{1-h}^{1+h} f(x)\,dx = \Big[F(x)\Big]_{1-h}^{1+h}$$
$$= F(1+h) - F(1-h)$$
$$\therefore \lim_{h \to 0+} \frac{S(h)}{h}$$
$$= \lim_{h \to 0+} \frac{F(1+h) - F(1-h)}{h}$$
$$= \lim_{h \to 0+} \frac{F(1+h) - F(1) + F(1) - F(1-h)}{h}$$
$$= \lim_{h \to 0+} \frac{F(1+h) - F(1)}{h} + \lim_{h \to 0+} \frac{F(1-h) - F(1)}{-h}$$
$$= F'(1) + F'(1) = 2F'(1)$$
$$= 2f(1) = 2(5 \times 1^2 + 1) = 12$$　　답▶ 12

13 조건 (가)에 의하여 $y = f(x)$의 그래프는 원점에 대하여 대칭이므로 $\displaystyle\int_{-1}^1 f(x)\,dx = 0$
조건 (나)에 의하여
$$\int_{-1}^1 f(x) = \int_1^3 f(x)\,dx = \int_3^5 f(x)\,dx = \cdots = 0$$
한편, $g(x) = f(x) + 2$이므로
$$\int_{-1}^8 g(x)\,dx = \int_{-1}^8 \{f(x)+2\}\,dx$$
$$\underset{\displaystyle \int_{-1}^8 2\,dx = \big[2x\big]_{-1}^8 = 18}{\qquad}$$
$$= \int_{-1}^8 f(x)\,dx + 18$$
$$= \left\{\int_{-1}^1 f(x)\,dx + \int_1^3 f(x)\,dx + \int_3^5 f(x)\,dx \right.$$
$$\left. + \int_5^7 f(x)\,dx + \int_7^8 f(x)\,dx\right\} + 18$$
$$= 0 + \int_7^8 f(x)\,dx + 18$$
$$= \int_{-1}^0 f(x)\,dx + 18$$
$$= -\int_0^1 f(x)\,dx + 18 \ (\because \text{조건 (가)})$$
$$= -\frac{1}{2} + 18$$
$$= \frac{35}{2}$$　　　　　　　　　　답▶ $\dfrac{35}{2}$

참고▶ 조건 (나)에 의하여
$$\int_7^8 f(x)\,dx = \int_6^7 f(x)\,dx = \cdots = \int_{-1}^0 f(x)\,dx$$

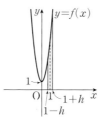

실전 모의고사 **1회**
본문 ☞ 65~68쪽

01 ③	02 ④	03 ②	04 ④	05 ③	06 ①
07 ④	08 ④	09 ②	10 ⑤	11 ①	12 ⑤
13 ④	14 ④	15 ①	16 ④	17 ③	18 8
19 12	20 10	21 12	22 40	23 26	24 24
25 88					

01 $\displaystyle\lim_{x \to 1-} f(x) + \lim_{x \to 1+} f(x) = -1 + 1 = 0$　　답▶ ③

02 $\dfrac{f(x)}{g(x)} = \dfrac{x^2 + 2x + 5}{x^2 - 3x - 28} = \dfrac{x^2 + 2x + 5}{(x+4)(x-7)}$이므로 함수 $\dfrac{f(x)}{g(x)}$는 $x = -4$, $x = 7$에서 정의되지 않는다.
따라서 불연속이 되는 x의 값은 -4, 7이므로 그 합은
$-4 + 7 = 3$　　　　　　　　　　답▶ ④

03 $f'(x) = 3(x^2 - x - 1) + (3x+1)(2x-1)$
$= 9x^2 - 4x - 4$
∴ $f'(1) = 9 - 4 - 4 = 1$　　　　답▶ ②

04 $x-2=t$로 놓으면 $x=t+2$이고 $x \to 2$일 때 $t \to 0$이므로

$$\lim_{x \to 2} \frac{f(x-2)}{x^2-4} = \lim_{x \to 2} \frac{f(x-2)}{(x+2)(x-2)} = \lim_{t \to 0} \frac{f(t)}{t(t+4)}$$

$$= \frac{1}{4} \lim_{t \to 0} \frac{f(t)}{t} = 3$$

즉, $\lim\limits_{t \to 0} \dfrac{f(t)}{t} = 12$이므로

$$\lim_{x \to 0} \frac{f(x)}{x} = \lim_{t \to 0} \frac{f(t)}{t} = 12$$

답 ④

05 $\lim\limits_{x \to \infty} \dfrac{f(x)}{x^3} = 0$에서 $f(x)$는 이차 이하의 다항식임을 알 수 있으므로 $f(x) = ax^2 + bx + c$ (a, b, c는 상수)로 놓을 수 있다.

$\lim\limits_{x \to 0} \dfrac{f(x)+1}{x} = 2$에서 $x \to 0$일 때 (분모) $\to 0$이고 극한값이 존재하므로 (분자) $\to 0$이어야 한다.

즉, $\lim\limits_{x \to 0} \{f(x)+1\} = 0$이므로 $f(0) = -1$ $\quad \therefore c = -1$

$$\therefore \lim_{x \to 0} \frac{f(x)+1}{x} = \lim_{x \to 0} \frac{ax^2+bx}{x} = \lim_{x \to 0}(ax+b) = b = 2$$

$f(x) = ax^2 + 2x - 1$이고 방정식 $f(x) = x+1$, 즉 $ax^2 + x - 2 = 0$의 한 근이 1이므로

$a + 1 - 2 = 0$

$\therefore a = 1$

따라서 $f(x) = x^2 + 2x - 1$이므로

$f(3) = 3^2 + 2 \times 3 - 1 = 14$

답 ③

06 함수 $f(x)$가 실수 전체의 집합에서 연속이므로 $x = -1$에서도 연속이어야 한다. 즉, $\lim\limits_{x \to -1} f(x) = f(-1)$이어야 하므로

$$\lim_{x \to -1} \frac{x^2-ax+3}{x+1} = b \quad \cdots\cdots \ \bigcirc$$

$\bigcirc$에서 $x \to -1$일 때 (분모) $\to 0$이고 극한값이 존재하므로 (분자) $\to 0$이어야 한다.

즉, $\lim\limits_{x \to -1}(x^2 - ax + 3) = 0$이므로

$1 + a + 3 = 0$ $\quad \therefore a = -4$

$a = -4$를 $\bigcirc$에 대입하면

$$\lim_{x \to -1} \frac{x^2+4x+3}{x+1} = \lim_{x \to -1} \frac{(x+3)(x+1)}{x+1} = \lim_{x \to -1}(x+3) = 2$$

$\therefore b = 2$

$\therefore ab = (-4) \times 2 = -8$

답 ①

07 ㄱ. $a = 2$이면 $\lim\limits_{x \to 2+} f(x) = \lim\limits_{x \to 2+}(-x+3) = 1$, $\lim\limits_{x \to 2-} f(x) = 2$

　　 즉, $\lim\limits_{x \to 2+} f(x) \ne \lim\limits_{x \to 2-} f(x)$이므로 $\lim\limits_{x \to 2} f(x)$는 존재하지 않는다. (거짓)

ㄴ. $a = 1$이면 $\lim\limits_{x \to 2+} f(x) = \lim\limits_{x \to 2-} f(x) = 1$ $\quad \therefore \lim\limits_{x \to 2} f(x) = 1$

　　 이때 $f(2) = 1$이므로 $\lim\limits_{x \to 2} f(x) = f(2)$

　　 즉, 함수 $f(x)$는 $x = 2$에서 연속이다. (참)

ㄷ. 함수 $y = f(x)$는 $(-\infty, 2)$와 $(2, \infty)$에서 연속이고 함수 $y = x-2$는 실수 전체의 집합에서 연속이므로 함수 $y = (x-2)f(x)$는 $(-\infty, 2)$와 $(2, \infty)$에서 연속이다.

$g(x) = (x-2)f(x)$로 놓으면

$\lim\limits_{x \to 2+} g(x) = \lim\limits_{x \to 2-} g(x) = 0$이므로 $\lim\limits_{x \to 2} g(x) = 0$

이때 $g(2) = 0$이므로 $\lim\limits_{x \to 2} g(x) = g(2)$

즉, 함수 $y = (x-2)f(x)$는 실수 전체의 집합에서 연속이다. (참)

따라서 옳은 것은 ㄴ, ㄷ이다.

답 ④

08 $\lim\limits_{x \to 1} \dfrac{f(x)-3}{x-1} = 4$에서 $x \to 1$일 때 (분모) $\to 0$이고 극한값이 존재하므로 (분자) $\to 0$이어야 한다.

즉, $\lim\limits_{x \to 1}\{f(x)-3\} = 0$이므로 $f(1) = 3$

따라서 $\lim\limits_{x \to 1} \dfrac{f(x)-3}{x-1} = \lim\limits_{x \to 1} \dfrac{f(x)-f(1)}{x-1} = f'(1) = 4$이므로

$$\lim_{h \to 0} \frac{f(1+h)-f(1-h)}{h}$$

$$= \lim_{h \to 0} \frac{f(1+h)-f(1)+f(1)-f(1-h)}{h}$$

$$= \lim_{h \to 0} \frac{f(1+h)-f(1)}{h} + \lim_{h \to 0} \frac{f(1-h)-f(1)}{-h}$$

$$= f'(1) + f'(1) = 2f'(1) = 2 \times 4 = 8$$

답 ④

09 함수 $f(x)$가 미분가능하므로 $f(x)$는 연속함수이다.

즉, $x = 1$에서 연속이므로 $\lim\limits_{x \to 1} f(x) = f(1)$에서

$-a + b = 2$ $\quad \cdots\cdots \ \bigcirc$

또, $f'(1)$이 존재하므로

$$\lim_{h \to 0+} \frac{f(1+h)-f(1)}{h} = \lim_{h \to 0+} \frac{\{a(h-1)^3+b\}-(-a+b)}{h}$$

$$= \lim_{h \to 0+} \frac{a(h^3-3h^2+3h)}{h}$$

$$= \lim_{h \to 0+} a(h^2-3h+3) = 3a$$

$$\lim_{h \to 0-} \frac{f(1+h)-f(1)}{h} = \lim_{h \to 0-} \frac{(2-2h)-(-a+b)}{h}$$

$$= \lim_{h \to 0-} \frac{(2-2h)-2}{h} \ (\because \bigcirc)$$

$$= \lim_{h \to 0-} \frac{-2h}{h} = -2$$

에서 $3a = -2$ $\quad \therefore a = -\dfrac{2}{3}$

$a = -\dfrac{2}{3}$를 $\bigcirc$에 대입하면 $\dfrac{2}{3} + b = 2$ $\quad \therefore b = \dfrac{4}{3}$

따라서 $f(x) = \begin{cases} -2x+4 & (x < 1) \\ -\dfrac{2}{3}(x-2)^3 + \dfrac{4}{3} & (x \ge 1) \end{cases}$ 이므로

$f(4) = -\dfrac{2}{3} \times 2^3 + \dfrac{4}{3} = -4$

답 ②

10 이차함수 $f(x)$의 최고차항의 계수가 1이므로

$f(x) = x^2 + ax + b$ (a, b는 상수)로 놓으면

$f'(x) = 2x + a$

$4f(x) = (2x+1)f'(x)$에서

$4(x^2+ax+b) = (2x+1)(2x+a)$

$4x^2 + 4ax + 4b = 4x^2 + (2a+2)x + a$

$$\therefore (2a-2)x+4b-a=0$$

이 등식이 모든 실수 x에 대하여 성립하므로

$2a-2=0$에서 $a=1$

$4b-a=0$에서 $4b-1=0$ $\qquad \therefore b=\dfrac{1}{4}$

따라서 $f(x)=x^2+x+\dfrac{1}{4}$이므로

$$f(1)=1+1+\dfrac{1}{4}=\dfrac{9}{4}$$ 답 ⑤

11 다항식 $x^{15}-5x$를 $(x-1)^2$으로 나누었을 때의 몫을 $Q(x)$, 나머지를 $R(x)=ax+b$ (a, b는 상수)라 하면

$$x^{15}-5x=(x-1)^2 Q(x)+ax+b \qquad \cdots\cdots \, \bigcirc$$

㉠의 양변에 $x=1$을 대입하면

$$-4=a+b \qquad\cdots\cdots\, \bigcirc$$

㉠의 양변을 x에 대하여 미분하면

$$15x^{14}-5=2(x-1)Q(x)+(x-1)^2 Q'(x)+a$$

위의 식의 양변에 $x=1$을 대입하면 $a=10$

$a=10$을 ㉡에 대입하면 $-4=10+b$ $\quad \therefore b=-14$

따라서 $R(x)=10x-14$이므로

$$R\left(\dfrac{1}{2}\right)=10\times\dfrac{1}{2}-14=-9$$ 답 ①

Core 특강

다항식의 나눗셈에서 미분법의 활용

다항식 $f(x)$를 $(x-a)^2$으로 나누었을 때의 몫을 $Q(x)$, 나머지를 $R(x)$라 하면

→ (i) $f(x)=(x-a)^2 Q(x)+R(x)$의 양변에 $x=a$를 대입한다.

(ii) (i)의 식의 양변을 x에 대하여 미분한 식에 $x=a$를 대입한다.

12 점 $(-3, 2)$가 곡선 $y=f(x)$ 위의 점이므로

$$f(-3)=2$$

또, 점 $(-3, 2)$에서의 접선의 기울기가 4이므로

$$f'(-3)=4$$

이때 $g'(x)=2xf(x)+x^2 f'(x)$이므로

$$\begin{aligned} g'(-3)&=-6f(-3)+9f'(-3)\\ &=-6\times 2+9\times 4=24 \end{aligned}$$ 답 ⑤

13 $f(x)=2x^3-1$로 놓으면 $f'(x)=6x^2$

접점의 좌표를 $(t, 2t^3-1)$이라 하면 이 점에서의 접선의 기울기는 $f'(t)=6t^2$이므로 접선의 방정식은

$$y-(2t^3-1)=6t^2(x-t)$$

$$\therefore y=6t^2 x-4t^3-1$$

이 직선이 점 $(0, 3)$을 지나므로

$$3=-4t^3-1, \ 4t^3+4=0$$

$$4(t+1)(t^2-t+1)=0 \qquad \therefore t=-1 \ (\because t\text{는 실수})$$

접선의 기울기는 $f'(-1)=6$이므로 이 접선과 수직인 직선의 기울기는 $-\dfrac{1}{6}$이다. 또, 접점의 좌표는 $(-1, -3)$이므로 구하는 직선의 방정식은

$$y+3=-\dfrac{1}{6}(x+1)$$

$$\therefore y=-\dfrac{1}{6}x-\dfrac{19}{6}$$

따라서 이 직선이 x축과 만나는 점의 좌표가 $(a, 0)$이므로

$$0=-\dfrac{1}{6}a-\dfrac{19}{6}$$

$$\therefore a=-19$$ 답 ④

14 함수 $f(x)=-x^2+8x+3$에서 $f'(x)=-2x+8$

함수 $f(x)$에 대하여 닫힌구간 $[-1, k]$에서 평균값 정리를 만족시키는 상수가 3이므로

$$\dfrac{f(k)-f(-1)}{k-(-1)}=f'(3)$$

$$\dfrac{(-k^2+8k+3)-(-6)}{k+1}=2$$

$$-k^2+8k+9=2k+2, \ k^2-6k-7=0$$

$$(k+1)(k-7)=0$$

$$\therefore k=7 \ (\because k>3)$$ 답 ④

15 y축에 접하는 원의 중심이 $\mathrm{P}(x, y)$이므로 이 원의 반지름의 길이는 x이다. ─ (y축에 접하는 원의 반지름의 길이)$=$ |(원의 중심의 x좌표)|

이때 주어진 두 원이 외접하므로

$$\overline{\mathrm{PA}}=x+1$$ ─ 외접하는 두 원의 중심 사이의 거리는 두 원의 반지름의 길이의 합과 같다.

또, $\overline{\mathrm{PH}}=y$, $\overline{\mathrm{HA}}=2-x$이므로 직각삼각형 APH에서

$$(x+1)^2=y^2+(2-x)^2, \ 6x=y^2+3$$

$$\therefore x=\dfrac{y^2+3}{6}$$

$$\begin{aligned} \therefore \lim_{y\to\infty}\dfrac{\overline{\mathrm{PA}}}{\overline{\mathrm{PH}}^2}&=\lim_{y\to\infty}\dfrac{x+1}{y^2}\\ &=\lim_{y\to\infty}\dfrac{\dfrac{y^2+3}{6}+1}{y^2}\\ &=\lim_{y\to\infty}\dfrac{y^2+9}{6y^2}=\dfrac{1}{6} \end{aligned}$$ 답 ①

16 최고차항의 계수가 -1이고 $y=f(x)$의 그래프와 x축이 만나는 점의 x좌표가 a, b, c이므로

$$f(x)=-(x-a)(x-b)(x-c)$$

이때 $f(3)=1$이므로

$$-(3-a)(3-b)(3-c)=1$$

$$\therefore (3-a)(3-b)(3-c)=-1 \qquad\cdots\cdots\, \bigcirc$$

$$f'(x)=-(x-b)(x-c)-(x-a)(x-c)-(x-a)(x-b)$$

이므로

$$\begin{aligned} f'(3)&=-(3-b)(3-c)-(3-a)(3-c)-(3-a)(3-b)\\ &=\dfrac{1}{3-a}+\dfrac{1}{3-b}+\dfrac{1}{3-c} \ (\because \bigcirc) \end{aligned}$$

$f'(3)=-2$이므로

$$\dfrac{1}{3-a}+\dfrac{1}{3-b}+\dfrac{1}{3-c}=-2$$

$$\therefore \dfrac{1}{a-3}+\dfrac{1}{b-3}+\dfrac{1}{c-3}=2$$ 답 ④

17 $f(x)=x^2-1$로 놓으면

$f'(x)=2x$

원 C와 곡선 $y=f(x)$의 접점을

$A(t, t^2-1)$이라 하면 점 A에서의

접선의 기울기는

$f'(t)=2t$

직선 CA의 기울기는

$\dfrac{(t^2-1)-p}{t-0}=\dfrac{t^2-1-p}{t}$

이때 점 A에서의 접선과 직선 CA는 서로 수직이므로

$2t\times\dfrac{t^2-1-p}{t}=-1,\ 2(t^2-1-p)=-1$

$\therefore t^2=p+\dfrac{1}{2}$ ······ ㉠

또, 원 C의 반지름의 길이가 1이므로 $\overline{CA}=1$에서

$\sqrt{(t-0)^2+(t^2-1-p)^2}=1$

㉠을 위의 식에 대입하면

$\sqrt{\left(p+\dfrac{1}{2}\right)+\left(-\dfrac{1}{2}\right)^2}=1$

$p+\dfrac{3}{4}=1$ $\therefore p=\dfrac{1}{4}$ **답** ③

18 $\displaystyle\lim_{x\to 1}\dfrac{x^2+6x-7}{x-1}=\lim_{x\to 1}\dfrac{(x-1)(x+7)}{x-1}$

$=\displaystyle\lim_{x\to 1}(x+7)=8$ **답** 8

19 $\displaystyle\lim_{x\to 5}\dfrac{a\sqrt{x+4}-b}{x-5}=\dfrac{1}{2}$에서 $x\to 5$일 때 (분모) $\to 0$이고 극한값

이 존재하므로 (분자) $\to 0$이어야 한다.

즉, $\displaystyle\lim_{x\to 5}(a\sqrt{x+4}-b)=0$이므로 $b=3a$ ······ ㉠

㉠을 주어진 식에 대입하면

$\displaystyle\lim_{x\to 5}\dfrac{a\sqrt{x+4}-3a}{x-5}=\lim_{x\to 5}\dfrac{a(\sqrt{x+4}-3)}{x-5}$

$=\displaystyle\lim_{x\to 5}\dfrac{a(\sqrt{x+4}-3)(\sqrt{x+4}+3)}{(x-5)(\sqrt{x+4}+3)}$

$=\displaystyle\lim_{x\to 5}\dfrac{a(x-5)}{(x-5)(\sqrt{x+4}+3)}$

$=\displaystyle\lim_{x\to 5}\dfrac{a}{\sqrt{x+4}+3}=\dfrac{a}{6}$

따라서 $\dfrac{a}{6}=\dfrac{1}{2}$이므로 $a=3$

$a=3$을 ㉠에 대입하면 $b=9$

$\therefore a+b=12$ **답** 12

20 x의 값이 0에서 3까지 변할 때의 평균변화율이 6이므로

$\dfrac{f(3)-f(0)}{3-0}=6$에서 $\dfrac{81-9a}{3}=6$

$27-3a=6,\ 3a=21$ $\therefore a=7$

따라서 $f(x)=x^4-7x^2$이므로 $f'(x)=4x^3-14x$

$\therefore f'(-1)=-4+14=10$ **답** 10

21 $\displaystyle\lim_{x\to 2}\dfrac{a(x-2)}{x^2-4}=\lim_{x\to 2}\dfrac{a(x-2)}{(x+2)(x-2)}$

$=\displaystyle\lim_{x\to 2}\dfrac{a}{x+2}$

$=\dfrac{a}{4}$

즉, $\dfrac{a}{4}=1$이므로 $a=4$

$b=\displaystyle\lim_{x\to\infty}\dfrac{8x^2}{x^2+1}=\lim_{x\to\infty}\dfrac{8}{1+\dfrac{1}{x^2}}=8$

$\therefore a+b=12$ **답** 12

22 함수 $f(x)$는 $x\neq a$에서 연속이고 함수 $g(x)$는 실수 전체의 집

합에서 연속이므로 함수 $f(x)g(x)$가 실수 전체의 집합에서 연

속이려면 함수 $f(x)g(x)$가 $x=a$에서 연속이어야 한다.

즉, $\displaystyle\lim_{x\to a}f(x)g(x)=f(a)g(a)$이어야 한다.

$\displaystyle\lim_{x\to a+}f(x)g(x)=\lim_{x\to a+}(x+8)(2x-a+5)$

$=(a+8)(a+5)$

$\displaystyle\lim_{x\to a-}f(x)g(x)=\lim_{x\to a-}(x^2+3x)(2x-a+5)$

$=(a^2+3a)(a+5)$

$f(a)g(a)=(a^2+3a)(a+5)$

에서 $(a+8)(a+5)=(a^2+3a)(a+5)$이어야 하므로

$(a^2+2a-8)(a+5)=0,\ (a+5)(a+4)(a-2)=0$

$\therefore a=-5$ 또는 $a=-4$ 또는 $a=2$

따라서 모든 실수 a의 값의 곱은

$(-5)\times(-4)\times2=40$ **답** 40

23 $h(x)=f(x)-g(x)$로 놓으면

$h(x)=x^4+2x^2+5x-7-(x^2+8x+k)$

$=x^4+x^2-3x-7-k$

이때 $h(x)$는 구간 $[-2, 1]$에서 연속이므로 방정식 $h(x)=0$이

구간 $(-2, 1)$에서 적어도 하나의 실근을 가지려면

$h(-2)h(1)<0$이어야 한다.

$h(-2)=16+4+6-7-k=19-k$

$h(1)=1+1-3-7-k=-8-k$

이므로 $(19-k)(-8-k)<0$에서

$(k+8)(k-19)<0$ $\therefore -8<k<19$

따라서 정수 k는 $-7, -6, \cdots, 18$의 26개이다. **답** 26

24 함수 $y=f(x)$의 그래프가 y축에 대하여 대칭이므로

$f(-x)=f(x)$

$f'(-x)=\displaystyle\lim_{t\to -x}\dfrac{f(t)-f(-x)}{t-(-x)}$에서 $-t=s$로 놓으면

$f'(-x)=\displaystyle\lim_{s\to x}\dfrac{f(-s)-f(-x)}{-s-(-x)}$

$=-\displaystyle\lim_{s\to x}\dfrac{f(s)-f(x)}{s-x}$ $(\because f(-x)=f(x))$

$=-f'(x)$

$$\therefore \lim_{x \to -3} \frac{f(x^2)-f(9)}{f(x)-f(-3)}$$

$$= \lim_{x \to -3} \left\{ \frac{x-(-3)}{f(x)-f(-3)} \times \frac{f(x^2)-f(9)}{x^2-9} \times (x-3) \right\}$$

$$= \lim_{x \to -3} \frac{x-(-3)}{f(x)-f(-3)} \times \lim_{x \to -3} \frac{f(x^2)-f(9)}{x^2-9}$$
$$\times \lim_{x \to -3} (x-3)$$

$$= \frac{1}{\displaystyle\lim_{x \to -3} \frac{f(x)-f(-3)}{x-(-3)}} \times \underbrace{\lim_{u \to 9} \frac{f(u)-f(9)}{u-9}}_{x^3 = u\text{로 놓으면 } x \to -3\text{일 때 } u \to 9}$$
$$\times \lim_{x \to -3} (x-3)$$

$$= \frac{1}{f'(-3)} \times f'(9) \times (-6)$$

$$= -\frac{1}{f'(3)} \times f'(9) \times (-6) \ (\because f'(-x)=-f'(x))$$

$$= -\frac{1}{4} \times 16 \times (-6) = 24$$

달 24

25 조건 ㈏의 $\displaystyle\lim_{x \to -1} \frac{f(x)-g(x)}{x+1}=-2$에서 $x \to -1$일 때

(분모) $\to 0$이고 극한값이 존재하므로 (분자) $\to 0$이어야 한다.

즉, $\displaystyle\lim_{x \to -1} \{f(x)-g(x)\}=0$이므로

$f(-1)=g(-1)$ ...... ㉠

이때

$$\lim_{x \to -1} \frac{f(x)-g(x)}{x+1}$$

$$= \lim_{x \to -1} \frac{\{f(x)-f(-1)\}-\{g(x)-g(-1)\}}{x-(-1)}$$

$$= \lim_{x \to -1} \frac{f(x)-f(-1)}{x-(-1)} - \lim_{x \to -1} \frac{g(x)-g(-1)}{x-(-1)}$$

$$= f'(-1)-g'(-1)=-2$$

이므로

$f'(-1)=g'(-1)-2$ ...... ㉡

조건 ㈎에서 $g(x)=2x^2 f(x)+3$의 양변에 $x=-1$을 대입하면

$g(-1)=2f(-1)+3$

$\qquad\quad =2g(-1)+3 \ (\because ㉠)$

$\therefore g(-1)=-3$

또, $g(x)=2x^2 f(x)+3$의 양변을 x에 대하여 미분하면

$g'(x)=4xf(x)+2x^2 f'(x)$

위의 식의 양변에 $x=-1$을 대입하면

$g'(-1)=-4f(-1)+2f'(-1)$

$\qquad\quad =-4g(-1)+2\{g'(-1)-2\} \ (\because ㉠, ㉡)$

$\qquad\quad =-4 \times (-3)+2g'(-1)-4$

$\qquad\quad =2g'(-1)+8$

$\therefore g'(-1)=-8$

점 $(-1, g(-1))$, 즉 $(-1, -3)$에서의 접선의 기울기는 -8

이므로 접선의 방정식은

$y-(-3)=-8\{x-(-1)\}$

$\therefore y=-8x-11$

따라서 $a=-8$, $b=-11$이므로 $ab=88$ **달** 88

실전 모의고사 2회

01 ⑤	02 ②	03 ④	04 ④	05 ④	06 ⑤
07 ②	08 ⑤	09 ③	10 ②	11 ⑤	12 ⑤
13 ③	14 ⑤	15 ⑤	16 ③	17 ②	18 -8
19 6	20 8	21 7	22 4	23 5	24 5
25 72					

01 $f(x)=2x^3-3x^2+4$에서

$f'(x)=6x^2-6x=6x(x-1)$

$f'(x)=0$에서 $x=0$ 또는 $x=1$

닫힌구간 $[-1, 2]$에서 함수 $f(x)$의 증가와 감소를 표로 나타

내면 다음과 같다.

x	-1	$\cdots$	0	$\cdots$	1	$\cdots$	2
$f'(x)$		$+$	0	$-$	0	$+$	
$f(x)$	-1	↗	4	↘	3	↗	8

따라서 함수 $f(x)$는 $x=2$일 때 최댓값 8, $x=-1$일 때 최솟값

-1을 가지므로 최댓값과 최솟값의 합은

$8+(-1)=7$ **달** ⑤

02 $f(x)=\displaystyle\int (x^4-2x^2)dx=\frac{1}{5}x^5-\frac{2}{3}x^3+C$

이때 $f(0)=1$에서 $C=1$

따라서 $f(x)=\dfrac{1}{5}x^5-\dfrac{2}{3}x^3+1$이므로

$f(1)=\dfrac{1}{5}-\dfrac{2}{3}+1=\dfrac{8}{15}$ **달** ②

03 $\displaystyle\int_{-2}^{2}(x^4+4x^2+x)dx+\int_{2}^{-2}(x^4+x^2)dx$

$$= \int_{-2}^{2}(x^4+4x^2+x)dx-\int_{-2}^{2}(x^4+x^2)dx$$

$$= \int_{-2}^{2}\{(x^4+4x^2+x)-(x^4+x^2)\}dx$$

$$= \int_{-2}^{2}(3x^2+x)dx$$

$$= \int_{-2}^{2}3x^2\,dx+\int_{-2}^{2}x\,dx$$

$$= 2\int_{0}^{2}3x^2\,dx+0$$

$$= 2\Big[x^3\Big]_{0}^{2}=2(8-0)=16$$ **달** ④

04 $f(x)=x^3+3x^2+kx$에서 $f'(x)=3x^2+6x+k$

함수 $f(x)$가 실수 전체의 집합에서 증가하려면 모든 실수 x에

대하여 $f'(x) \geq 0$이어야 한다.

이차방정식 $3x^2+6x+k=0$의 판별식을 D라 하면

$\dfrac{D}{4}=9-3k \leq 0$, $-3k \leq -9$

$\therefore k \geq 3$

따라서 실수 k의 최솟값은 3이다. **달** ④

05 $f(x)=x^3+3ax^2+b$에서

$f'(x)=3x^2+6ax$

함수 $f(x)$가 $x=2$에서 극솟값 -2를 가지므로

$f(2)=-2$에서 $8+12a+b=-2$

$\therefore 12a+b=-10$ ······ ㉠

$f'(2)=0$에서 $12+12a=0$

$\therefore a=-1$

$a=-1$을 ㉠에 대입하면

$b=2$

즉, $f(x)=x^3-3x^2+2$이므로

$f'(x)=3x^2-6x=3x(x-2)$

$f'(x)=0$에서 $x=0$ 또는 $x=2$

함수 $f(x)$의 증가와 감소를 표로 나타내면 다음과 같다.

x	$\cdots$	0	$\cdots$	2	$\cdots$
$f'(x)$	+	0	−	0	+
$f(x)$	↗	2	↘	−2	↗

따라서 함수 $f(x)$는 $x=0$에서 극댓값 2를 갖는다. **답** ④

06 $f(x)=x^3-6x^2+a$로 놓으면

$f'(x)=3x^2-12x=3x(x-4)$

$f'(x)=0$에서 $x=0$ 또는 $x=4$

$x\geq-1$에서 함수 $f(x)$의 증가와 감소를 표로 나타내면 다음과 같다.

x	−1	$\cdots$	0	$\cdots$	4	$\cdots$
$f'(x)$		+	0	−	0	+
$f(x)$	$a-7$	↗	a	↘	$a-32$	↗

따라서 $x\geq-1$에서 함수 $f(x)$의 최솟값은 $a-32$이므로 이 구간에서 $f(x)\geq0$이 항상 성립하려면

$a-32\geq0$ $\therefore a\geq32$

따라서 실수 a의 최솟값은 32이다. **답** ⑤

07 시각 t에서의 점 P의 속도를 v라 하면

$v=\dfrac{dx}{dt}=3t^2-15t+12=3(t-1)(t-4)$

점 P가 음의 방향으로 움직일 때 $v<0$이므로

$3(t-1)(t-4)<0$

$\therefore 1<t<4$

따라서 $a=1$, $b=4$이므로

$b-a=4-1=3$ **답** ②

08 $\displaystyle\int_{-1}^{1}xf(x)dx=\int_{-1}^{0}xf(x)dx+\int_{0}^{1}xf(x)dx$

$\displaystyle=\int_{-1}^{0}x(x^3-1)dx+\int_{0}^{1}x(x^2+1)dx$

$\displaystyle=\int_{-1}^{0}(x^4-x)dx+\int_{0}^{1}(x^3+x)dx$

$\displaystyle=\left[\dfrac{1}{5}x^5-\dfrac{1}{2}x^2\right]_{-1}^{0}+\left[\dfrac{1}{4}x^4+\dfrac{1}{2}x^2\right]_{0}^{1}$

$=\dfrac{7}{10}+\dfrac{3}{4}=\dfrac{29}{20}$ **답** ⑤

참고 함수 $f(x)=\begin{cases}x^2+1 & (x\geq0)\\x^3-1 & (x<0)\end{cases}$은 $x=0$에서 불연속이지만 함수

$xf(x)=\begin{cases}x^3+x & (x\geq0)\\x^4-x & (x<0)\end{cases}$는 $x=0$에서 연속이므로 정적분

$\displaystyle\int_{-1}^{1}xf(x)dx$의 값을 구할 수 있다.

09 $\displaystyle\int_{-a}^{a}(x^5+4x^3-3x^2)dx=\int_{-a}^{a}(x^5+4x^3)dx+\int_{-a}^{a}(-3x^2)dx$

$\displaystyle=0+2\int_{0}^{a}(-3x^2)dx$

$\displaystyle=2\left[-x^3\right]_{0}^{a}$

$=-2a^3$

즉, $-2a^3=-54$에서 $a^3=27$

$\therefore a=3$ ($\because a$는 실수) **답** ③

10 $\displaystyle\int_{-1}^{x}f(t)dt=x^3+ax^2+b$의 양변에 $x=-1$을 대입하면

$0=-1+a+b$

$\therefore a+b=1$ ······ ㉠

$\displaystyle\int_{-1}^{x}f(t)dt=x^3+ax^2+b$의 양변을 x에 대하여 미분하면

$f(x)=3x^2+2ax$

이때 $f(1)=5$이므로 $3+2a=5$

$\therefore a=1$

$a=1$을 ㉠에 대입하면 $b=0$

$\therefore ab=1\times0=0$ **답** ②

11 $f(x)=\displaystyle\int_{0}^{x}(t-1)(t+4)dt$에서

$f'(x)=(x-1)(x+4)$

$f'(x)=0$에서 $x=1$ ($\because -2\leq x\leq2$)

$-2\leq x\leq2$에서 함수 $f(x)$의 증가와 감소를 표로 나타내면 다음과 같다.

x	−2	$\cdots$	1	$\cdots$	2
$f'(x)$		−	0	+	
$f(x)$		↘	극소	↗	

$f(-2)=\displaystyle\int_{0}^{-2}(t-1)(t+4)dt$

$\displaystyle=\int_{0}^{-2}(t^2+3t-4)dt$

$\displaystyle=\left[\dfrac{1}{3}t^3+\dfrac{3}{2}t^2-4t\right]_{0}^{-2}$

$\displaystyle=\left(-\dfrac{8}{3}+6+8\right)-0=\dfrac{34}{3}$

$f(1)=\displaystyle\int_{0}^{1}(t-1)(t+4)dt$

$\displaystyle=\int_{0}^{1}(t^2+3t-4)dt$

$\displaystyle=\left[\dfrac{1}{3}t^3+\dfrac{3}{2}t^2-4t\right]_{0}^{1}$

$\displaystyle=\left(\dfrac{1}{3}+\dfrac{3}{2}-4\right)-0=-\dfrac{13}{6}$

$$f(2) = \int_0^2 (t-1)(t+4)dt$$
$$= \int_0^2 (t^2 + 3t - 4)dt$$
$$= \left[\frac{1}{3}t^3 + \frac{3}{2}t^2 - 4t \right]_0^2$$
$$= \left(\frac{8}{3} + 6 - 8 \right) - 0 = \frac{2}{3}$$

따라서 함수 $f(x)$의 최댓값은 $\dfrac{34}{3}$, 최솟값은 $-\dfrac{13}{6}$이므로 그

합은 $\dfrac{34}{3} + \left(-\dfrac{13}{6} \right) = \dfrac{55}{6}$ 🄳 ⑤

12 $f(x) = x^3 - 3x^2 + x + 3$으로 놓으면
$$f'(x) = 3x^2 - 6x + 1$$
접점의 좌표를 $(t,\ t^3 - 3t^2 + t + 3)$이라 하면 접선의 기울기는
$$f'(t) = 3t^2 - 6t + 1$$
즉, 점 $(t,\ t^3 - 3t^2 + t + 3)$에서의 접선의 방정식은
$$y - (t^3 - 3t^2 + t + 3) = (3t^2 - 6t + 1)(x - t)$$
$$\therefore y = (3t^2 - 6t + 1)x - 2t^3 + 3t^2 + 3 \quad \cdots\cdots \text{㉠}$$
이 직선이 점 $(1,\ 4)$를 지나므로
$$4 = (3t^2 - 6t + 1) - 2t^3 + 3t^2 + 3$$
$$2t^3 - 6t^2 + 6t = 0,\ 2t(t^2 - 3t + 3) = 0$$
$$\therefore t = 0 \ (\because t^2 - 3t + 3 > 0)$$
$t = 0$을 ㉠에 대입하면 접선의 방정식은
$$y = x + 3$$
곡선 $y = x^3 - 3x^2 + x + 3$과 직선 $y = x + 3$의 교점의 x좌표는
$x^3 - 3x^2 + x + 3 = x + 3$에서
$$x^3 - 3x^2 = 0,\ x^2(x - 3) = 0$$
$$\therefore x = 0 \ \text{또는} \ x = 3$$

곡선 $y = x^3 - 3x^2 + x + 3$과 직선
$y = x + 3$은 오른쪽 그림과 같고,
닫힌구간 $[0,\ 3]$에서
$x + 3 \geq x^3 - 3x^2 + x + 3$이므로 구
하는 넓이를 S라 하면
$$S = \int_0^3 \{(x+3)$$
$$- (x^3 - 3x^2 + x + 3)\}dx$$
$$= \int_0^3 (-x^3 + 3x^2)dx$$
$$= \left[-\frac{1}{4}x^4 + x^3 \right]_0^3$$
$$= \left(-\frac{81}{4} + 27 \right) - 0 = \frac{27}{4}$$ 🄳 ⑤

13 시각 t에서의 점 P의 위치를 x라 하면
$$x = 0 + \int_0^t (3t^2 - 12t)dt = 0 + \left[t^3 - 6t^2 \right]_0^t = t^3 - 6t^2$$
점 P가 다시 원점을 통과할 때 $x = 0$이므로
$$t^3 - 6t^2 = 0,\ t^2(t - 6) = 0$$
$$\therefore t = 6 \ (\because t > 0)$$
따라서 $t = 6$일 때 점 P가 다시 원점을 통과한다. 🄳 ③

14 $f(x+6) = f(x)$이므로
$$\int_{-12}^{-6} f(x)dx = \int_{-6}^{0} f(x)dx = \int_0^6 f(x)dx = \int_6^{12} f(x)dx$$
$$\therefore \int_{-12}^{12} f(x)dx = 4\int_0^6 f(x)dx$$
이때
$$\int_0^6 f(x)dx = \int_0^2 f(x)dx + \int_2^4 f(x)dx + \int_4^6 f(x)dx$$
$$= \int_0^2 x\,dx + \int_2^4 2\,dx + \int_4^6 (-x+6)dx$$
$$= \left[\frac{1}{2}x^2 \right]_0^2 + \left[2x \right]_2^4 + \left[-\frac{1}{2}x^2 + 6x \right]_4^6$$
$$= 2 + 4 + 2 = 8$$
$$\therefore \int_{-12}^{12} f(x)dx = 4\int_0^6 f(x)dx = 4 \times 8 = 32$$ 🄳 ⑤

다른 풀이 $-12 \leq x \leq 12$에서 함수 $y = f(x)$의 그래프는 다음
그림과 같다.

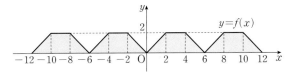

이때 도형의 넓이를 이용하면
$$\int_{-12}^{12} f(x)dx = 4\int_0^6 f(x)dx$$
$$= 4 \times \left\{ \frac{1}{2} \times (2+6) \times 2 \right\}$$
$$= 32$$

15 $x^3 - 3x = a$에서 $x^3 - 3x - a = 0$
$f(x) = x^3 - 3x - a$로 놓으면
$$f'(x) = 3x^2 - 3 = 3(x+1)(x-1)$$
$f'(x) = 0$에서 $x = -1$ 또는 $x = 1$
$-1 \leq x \leq 2$에서 함수 $f(x)$의 증가와 감소를 표로 나타내면 다음과 같다.

x	-1	$\cdots$	1	$\cdots$	2
$f'(x)$	0	$-$	0	$+$	
$f(x)$	$2-a$	↘	$-2-a$	↗	$2-a$

따라서 $-1 \leq x \leq 2$에서 삼차방정식
$f(x) = 0$이 서로 다른 두 실근을 가지려
면 함수 $y = f(x)$의 그래프는 오른쪽 그
림과 같아야 하므로
$$f(2) = f(-1) \geq 0,\ f(1) < 0$$
$f(2) = f(-1) \geq 0$에서 $2 - a \geq 0$
$$\therefore a \leq 2 \quad \cdots\cdots \text{㉠}$$
$f(1) < 0$에서 $-2 - a < 0$
$$\therefore a > -2 \quad \cdots\cdots \text{㉡}$$
㉠, ㉡을 동시에 만족시키는 a의 값의 범위는
$$-2 < a \leq 2$$
따라서 정수 a는 $-1,\ 0,\ 1,\ 2$이므로 그 합은
$$-1 + 0 + 1 + 2 = 2$$ 🄳 ⑤

16 $f(x)=(x^2-1)^4$으로 놓고 $f(x)$의 한 부정적분을 $F(x)$라 하면

$$\lim_{h\to 0}\frac{1}{h}\int_0^h (x^2-1)^4\,dx=\lim_{h\to 0}\frac{1}{h}\int_0^h f(x)\,dx$$

$$=\lim_{h\to 0}\frac{F(h)-F(0)}{h}$$

$$=F'(0)=f(0)=(-1)^4=1$$

또, $g(t)=(t^3-6)^3$으로 놓고 $g(t)$의 한 부정적분을 $G(t)$라 하면

$$\lim_{x\to 2}\frac{1}{x^2-4}\int_2^x (t^3-6)^3\,dt$$

$$=\lim_{x\to 2}\left\{\frac{1}{x+2}\times\frac{1}{x-2}\int_2^x g(t)\,dt\right\}$$

$$=\lim_{x\to 2}\frac{1}{x+2}\times\lim_{x\to 2}\frac{G(x)-G(2)}{x-2}$$

$$=\frac{1}{4}G'(2)=\frac{1}{4}g(2)$$

$$=\frac{1}{4}\times(8-6)^3=2$$

$$\therefore \lim_{h\to 0}\frac{1}{h}\int_0^h (x^2-1)^4\,dx+\lim_{x\to 2}\frac{1}{x^2-4}\int_2^x (t^3-6)^3\,dt$$

$$=1+2=3$$

답 ③

17 $f(x)=-x^3+ax^2+bx+c$ (a, b, c는 상수)로 놓으면

$$f'(x)=-3x^2+2ax+b$$

조건 (나)에서

$$g(0)=0,\ g'(0)=0$$

$g(x)=f(x)+\displaystyle\int_0^x f(x)\,dx$의 양변에 $x=0$을 대입하면

$$g(0)=f(0)+0$$

$$\therefore f(0)=g(0)=0$$

$$\therefore c=0$$

$g(x)=f(x)+\displaystyle\int_0^x f(x)\,dx$의 양변을 x에 대하여 미분하면

$$g'(x)=f'(x)+f(x) \quad\cdots\cdots\ \bigcirc$$

위의 식의 양변에 $x=0$을 대입하면

$$g'(0)=f'(0)+f(0)$$

$$\therefore f'(0)=g'(0)=0$$

$$\therefore b=0$$

$$\therefore f(x)=-x^3+ax^2,\ f'(x)=-3x^2+2ax$$

이것을 $\bigcirc$에 대입하면

$$g'(x)=(-3x^2+2ax)+(-x^3+ax^2)$$

$$=-x^3+(a-3)x^2+2ax$$

조건 (가)에서 $g'(-x)=-g'(x)$이므로

$$x^3+(a-3)x^2-2ax=x^3-(a-3)x^2-2ax$$

$$2(a-3)x^2=0$$

$$\therefore a=3$$

따라서 $f(x)=-x^3+3x^2$이므로

$$f(1)=-1+3=2$$

답 ②

18 점 P의 속도를 v라 하면

$$v=\frac{dx}{dt}=6t^2-6t+a$$

$t=2$일 때 $v=4$이므로

$$4=24-12+a$$

$$\therefore a=-8$$

답 -8

19 $f(x)=\dfrac{d}{dx}\displaystyle\int (3x^3+x+2)\,dx=3x^3+x+2$

$$\therefore f(1)=3+1+2=6$$

답 6

20 $\displaystyle\int_{-2}^5 f(x)\,dx-\int_0^5 f(x)\,dx+\int_0^2 f(x)\,dx$

$$=\int_{-2}^5 f(x)\,dx+\int_5^0 f(x)\,dx+\int_0^2 f(x)\,dx$$

$$=\int_{-2}^0 f(x)\,dx+\int_0^2 f(x)\,dx$$

$$=\int_{-2}^2 f(x)\,dx$$

$$=\int_{-2}^2 (3x^2+4x-2)\,dx$$

$$=\int_{-2}^2 (3x^2-2)\,dx+\int_{-2}^2 4x\,dx$$

$$=2\int_0^2 (3x^2-2)\,dx+0$$

$$=2\Big[x^3-2x\Big]_0^2$$

$$=2\{(8-4)-0\}=8$$

답 8

21 $f(x)=x^3+ax^2+4x$에서 $f'(x)=3x^2+2ax+4$

함수 $f(x)$가 극값을 갖지 않으려면 이차방정식 $f'(x)=0$이 중근 또는 허근을 가져야 한다.

즉, 이차방정식 $f'(x)=0$의 판별식을 D라 하면

$$\frac{D}{4}=a^2-12\le 0$$

$$\therefore -2\sqrt{3}\le a\le 2\sqrt{3}$$

이때 $-4<-2\sqrt{3}<-3$, $3<2\sqrt{3}<4$이므로 정수 a는 -3, -2, -1, 0, 1, 2, 3의 7개이다.

답 7

22 두 곡선 $y=2x^3$, $y=x^3+3x^2+k$가 서로 다른 세 점에서 만나려면 방정식 $2x^3=x^3+3x^2+k$, 즉 $x^3-3x^2-k=0$이 서로 다른 세 실근을 가져야 한다.

$f(x)=x^3-3x^2-k$로 놓으면

$$f'(x)=3x^2-6x=3x(x-2)$$

$f'(x)=0$에서 $x=0$ 또는 $x=2$

함수 $f(x)$의 증가와 감소를 표로 나타내면 다음과 같다.

x	$\cdots$	0	$\cdots$	2	$\cdots$
$f'(x)$	+	0	−	0	+
$f(x)$	↗	k	↘	$-k-4$	↗

따라서 삼차방정식 $f(x)=0$이 서로 다른 세 실근을 가지려면 (극댓값)×(극솟값)<0이어야 하므로

$$(-k)\times(-4-k)<0$$

$$k(k+4)<0$$

$$\therefore -4<k<0$$

따라서 $a=-4$, $b=0$이므로 $b-a=4$

답 4

23 곡선 $y=x^2(x-3)(x-a)$와 x축의 교점의 x좌표는

$x^2(x-3)(x-a)=0$에서 $x=0$ 또는 $x=3$ 또는 $x=a$

오른쪽 그림에서 색칠한 두 도형
의 넓이가 서로 같으므로

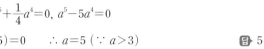

$\displaystyle\int_0^a x^2(x-3)(x-a)dx=0$에서

$\displaystyle\int_0^a \{x^4-(3+a)x^3+3ax^2\}dx=0$

$\left[\dfrac{1}{5}x^5-\dfrac{3+a}{4}x^4+ax^3\right]_0^a=0$

$-\dfrac{1}{20}a^5+\dfrac{1}{4}a^4=0$, $a^5-5a^4=0$

$a^4(a-5)=0$　　$\therefore a=5\ (\because a>3)$　　**답** 5

24 ⑺ 점 P의 운동 방향은 $v(t)=0$일 때 바뀌므로

$t^2-4t+3=0$에서 $(t-1)(t-3)=0$

$\therefore t=1$ 또는 $t=3$　　$\therefore a=3$

⑻ $t=0$에서 $t=2$까지 점 P의 위치의 변화량은

$b=\displaystyle\int_0^2 (t^2-4t+3)dt$

$=\left[\dfrac{1}{3}t^3-2t^2+3t\right]_0^2$

$=\left(\dfrac{8}{3}-8+6\right)-0=\dfrac{2}{3}$

⑼ 시각 t에서의 점 P의 위치를 x라 하면

$x=0+\displaystyle\int_0^t (t^2-4t+3)dt$

$=\left[\dfrac{1}{3}t^3-2t^2+3t\right]_0^t$

$=\dfrac{1}{3}t^3-2t^2+3t$

점 P가 원점에 있을 때 $x=0$이므로

$\dfrac{1}{3}t^3-2t^2+3t=0$

$t^3-6t^2+9t=0$

$t(t-3)^2=0$

$\therefore t=0$ 또는 $t=3$

$\therefore c=3$

$\therefore a+bc=3+\dfrac{2}{3}\times 3=5$　　**답** 5

25 오른쪽 그림과 같이 t초 후의 수면의
반지름의 길이를 r cm, 수면의 높이를
h cm라 하면

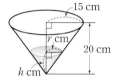

$15:20=r:h$

$\therefore r=\dfrac{3}{4}h$

이때 $h=2t$이므로 $r=\dfrac{3}{2}t$

물의 부피를 V cm^{3}라 하면

$V=\dfrac{1}{3}\pi r^2 h=\dfrac{1}{3}\pi\times\left(\dfrac{3}{2}t\right)^2\times 2t=\dfrac{3}{2}\pi t^3$

$\therefore \dfrac{dV}{dt}=\dfrac{9}{2}\pi t^2$

수면의 높이가 8 cm가 되는 시각은 $8=2t$에서

$t=4$

따라서 $t=4$일 때 물의 부피의 변화율은

$\dfrac{9}{2}\pi\times 4^2=72\pi(\text{cm}^3/\text{s})$

$\therefore a=72$　　**답** 72

단 기 핵 심 공 략 서
START CORE

스코어

START 수학Ⅱ

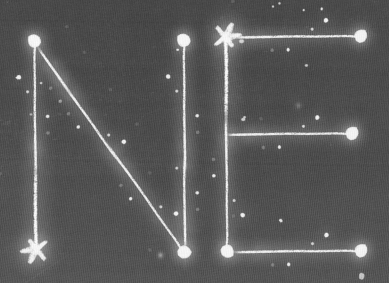

NE능률이 미래를 그립니다.

교육에 대한 큰 꿈을 품고 시작한 NE능률
처음 품었던 그 꿈을 잊지 않고 40년이 넘는 시간 동안 한 길만을 걸어왔습니다.

이제 NE능률이 앞으로 나아가야 할 길을 그려봅니다.
'평범한 열 개의 제품보다 하나의 탁월한 제품'이라는
변치 않는 철학을 바탕으로 진정한 배움의 가치를 알리는
NE능률이 교육의 미래를 열어가겠습니다.